"十四五"职业教育国家规划教材

教育部高等学校电子信息类专业教学指导委员会规划教材

高等学校电子信息类专业系列教材

U0203170

Electrical Towage & Control

电力拖动与控制

李响初　章建林　主编

黄金波　张　微　余雄辉　彭琨　编著

清华大学出版社

北京

内 容 简 介

本书以国家最新电气标准为依据,并结合国际电工委员会(IEC)颁发的标准,同时注重面向实践能力培训的需要,突出"以服务为宗旨、以就业为导向、以能力为本位"的理念。本书的主要内容包括常用电动机及电气控制系统设计概述、电气控制系统常用低压电器、电气控制系统基本电气控制线路、常用生产机械电气控制线路和变频调速系统,具有选材新颖、结构合理、实用性强等特点。

本书为高等院校机电一体化技术、智能控制技术等机电类专业通用教材,也可作为机床电气控制技术革新、设备改造以及各类社会培训班、企业岗位培训教材以及参考用书。

图书在版编目(CIP)数据

电力拖动与控制/李响初,章建林主编. —北京:清华大学出版社,2019(2023.7 重印)
(高等学校电子信息类专业系列教材)
ISBN 978-7-302-52001-6

Ⅰ. ①电… Ⅱ. ①李… ②章… Ⅲ. ①电力传动—自动控制系统—高等学校—教材 Ⅳ. ①TM921.5

中国版本图书馆 CIP 数据核字(2019)第 000176 号

责任编辑:郑寅堃
封面设计:李召霞
责任校对:李建庄
责任印制:杨 艳

出版发行:清华大学出版社
   网 址:http://www.tup.com.cn,http://www.wqbook.com
   地 址:北京清华大学学研大厦 A 座   邮 编:100084
   社 总 机:010-83470000   邮 购:010-62786544
   投稿与读者服务:010-62776969,c-service@tup.tsinghua.edu.cn
   质量反馈:010-62772015,zhiliang@tup.tsinghua.edu.cn
   课件下载:http://www.tup.com.cn,010-83470236
印 装 者:三河市龙大印装有限公司
经 销:全国新华书店
开 本:185mm×260mm 印 张:17 字 数:414 千字
版 次:2019 年 2 月第 1 版 印 次:2023 年 7 月第 7 次印刷
印 数:5501~6700
定 价:79.00 元

产品编号:075596-01

前　言
FOREWORD

　　"电力拖动与控制"是高等院校机电一体化技术、电气自动化、智能控制技术等机电类专业的一门重要专业核心课程。在教育部"十二五"期间"以服务为宗旨,以就业为导向、以能力为本位"的新一轮教育教学改革中,不少专家学者已经在该领域取得了令人瞩目的教学改革成果。本书也是作者长期致力于电力拖动与控制课程教学改革实践、探索的产物。本书特点如下:

　　1. 内容精简实用,语言通俗易懂

　　本书根据应用类高校与高等职业院校生源的特点,本着"理论浅、应用多、内容新"的原则精简教学内容,删减了大量在工程技术中基本不用或很少使用的内部结构分析和理论计算。文字叙述上,采用通俗易懂的语言,尽量减少以往学生对电力拖动与控制理论知难而退的心理障碍。

　　2. 采用单元课题编写模式,适合理实一体化教学

　　本书在教学内容的组织上采用单元课题编写模式,在讲解基本知识点的基础上,设计了"技能训练"模块,强调实践技能的培养。版面安排上,收集了大量的图片、图表,采用图文并茂的编排形式,提高内容的直观性和形象性,便于理解和掌握理论知识,同时也为学生的自主学习创造了条件。

　　3. 技能训练考核评价标准采用国家标准规范

　　技能训练考核评价标准根据国家职业技能鉴定中心相关职业技能鉴定规范(考核大纲)以及湖南省高等职业院校学生专业技能抽查评价标准编制,参照职业技能鉴定模式进行考核评价,可为实行"双证制"奠定基础;同时使学生增强执行工艺纪律意识,有利于学生按工艺标准设计、装配、调试电气控制系统。

　　4. 选材新颖,实用性强

　　本书结构合理,选材注重实用性和新颖性,还提供了课程标准以外的常用生产机械电气控制原理图,并对其识图要点进行简要说明,便于读者查阅与引用。此外,注重现代电气控制新知识、新技术的引入,部分知识安排在"知识拓展"中,便于学生课外自学。

　　需要特别说明的是,为便于读者对照常用生产机械电气控制系统实物图进行阅读,本书所收集的常用生产机械电气控制电路大部分按生产厂家提供的原始资料绘制,其中涉及的电气元件符号及技术说明会有不符合国家标准之处,主要是为了便于读者查阅。

　　本书由湖南有色金属职业技术学院李响初和章建林主编,他们负责全书的选例、设计和统稿工作。李响初编写了第三单元;湖南有色金属职业技术学院黄金波、章建林、余雄辉分别编写了第一单元、第二单元、第四单元;彭琨和张微编写了第五单元。参加本书电路实验、绘图与资料整理工作的有杨豪虎、朱朝霞、陈万新、李彪、高小庆、张俏、曾曌、刘拥华等。

在编写本书过程中,参考了大量的同类教材以及国内外书刊资料,并将主要的资料列于书末的参考文献,在此一并向有关作者表示衷心的感谢。

由于编者水平有限,编写时间仓促,书中难免有错漏之处,敬请读者批评指正,不胜感激。

编　者

2018 年 12 月于株洲

目 录
CONTENTS

常用电动机及电气控制系统设计概述

知识目标

1. 了解电动机种类、型号和常用术语；
2. 熟悉电动机功能、结构和工作原理；
3. 熟悉电气控制系统设计方法与步骤。

能力目标

1. 能根据控制要求正确选择电动机的型号和规格；
2. 能根据外形结构识别各种电动机；
3. 能熟练对常用电动机进行维护与保养。

课题一 认识三相异步电动机

交流电动机有同步和异步之分。异步电动机按相数不同，可分为三相异步电动机和单相异步电动机；按其转子结构不同，又可分为笼型和绕线型，其中笼型三相异步电动机具有结构简单、运行可靠、价格低廉、维护方便等特点，在生产机械中应用广泛。本课题主要介绍三相异步电动机的基本结构与工作原理，为后续学习奠定良好基础。

一、三相异步电动机的基本结构

笼型三相异步电动机由定子和转子两个基本部分组成，如图 1-1 所示。

图 1-1 中，定子是静止不动的部分，由定子铁芯、定子绕组和机座组成。定子铁芯为圆筒形，由互相绝缘的硅钢片叠成，铁芯内圆表面的槽中放置对称的三相绕组 U1U2、V1V2、W1W2。

转子是旋转部分，由转子铁芯、转子绕组和转轴组成。其中转子铁芯为圆柱形，也用硅钢片叠成，表面的槽中放置由铜条或铝液浇铸而成的笼型转子绕组。

绕线型三相异步电动机的转子绕组与定子绕组一样，是由线圈组成绕组放入转子铁芯槽里形成的，可以通过电刷和集电环外串电阻以调节转子电流的大小和相位的方式进行调速。绕线型异步电动机基本结构如图 1-2 所示。

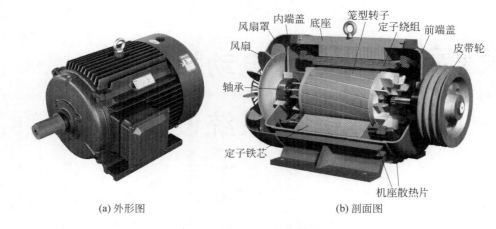

(a) 外形图   (b) 剖面图

图 1-1　笼型三相异步电动机基本结构

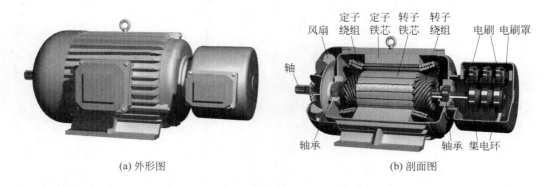

(a) 外形图   (b) 剖面图

图 1-2　绕线型三相异步电动机基本结构

二、三相异步电动机的工作原理

　　笼型与绕线型异步电动机只是在转子的结构上不同,它们的工作原理是一样的。电动机定子的三相绕组 U1U2、V1V2、W1W2 可以连接成星形也可以连接成三角形,如图 1-3 所示。

　　假设将定子绕组连接成星形,并接在三相电源上,绕组中便通入三相对称电流,其波形如图 1-4 所示。

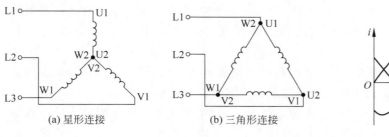

(a) 星形连接   (b) 三角形连接

图 1-3　三相定子绕组的连接

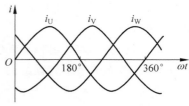

图 1-4　三相定子绕组对称电流波形

用瞬时表达式描述上述三相对称电流,则分别为

$$i_U = I_m \sin\omega t$$
$$i_V = I_m \sin(\omega t - 120°)$$
$$i_W = I_m \sin(\omega t + 120°)$$

三相电流共同产生的合成磁场将随着电流的交变而在空间不断地旋转,即形成所谓的旋转磁场,如图 1-5 所示。

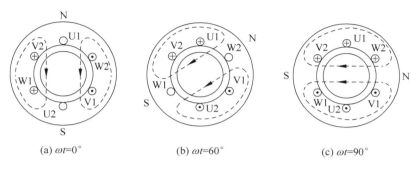

(a) $\omega t = 0°$ (b) $\omega t = 60°$ (c) $\omega t = 90°$

图 1-5 三相电流产生旋转磁场

旋转磁场切割转子导体,便在其中感应出电动势和电流,如图 1-6 所示。

图 1-6 中,感应电动势的方向可由右手定则确定。转子导体电流与旋转磁场相互作用便产生电磁力 F 并施加于导体上,电磁力 F 的方向可由左手定则确定。由电磁力产生电磁转矩,从而使电动机转子转动起来。

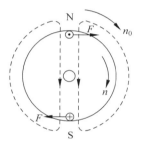

图 1-6 转子转动原理图

旋转磁场的转速 n_0 称为同步转速,其大小取决于电流频率 f_1 和磁场的磁极对数 p,对应计算公式为

$$n_0 = \frac{60 f_1}{p}$$

式中,n_0 的单位为 r/min。

由工作原理可知,转子的转速 n 必然小于旋转磁场的转速 n_0,即所谓"异步"。二者相差的程度用转差率 s 进行描述,对应计算公式为

$$s = \frac{n_0 - n}{n_0}$$

一般异步电动机在额定负载时的转差率约为 $1\% \sim 9\%$。

对转差率计算公式进行变换,可得到三相异步电动机转子转速计算公式为

$$n = (1 - s)\frac{60 f_1}{p}$$

三、三相异步电动机的铭牌

铭牌是电动机的身份证,认识和了解电动机铭牌中有关技术参数的作用和意义,可以帮助用户正确地选择、使用和维护电动机。图 1-7 所示为我国使用最多的丫系列三相异步电动机铭牌的一个实例。

商标：××××	三相异步电动机	
型号：Y-112M-4	出厂编号：××××	接线方式：△
功率：4.0kW	电压：380V	电流：8.7A
频率：50Hz	转速：1440r/min	噪声值：74dB(A)
工作制：S1	绝缘等级：B	防护等级：IP44
质量：49kg	标准编号：ZBK22007-88	出厂日期：　年　月　日
	中华人民共和国××××电动机厂制造	

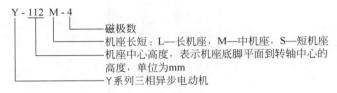

图 1-7　Y系列三相异步电动机铭牌

1. 型号

如 Y-112M-4,其中各字母、数字的含义见图 1-7。

2. 额定值

(1) 额定功率 P_N。指电动机在额定运行时,电动机轴上输出的机械功率,单位为 kW。图 1-7 所示型号电动机的额定功率为 4.0kW。

(2) 额定电压 U_N。指电动机在额定运行状态下加在定子绕组上的线电压,单位为 V。图 1-7 所示型号电动机的额定电压为 380V。

(3) 额定电流 I_N。指电动机在定子绕组上施加额定电压、电动机轴上输出额定功率时的线电流,单位为 A。图 1-7 所示型号电动机的额定电流为 8.7A。

(4) 额定频率 f_N。指电动机在额定运行状态下加在定子绕组上的三相交流电源的频率。我国规定工业用电的频率为 50Hz,有些国家采用 60Hz。图 1-7 所示型号电动机的额定频率为 50Hz。

(5) 额定转速 n_N。指电动机定子施加额定频率的额定电压、轴端输出额定功率时电动机的转速,单位为 r/min。图 1-7 所示型号电动机的额定转速为 1440r/min。

3. 噪声值

噪声值是指电动机在运行时的最大噪声。一般电动机功率越大,磁极数越少,额定转速越高,噪声越大。图 1-7 所示型号电动机的噪声值为 74dB(A)。

4. 工作制式

工作制式是指电动机允许工作的方式,共有 S1~S10 十种工作制式。其中 S1 为连续工作制式;S2 为短时工作制式;其他为不同周期或者非周期工作制式。图 1-7 所示型号电动机的工作制式为 S1。

5. 绝缘等级

绝缘等级与电动机内部的绝缘材料和电动机允许工作的最高温度有关,共分 A、B、D、F、H 五种等级。其中 A 级最低,H 级最高。在环境温度额定为 40℃时,A 级允许的最高温度为 65℃,H 级允许的最高温度为 130℃。图 1-7 所示型号电动机的绝缘等级为 B。

6．接线方式

三相异步电动机引出线接线方式如图 1-8 所示。

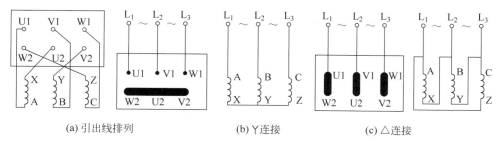

(a) 引出线排列　　　　　(b) Y连接　　　　　(c) △连接

图 1-8　三相异步电动机的引出线接线方式

由图 1-8 可见，三相异步电动机引出线的接线方式有 Y/△（星形/三角形）两种。图 1-7 所示型号电动机的接线方式为△连接。

需要指出的是，有些电动机可以两种连接方式切换工作，但是要注意工作电压，防止错误接线烧毁电动机。此外，高压大、中型容量的异步电动机定子绕组常采用 Y 连接，只有三根引出线。对于中、小容量低压异步电动机，通常把定子三相绕组的六根出线头都引出来，根据需要可接成 Y 连接或△连接。

7．防护等级

IP 为防护代号，第一位数字（0～6）规定了电动机防固体的等级标准，第二位数字（0～8）规定了电动机防液体的等级标准。数字越大，防护等级越高，如 IP00 为无防护。

8．其他

除了上述重要技术参数外，电动机铭牌一般还给出商标、出厂编号、质量、标准编号和出厂日期等参数。

此外，对于绕线型异步电动机还必须标明转子绕组接法、转子额定电动势及转子额定电流。有些还标明了电动机的转子电阻，有些特殊电动机还标明了冷却方式等。

四、三相异步电动机的选用及维护

三相异步电动机产品种类繁多，性能各异。合理选用及维护保养三相异步电动机，是电气工程类技术人员的必备技能。

1．三相异步电动机的选用

正确选用三相异步电动机直接关系到人身的安全和设备的可靠运行。下面介绍选用三相异步电动机一般应遵循的原则。

1）按现有的电源供电方式及容量选择电机额定电压及功率

(1) 目前我国供电电网频率为 50Hz，主要常用电压等级有 110V、220V、380V、660V、1000V(1140V)、3000V、6000V、10000V。

(2) 电动机功率除了应满足拖动的机械负载要求外，还应考虑是否具备足够容量的供电网络。

2）电机类型选择

电机类型的选择要考虑使用要求、运行地点环境污染情况和气候条件等因素。

3）外壳防护等级选择

外壳防护等级的选择直接涉及人身安全和设备的可靠运行,应根据电动机使用场合、防止人体接触到电机内部危险部件、防止固体异物进入机壳内、防止水进入壳内对电机造成有害影响来选择。

电机外壳防护等级由字母 IP 加二位特征数字组成,第一位特征数字表示防固体,第二位特征数字表示防液体。

如 IP44:第一位特征数字是表示防护大于 1mm 的固体进入电机,能防止直径或厚度大于 1mm 的导线或直条触及或接近机壳内带电或转动部件;第二位特征数字是表示防溅水,即电机能承受任何方向的溅水而无有害影响。

又如 IP23:第一位特征数字是表示防护大于 12mm 的固体进入电机,能防止手指或长度不超过 80mm 的类似物体触及或接近机壳内带电或转动部件,能防止大于 12mm 的固体异物进入机壳内;第二位特征数字是表示防滴水,即与垂直线成 60°角范围内的滴水应无有害影响。

以上特征数字越大即表示防护等级越高,详情可查阅 GB/T4942.1—2001《旋转电机外壳防护分级(IP 代码)》标准。

4）安装结构形式选择

应按配套设备的安装要求选用合适的电机安装形式,安装形式采用代号 IM 作为国际统一标注形式。大写字母 B 代表卧式安装,V 代表立式安装,再用 1 位或 2 位阿拉伯数字表示结构特点和类型。一般卧式安装形式表示为 IMB3,即两个端盖,有机底、底脚,有轴伸,安装在基础构件上;一般立式安装形式表示为 IMV1,即两个端盖,无底脚,轴伸向下,端盖上带凸缘,凸缘带有通孔,凸缘在电机的传动端,借凸缘在底部安装。其他安装结构可查阅 GB/T 997—2003《旋转电机结构及安装形式(IM 代号)》标准。

5）综合选择

综合考虑投资及运行费用,应使整个驱动系统经济、节能、合理、可靠和安全。

2. 三相异步电动机的维护保养

三相异步电动机的维护保养包括启动前的准备、检查和运行中的维护。

1）电动机启动前的准备和检查

(1)检查电动机及启动设备接地是否可靠和完整,接线是否正确与良好。

(2)检查电动机铭牌所示电压、频率与电源电压、频率是否相符。

(3)新安装或长期停用的电动机启动前应检查绕组相对相、相对地绝缘电阻。绝缘电阻应大于 $0.5M\Omega$,如果低于此值,须将绕组烘干。

(4)对绕线型转子应检查其集电环上的电刷装置是否能正常工作,电刷压力是否符合要求。

(5)检查电动机转动是否灵活,滚动轴承内的油是否达到规定油位。

(6)检查电动机所用熔断器的额定电流是否符合要求。

(7)检查电动机各紧固螺栓及安装螺栓是否拧紧。

上述各检查全部达到要求后,可启动电动机。电动机启动后,空载运行约 30min,注意观察电动机是否有异常现象。如发现噪声、震动、发热等不正常情况,应采取措施,待情况消除后,才能投入运行。

启动绕线型电动机时,应将启动变阻器接入转子电路中。对有电刷提升机构的电动机,应放下电刷,并断开短路装置,合上定子电路开关,扳动变阻器。当电动机接近额定转速时,提起电刷,合上短路装置,电动机启动完毕。

2）电动机运行中的维护

（1）电动机应经常保持清洁,不允许有杂物进入电动机内部；进风口和出风口必须保持畅通。

（2）用仪表监视电源电压、频率及电动机的负载电流。电源电压、频率要符合电动机铭牌数据,电动机负载电流不得超过铭牌上的规定值,否则要查明原因,采取措施,待不良情况消除后方能继续运行。

（3）采取必要手段检测电动机各部位温升。

（4）对于绕线型电动机,应经常注意电刷与集电环间的接触压力、磨损及火花情况。电动机停转时,应断开定子电路内的开关,然后将电刷提升机构扳到启动位置,断开短路装置。

（5）电动机运行后定期维修,一般分小修、大修两种。小修属一般检修,对电动机启动设备及整体不做大的拆卸,约一季度一次；大修要将所有传动装置及电动机的所有零部件都拆卸下来,并将拆卸的零部件做全面的检查及清洗,一般一年一次。

思考与练习

1. 简述交流电动机的分类方法。
2. 三相异步电动机主要由哪些部分组成？各部分作用是什么？
3. 简述三相异步电动机的工作原理。
4. 三相异步电动机铭牌主要包括哪些技术参数？
5. 简述三相异步电动机的选用原则。

课题二　认识直流电动机

直流电动机是通以直流电流的旋转电机,是将直流电能转换为机械能的设备。与交流电动机相比,其优点是调速性能好,启动转矩大,过载能力强,在启动和调速要求较高的场合应用广泛；不足之处是直流电动机结构复杂,成本高,运行维护困难。

一、直流电动机的基本结构与工作原理

直流电动机由定子和转子两个基本部分组成,如图 1-9 所示。

定子是静止不动的部分,主要由主磁极、换向磁极、机座、端盖与电刷等装置组成。其中主磁极由磁极铁芯和励磁绕组组成,磁极铁芯由 1～1.5mm 厚的低碳钢板冲片叠压铆接而成。当在励磁绕组中通入直流电流后,便产生旋转磁场。主磁极可以有一对、两对或更多对,它用螺栓固定在机座上。换向磁极也是由铁芯和绕组组成,位于两主磁极之间,其作用是产生附加磁场,以改善电机的换向条件,减少电刷与换向片之间的火花。

电枢是直流电动机中的转动部分,故又称为转子,主要由电枢铁芯、电枢绕组、换向器、转轴和风扇等组成。电枢由硅钢片叠成,并在表面嵌有绕组（电枢绕组）（为直观,图中只画

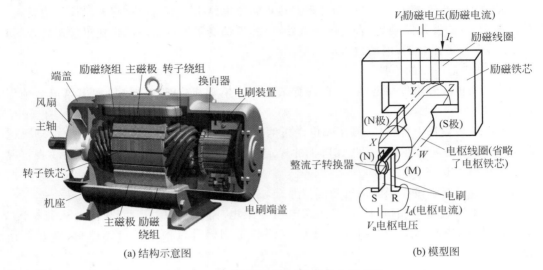

(a) 结构示意图   (b) 模型图

图 1-9   直流电动机的基本结构和模型图

出了一匝)。绕组的首端和末端接在与电枢铁芯同轴转动的一个换向片上,同固定在机座上的电刷连接,而后者与外加的电枢电源相连。

    直流电动机的基本工作原理是建立在电磁感应和电磁力的基础上的。当电枢绕组中通过直流电流时,在定子磁场的作用下就会产生带动负载旋转的电磁力和电磁转矩,驱动转子旋转。直流电动机产生的电磁转矩由下式表示:

$$T = K_m \Phi I_d$$

式中,T——电磁转矩,N·m;

    Φ——一对磁极的磁通量,Wb;

    I_d——电枢电流,A;

    K_m——与电动机结构有关的常数(称为转矩常数),$K_m = PN/2\pi\alpha$,其中,P 为磁极对数,N 为切割磁通的电枢总导体数,α 为电枢绕组并联支路数。

二、直流电动机的励磁方式

    直流电动机励磁绕组的供电方式称为励磁方式。按直流电动机励磁绕组与电枢绕组连接方式的不同分为他励直流电动机、并励直流电动机、串励直流电动机与复励直流电动机 4 种,如图 1-10 所示。

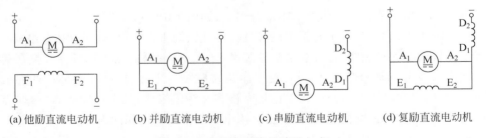

(a) 他励直流电动机   (b) 并励直流电动机   (c) 串励直流电动机   (d) 复励直流电动机

图 1-10   直流电动机的励磁方式

其中图 1-10(a)为他励直流电动机,励磁绕组与电枢绕组分别用两组独立的直流电源供电;图 1-10(b)为并励直流电动机,励磁绕组和电枢绕组并联,由同一直流电源供电;图 1-10(c)为串励直流电动机,励磁绕组与电枢绕组串联,由同一直流电源供电;图 1-10(d)为复励直流电动机,既有并励绕组,又有串励绕组。

一般情况下,直流电动机并励绕组的电流较小,导线较细,匝数较多;串励绕组的电流较大,导线较粗,匝数较少;因而不难辨别。

三、直流电动机的铭牌数据和主要系列

1. 直流电动机的铭牌数据

直流电动机产品种类繁多,铭牌样式也各不相同。图 1-11 是我国使用较多的 Z4 系列直流电动机铭牌。

型号	Z4-112/2-1	励磁方式	并励
功率/kW	5.5	励磁电压/V	180
电压/V	440	效率/%	81.190
电流/A	15	定额	连续
转速/(r·min^{-1})	3000	温升/℃	80
出品号数	××××	出厂日期	2001 年 10 月
××××电机厂			

图 1-11　Z4 系列直流电动机铭牌

铭牌中各数据的含义与异步电动机铭牌相似,读者可参照进行识读。

2. 直流电动机主要系列

直流电动机主要系列有:

Z4 系列:一般用途的小型直流电动机;

ZT 系列:广调速直流电动机;

ZJ 系列:精密机床用直流电动机;

ZTD 系列:电梯用直流电动机;

ZZJ 系列:起重冶金用直流电动机;

ZD2ZF2 系列:中型直流电动机;

ZQ 系列:直流牵引电动机;

Z-H 系列:船用直流电动机;

ZA 系列:防爆安全用直流电动机;

ZLJ 系列:力矩直流电动机。

四、直流电动机的选用

正确选用直流电动机是构建直流电动机电气控制系统的关键。下面介绍选用直流电动机应遵循的一般原则。

1. 直流电动机额定功率的选择

额定功率选择的原则:所选额定功率要能满足生产机械在拖动的各个环节(启动、调速、制动等)对功率和转矩的要求并在此基础上使直流电动机得到充分利用。

　　额定功率选择的方法：根据生产机械工作时负载(转矩、功率、电流)大、小变化特点,预选直流电动机的额定功率,再根据所选直流电动机额定功率校验过载能力和启动能力。

　　2. 直流电动机种类的选择

　　直流电动机种类选择时应考虑的主要内容有以下几项。

　　(1) 直流电动机的机械特性应与所拖动生产机械的负载特性相匹配。

　　(2) 直流电动机的调速性能应满足生产机械要求。对调速性能的要求在很大程度上决定了直流电动机的种类、调速方法以及相应控制方法。

　　(3) 直流电动机的启动性能应满足生产机械对直流电动机启动性能的要求,直流电动机的启动性能主要是启动转矩的大小,同时还应注意电网容量对直流电动机启动电流的限制。

　　(4) 经济性：一是直流电动机及其相关设备(如启动设备、调速设备等)的经济性；二是直流电动机拖动系统运行的经济性,主要是要效率高,节省电能。

　　3. 直流电动机额定电压的选择

　　直流电动机的额定电压一般为 110V、220V、440V,最常用的电压等级为 220V。

　　4. 直流电动机额定转速

　　(1) 对不需要调速的高、中速生产机械,可选择相应额定转速的直流电动机,从而省去减速传动机构。

　　(2) 对不需要调速的低速生产机械,可选用相应的低速直流电动机或者传动比较小的减速机构。

　　(3) 对经常启动、制动和反转的生产机械,选择额定转速时则应主要考虑缩短启动、制动时间以提高生产率。启动、制动时间的长短主要取决于直流电动机的飞轮矩和额定转速。应选择较小的飞轮矩和额定转速。

　　(4) 对调速性能要求不高的生产机械,可选用多速直流电动机或者选择额定转速稍高于生产机械的直流电动机配以减速机构,也可以采用电气调速的直流电动机拖动系统。在可能的情况下,应优先选用电气调速方案。

　　(5) 对调速性能要求较高的生产机械,应使直流电动机的最高转速与生产机械的最高转速相适应,直接采用电气调速。

思考与练习

　　1. 简述直流电动机的工作原理。

　　2. 直流电动机的励磁方式有哪几种？请画出其电路。

　　3. 直流电动机一般为什么不允许采用全压启动？

　　4. 简述直流电动机的选用原则。

课题三　电气控制系统设计概述

　　电气控制系统设计包括电气原理图设计和电气工艺设计两部分。其中电气原理图设计是为满足生产机械及其工艺要求而进行的电气控制线路的设计；电气工艺设计是为电气控制装置的制造、使用、运行及维修的需要而进行的生产施工设计。本课题针对电气控制系统设计过程和设计中的一些共性问题进行研究,也对电气控制装置的施工设计和施工的有关问题进行简要介绍。

一、电气控制系统设计的原则与内容

1. 电气控制系统设计基本原则

设计工作的首要问题是明确设计要求,拟定总体技术方案,使设计的产品经济、可靠、先进、实用及维护方便等。在电气控制系统设计中,一般应遵循以下基本原则:

(1)最大限度满足生产机械和生产工艺对电气控制的要求。由于这些要求是电气控制系统设计的依据,故在设计前,应深入生产现场进行调查,搜集资料,会同与生产过程有关的人员、机械部分设计人员、实际操作者,明确控制要求,共同拟定电气控制方案,协同解决设计中的各种问题,使设计成果满足要求。

(2)在满足控制要求的前提下,力求使电气控制系统简单、经济、合理、便于操作、维护方便、安全可靠,不盲目追求自动化水平和各种控制参数的高指标化。

(3)正确、合理地选用电气元件,确保电气控制系统正常工作,同时考虑技术进步,造型美观等因素。

(4)为适应生产的发展和工艺的改进,设备能力应留有适当余量。

2. 电气控制系统设计基本内容

电气控制系统设计的基本内容是根据控制要求,设计和编制出电气设备制造和使用维护中必备的图样和资料等。图样常用的有电气原理图、元器件布置图、安装接线图等,资料主要有元器件清单及设备使用说明书等。

电气控制系统设计包括电气原理图设计和电气工艺设计两部分,其中电气原理图设计是电气控制系统设计的中心环节,是工艺设计和编制其他技术资料的依据。

1)电气原理图设计内容

(1)拟定电气设计任务书,明确设计要求。

(2)选择电力拖动方案和控制方式。

(3)确定电动机类型、型号、容量、转速。

(4)设计电气原理图。

(5)选择电气元器件,拟定元器件清单。

(6)编写电气说明书和操作使用说明书。

2)电气工艺设计内容

(1)根据设计出的电气原理图和选定的电气元件,设计电气设备的总体配置,绘制电气控制系统的总装配图和总接线图。总图应反映出电动机、执行电器、电气柜各组件、操作台布置、电源以及检测元器件的分布情况和各部分之间的接线关系及连接方式,以便总装、调试及日常维护使用。

(2)绘制各组件电气元器件布置图与安装接线图,表明各电气元器件的安装方式和接线方式。

(3)编写使用维护说明书等其他技术文件。

二、电力拖动方案的确定和电动机选型

电力拖动方案是指确定传动电动机的类型、数量、传动方式及电动机的启动、运行、调

速、转向、制动等控制要求,为电气原理图设计及电气元件选型提供依据,是电气控制设计的主要内容之一。确定电力拖动方案必须依据生产机械的精度、工作效率、结构以及运动部件的数量、运动要求、负载性质、调速要求以及投资额等条件。

1. 电力拖动方案的确定

首先根据生产机械结构、运行情况和工艺要求选择电动机的种类和数量,然后根据各运动部件的调速要求选择调速方案。在选择电动机调速方案时,应使电动机的调速特性与负载特性相适应,以使电动机获得合理充分的利用。

(1) 电力拖动方式的选择。电力拖动方式有单独拖动和集中拖动两种。电力拖动发展的趋势是电动机接近工作机构,形成多电动机的拖动方式。采用该拖动方式,不仅能缩短机械传动链,提高传动效率,便于实现自动控制,而且也能使总体结构得到简化。所以,应根据工艺要求与结构情况决定合适的拖动方式,并进一步决定所需的电动机数量。

(2) 调速方案的选择。一般生产机械根据生产工艺要求都要求能够调节电动机转速,不同机械有不同的调速范围和调速精度。为满足不同调速性能,应选用不同的调速方案,如采用机械变速、多速电动机变速和变频调速等。随着电力电子技术的发展,变频调速已成为各种机械设备调速的主流。

(3) 电动机调速性质应与负载特性相适应。机械设备的各个工作机构,具有各自不同的负载特性,如生产机械的主运动为恒功率负载运动,而进给运动为恒转矩负载运动。在选择电动机调速方案时,应使电动机的调速性质与拖动生产机械的负载性质相适应,这样才能使电动机性能得到充分的发挥。如双速笼型异步电动机,当定子绕组由三角形连接改接成双星形连接时,转速增加一倍,功率却增加很少,因此适用于恒功率传动;对于低速时为星形连接的双速电动机改接成双星形连接后,转速和功率都增加一倍,而电动机输出的转矩保持不变,因此适用于恒转矩传动。

2. 拖动电动机的选择

拖动电动机的选择包括电动机的种类、结构形式及各种额定参数。

1) 电动机选择的基本原则

拖动电动机选择一般应遵循如下基本原则:

(1) 电动机的机械特性应满足生产机械的要求,要与负载的特性相适应。保证运行稳定且具有良好的启动性能和制动性能。

(2) 工作过程中电动机容量能得到充分利用,使其温升尽可能达到或接近额定温升值。

(3) 电动机结构形式要满足机械设计提出的安装要求,适合周围环境工作条件的要求。

(4) 在满足设计要求的前提下,优先采用结构简单、价格便宜、使用与维护方便的三相异步电动机。

2) 根据生产机械调速要求选择电动机

在一般情况下选用三相笼型异步电动机或双速三相电动机;在既要一般调速又要求启动转矩大的情况下,选用三相绕线型异步电动机;当调速要求高时选用直流电动机或带变频调速的交流电动机来实现。

3) 电动机结构形式的选择

按生产机械不同的工作制相应选择连续工作、短时及断续周期性工作制的电动机;按安装方式有卧式和立式两种,由生产机械具体拖动情况决定。根据不同工作环境选择电动机的防护形式：开启式适用于干燥、清洁的环境；防护式适用于干燥和灰尘不多，没有腐蚀性和爆炸性气体的环境；封闭自扇冷式与他扇冷式用于潮湿、多腐蚀性灰尘、多风雨侵蚀的环境；全封闭式适用于浸入水中的环境；防爆式适用于有爆炸危险的环境等。

4）电动机额定参数的选择

电动机额定参数的选择主要包括额定电压、额定转速、额定功率等。其中额定功率根据生产机械的功率负载和转矩负载选择，使电动机的容量得到充分利用。

一般情况下，为了避免复杂的计算过程，电动机容量的选择往往采用统计类比或根据经验，采用工程估算方法，但这通常带来的是较大的宽裕度。

三、电气控制系统原理图设计

电气控制系统原理图有两种设计方法：一种是分析设计法，另一种是逻辑分析设计法。下面对这两种设计方法分别进行简要介绍。

1. 分析设计法简介

所谓分析设计法就是根据生产机械生产工艺要求直接设计出控制线路。在具体的设计过程中常有两种做法：一种是根据生产机械的工艺要求，适当选用现有的典型电控环节，将它们有机地组合起来，综合成所需要的控制线路；另一种是根据生产机械工艺要求自行设计，随时增加所需的电气元件和触点，以满足给定的工作条件。

1）分析设计法的基本步骤

利用分析设计法设计电气控制系统的基本步骤如下：

（1）按工艺要求提出的启动、制动、正反转及调速等要求设计主电路。

（2）根据所设计出的主电路，设计控制线路的基本环节，即满足设计要求的启动、制动、正反转及调速等基本控制环节。

（3）根据各部分运动要求的配合关系及联锁关系，确定控制参量并设计控制线路的特殊环节。

（4）分析电路工作中可能出现的故障，加入必要的保护环节。

（5）综合审查，仔细检查电气控制系统动作是否正确。关键环节可做必要实验，进一步完善和简化电路。

2）分析设计法的特点

分析设计法具有如下特点：

（1）易于掌握，使用广泛，但一般不易获得最佳设计方案。

（2）要求设计者具有一定的实际经验，在设计过程中往往会因考虑不周而发生差错，影响系统的可靠性。

（3）当系统达不到要求时，多用增加触点或电器数量的方法加以解决，所以设计出的电路常常不是最简单经济的。

（4）需要反复修改草图，一般需要进行模拟实验，设计速度慢。

2. 逻辑分析设计法简介

逻辑分析设计法是根据生产机械生产工艺的要求，利用逻辑代数来分析、化简、设计控制系统的方法。这种设计方法是将电气控制系统中的继电器、接触器线圈的通、断以及触点的断开、闭合等看成逻辑变量，并根据生产机械控制要求将它们之间的关系用逻辑表达式进行描述,然后运用逻辑函数基本公式和运算规律进行简化,再根据最简逻辑表达式画出相应的电路结构图,最后再做进一步的检查和完善,即能获得所需要的控制线路。利用逻辑分析设计法设计电气控制系统的一般步骤如下:

(1) 充分研究加工工艺过程,绘制工作循环图或工作示意图。

(2) 按工作循环图绘制执行元件及检测元件状态表。

(3) 根据状态表,设置中间记忆元件,并列写中间记忆元件及执行元件逻辑表达式。

(4) 根据逻辑表达式建立电路结构图。

(5) 进一步完善电路,增加必要的联锁、保护等辅助环节,检测系统是否符合原控制要求,有无寄生电路,是否存在触点竞争等现象。

完成以上步骤,即可得到一张完整的生产机械电气控制原理图。

对于具体的设计方法,限于篇幅,本书不做深入介绍,感兴趣的读者可参阅相关文献资料自行学习。

四、电气控制系统工艺设计

在完成电气原理图设计及电气元件选择后,就应进行电气控制系统的工艺设计,目的是为了满足机床电气控制设备的制造和使用等要求。

1. 电气设备总体配置设计

生产机械总体装配设计是以电气控制系统的总装配图与总接线图形式来描述的。图中应以示意形式反映出机电设备部分主要组件的位置及各部分接线关系、走线形式及使用管线要求等。

总装配图、接线图是进行分部设计和协调各部分组成一个完整系统的依据。总体设计要使整个系统集中、紧凑,同时在场地允许条件下,对发热严重、噪声和振动大的电气部件,如电动机组、启动电阻箱等尽量放在离操作者较远的地方或隔离起来;对于多工位加工的大型设备,应考虑多地操作的可能;总电源紧急停止控制应安装在方便而明显的位置。总体配置计划合理与否将影响到机床电气控制系统工作的可靠性,并关系到机床电气控制系统的制造、装配、调试、操作以及维护是否方便。进行机床电气设备总体装配设计时,还需要考虑划分组件和接线方式的问题。

1) 划分组件的原则

生产机械中各种电动机及各类电气元件根据各自的功能,都有一定的装配位置,在构成一个完整的电气控制系统时,必须划分组件。划分组件的基本原则如下:

(1) 功能类似的元件组合在一起。例如用于机床操作的各类按钮、开关、键盘、指示检测等元件集中为控制面板组件;各种继电器、接触器、熔断器、控制变压器等控制电气集中为电气板组件;各类控制电源、整流、滤波元件集中为电源组件等。

(2) 尽可能减少组件之间的连线数量,接线关系密切的控制电器置于同一组件中。

(3) 强、弱电控制器分离,以减少干扰。

(4) 力求整齐美观,外形尺寸、重量相近的电器组合在一起。

(5) 便于检查与调试,需经常调节、维护和易损元件组成在一起。

2) 电气控制设备的各部分及组件之间的接线方式

(1) 电器板、控制板、电气元件的进出线一般采用接线端子(按电流大小及进出线数量选用不同规格的接线端子)。

（2）电器箱与被控制设备之间采用多孔接插件,便于拆装、搬运。

（3）印制电路板及弱电控制组件之间宜采用各种类型的标准接插件。

2. 电气元件布置图设计及电气部件接线图绘制

总体配置设计确定了各组件的位置和接线方式后,就要对每个组件的电气元件进行设计。机床电气元件的设计包括布置图、接线图、电气控制箱及非标准零件图的设计。

1）电气元件布置图

电气元件布置图是依据生产机械电控总原理图中的部分原理图设计的,是某些电气元件按一定原则的组合。布置图根据电气元件的外形绘制,并标出各元件的间距尺寸。每个电气元件的安装尺寸及其公差范围,应严格按产品手册标准标注,作为底板加工依据,以确保各电气元件的顺利安装。同一组件中电气元件的布置要注意如下事项:

（1）体积大和较重的电气元件应安装在电器板的下面,而发热元件应安装在电器板的上面。

（2）强、弱电分开并注意弱电屏蔽,防止外界干扰。

（3）需要经常维护、检修、调整的电气元件安装位置不宜过高或过低。

（4）电气元件的布置应考虑整齐、美观、对称,外形尺寸与结构类似的电气元件安装在一起以利于加工、安装和配线。

（5）电气元件布置不宜过密,要留有一定的间距,若采用板前走线槽配线方式,应适当加大各排元件间距,以利布线和维护。

各电气元件的位置确定以后,便可绘制电气布置图。在电气布置图设计中,还要根据本部件进出线的数量(由部件原理图统计出来)和采用导线规则,选择进出线方式,并选用适当接线端子板和接插件,按一定顺序标上进出线的接线号。

2）电气部件接线图

电气部件接线图是部件中各电气元件的接线图。电气元件的接线要注意如下事项:

（1）接线图和接线表的绘制应符合 GB/T 6988.3《电气技术用文件的编制第 3 部分:接线图和接线表》的规定。

（2）电气元件按外形绘制,并与布置图一致,偏差不要太大。

（3）所有电气元件及其引出线应标注与电气原理图中相一致的文字符号及接线号。

（4）在接线图中,同一电气元件的各个部分(线圈、触点等)必须画在一起。

（5）电气接线图一律采用细线条,走线方式有板前走线及板后走线两种,一般采用板前走线。对于简单电气控制部件,电气元件数量较少,接线关系不复杂,可直接画出元件间的连线。但对于复杂部件,电气元件数量多,接线较复杂的情况,一般是采用走线槽,只需在各电气元件上标注接线号,不必画出各元件间的连线。

（6）接线图中应标出配线用的各种导线的型号、规格、截面积及颜色要求。

（7）部件的进出线除大截面导线外,都应经过接线板,不得直接进出。

3）电气控制箱及非标准零件图的设计

在电气控制系统比较简单时,控制电器可以附在生产机械内部;由于生产环境及操作的需要或在控制系统比较复杂的情况下,通常都带有单独的电气控制箱,以利于制造、使用和维护。

电气控制箱设计要考虑箱体尺寸及结构,是否满足方便安装、调整及维修要求并利于箱内电器的通风散热。

大型机床控制系统,电气控制箱常设计成立柜式或工作台式,小型机床控制设备则设计成台式、手提式或悬挂式。

4) 清单汇总和说明书的编制

在电气控制系统原理图设计及工艺设计结束后,应根据各种图样,对本生产机械需要的各种零件及材料进行综合统计,按类别绘出外购成品件汇总清单表、标准件清单表、主要材料消耗定额表及辅助材料消耗定额表。

生产机械电气控制系统设计及使用说明书是设计审定及调试、使用、维护机床过程中必不可少的技术资料。机床电气控制系统设计及使用说明书应包含的主要内容如下:

(1) 拖动方案选择依据及本设计的主要特点。

(2) 电气控制系统设计主要参数的计算过程。

(3) 电气控制系统各项技术指标的核算与评价。

(4) 电气控制系统设备调试要求与调试方法。

(5) 电气控制系统使用、维护要求及注意事项。

思考与练习

1. 简述电气控制系统设计基本原则。

2. 简述电气控制系统设计基本内容。

3. 简述分析设计法、逻辑分析设计法的基本步骤。

电气控制系统常用低压电器

知识目标

1. 了解低压电器种类、型号和常用术语;
2. 熟悉常用低压电器功能、结构和工作原理;
3. 熟记常用低压电器的图形符号和文字符号。

能力目标

1. 能根据三相异步电动机铭牌数据正确选用低压电器的型号和规格;
2. 能根据低压电器的外形结构识别各种电器;
3. 能熟练地拆装、维护常用低压电器;
4. 能正确地调整常用低压电器的各种参数。

课题一　低压电器概述

　　所谓电器是指能根据外界的信号和要求,手动或自动地接通或断开电路,实现对电路或非电对象的切换、控制、保护、检测和调节的元件或设备。

　　根据工作电压的高低,电器可分为高压电器和低压电器。工作在交流 50Hz 或 60Hz、额定电压 1200V 及以下或直流额定电压 1500V 及以下的电器称为低压电器。低压电器作为一种基本器件,广泛应用于输配电系统和电力拖动系统中,在实际生产中起着非常重要的作用。

一、低压电器的分类

　　低压电器的用途广泛,功能多样,结构各异,种类繁多,分类的方法也很多,常见的分类方法见表 2-1。常见的低压电器如图 2-1 所示。

表 2-1　低压电器常见的分类方法

分类方法	类　别	典型产品及用途
按低压电器的用途和所控制的对象分	低压配电电器	包括低压开关、低压熔断器等,主要用于低压配电系统及动力设备中
	低压控制电器	包括接触器、继电器等,主要用于电力拖动及自动控制系统中
按低压电器的动作方式分	自动切换电器	依靠电器本身参数的变化或外来信号的作用,自动完成接通或分断等动作的电器,如接触器、继电器等
	非自动切换电器	主要依靠外力(如手控)直接操作进行动作切换的电器,如按钮、低压开关等
按低压电器的工作原理分	电磁式电器	根据电磁感应原理进行工作的电器,如接触器、电磁式继电器等
	非电量控制电器	依靠外力(如手控)或非电量信号(如速度、温度、压力等)的变化而动作的电器,如行程开关、速度继电器、热继电器、压力继电器等
按低压电器的执行机构分	有触点电器	具有可分离的动触点和静触点,主要利用触点的接触和分离来实现电路的接通和断开控制,如接触器、继电器等
	无触点电器	无可分离的触点,主要利用半导体元器件的开关效应来实现电路的通断控制,如接近开关、固态继电器等

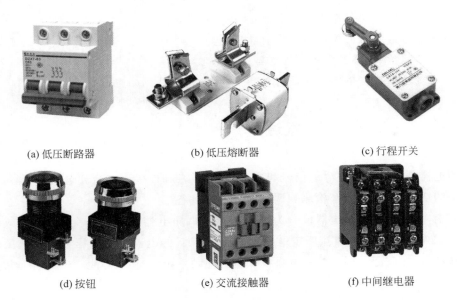

(a) 低压断路器　　　　(b) 低压熔断器　　　　(c) 行程开关

(d) 按钮　　　　(e) 交流接触器　　　　(f) 中间继电器

图 2-1　常见的几种低压电器

二、低压电器的电磁机构及执行机构

　　电磁式电器在低压电器中占有十分重要的地位,在电气控制系统中应用最为普遍。电磁式电器主要由电磁机构和执行机构组成,其中电磁机构可分为交流和直流两种,执行机构则可分为触点系统和灭弧装置两部分。

1. 电磁机构

电磁机构的主要作用是将电能转换成机械能,驱动电器触点动作,实现对电路的通断控制。

电磁机构由铁芯、衔铁和线圈等部分组成,其工作原理是:当线圈中有工作电流通过时,电磁吸力克服弹簧的反作用力,使衔铁与铁芯闭合,由连接机构带动相应的触点动作,实现通断电路的控制功能。电磁式电器常用电磁机构如图 2-2 所示。

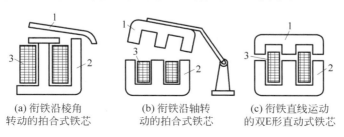

(a) 衔铁沿棱角　　　(b) 衔铁沿轴转　　　(c) 衔铁直线运动
转动的拍合式铁芯　　动的拍合式铁芯　　的双 E 形直动式铁芯

图 2-2　电磁式电器常用电磁结构
1—衔铁　2—铁芯　3—电磁线圈

图 2-2(a)为衔铁沿棱角转动的拍合式铁芯,其铁芯材料由电工软铁制成,广泛应用于低压直流电器领域。图 2-2(b)为衔铁沿轴转动的拍合式铁芯,铁芯形状有 E 形和 U 形两种,其铁芯材料由硅钢片叠成,常用于触点容量较大的交流电器领域。图 2-2(c)为衔铁直线运动的双 E 形直动式铁芯,其铁芯材料也由硅钢片叠成,常用于触点容量为中、小容量的交流接触器和继电器领域。

电磁线圈由漆包线绕制而成。按通入线圈电流性质的不同,分为直流线圈和交流线圈两大类。当线圈通过工作电流时产生足够的磁动势,在磁路中形成磁通,使衔铁获得足够的电磁力,从而克服弹簧的反作用力而吸合。实际应用时,由于直流线圈仅有线圈发热,所以线圈匝数多、导线细,常制成细长型,且不设线圈骨架,线圈与铁芯直接接触,利于线圈的散热。而交流线圈由于铁芯和线圈均发热,故线圈匝数少、导线粗,常制成短粗型,且设置线圈骨架,铁芯与线圈隔离,利于铁芯和线圈的散热。

2. 触点系统

触点系统是电器的执行机构,其作用是接通或分断电路。因此要求触点具有良好的接触性能。实际应用时,由于银的氧化膜电阻率与纯银相似,可以避免触点表面氧化而使电阻率增加造成接触不良,所以在电流容量较小的电器中得到广泛应用。

触点系统结构主要有桥式和指式两类。触点系统常用结构形式如图 2-3 所示。

(a) 点接触式触点　　　(b) 面接触式触点　　　(c) 指式触点

图 2-3　触点系统结构形式

图 2-3(a)、图 2-3(b)为桥式触点,其中图 2-3(a)为点接触式触点,适用于电流容量较小、触点压力小的场合;图 2-4(b)为面接触式触点,适用于电流容量较大的场合。图 2-3(c)为指式触点,其接触区域为一直线(长方形截面),触点在结构设计时,应使触点在接通或断开时产生滚、滑动过程,以去除氧化膜,减少接触电阻,适用于接通次数多、电流容量大的场合。

3. 灭弧装置

电器的动静触点在分断电路时,由于接触电阻引起触点温升,从而引起热电子发射,同时触点间距离小,电场强度极大,在该强电场的作用下,气隙中电子高速运动产生碰撞游离。在该游离因素的作用下,触点间的气隙中会产生大量带电粒子使气体导电,形成炽热的电子流,并伴有强烈的声、光和热效应的弧光现象,即为电弧。根据电流性质的不同,电弧分直流电弧与交流电弧两种。

由于电弧的高温能将电器触点烧毁,并可能造成其他事故,故应采取适当措施迅速熄灭电弧。低压电器灭弧,主要采取的措施有:①迅速增加电弧长度,使得单位长度内维持电弧燃烧的电场强度不足而使电弧熄灭;②使电弧与液体介质或固体介质相接触,加速冷却以增强去游离作用,使电弧迅速熄灭。由于交流电弧有自然过零点,故其电弧较易熄灭。

目前,低压电器常用灭弧方法主要有磁吹灭弧法和栅片灭弧法两种。

1)磁吹灭弧法

图 2-4 所示为磁吹灭弧装置示意图。

由图 2-4 可见,磁吹灭弧装置由磁吹线圈、引弧角和导弧磁夹板等部件组成。磁吹线圈产生的磁场其磁通比较集中,它经铁芯和导弧磁夹板进入电弧空间。于是,电弧在磁场的作用下,在灭弧罩内部迅速向上运动,并在引弧角处被拉到最长。在运动过程中,电弧一方面被拉长,另一方面又被冷却,因此电弧能迅速熄灭。这种方法适合低压直流接触器等领域。

2)栅片灭弧法

图 2-5 所示为栅片灭弧装置示意图。

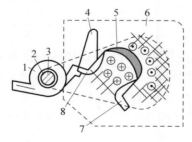

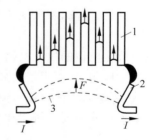

图 2-4 磁吹灭弧装置示意图

1—磁吹线圈 2—绝缘套 3—铁芯 4—引弧角
5—导弧磁夹板 6—灭弧罩 7—动触点 8—静触点

图 2-5 栅片灭弧装置示意图

1—灭弧栅片 2—触点 3—电弧

由图 2-5 可见,栅片灭弧装置由灭弧栅片(由多片镀铜薄钢片组成)等部件组成。当电器触点断开时,电弧在吹弧电动力的作用下被推向栅片,电弧被栅片分割成数段串联短电弧,而栅片变成短电弧的电极。栅片的作用还在于能导出电弧的热量,使电弧迅速冷却,同时每两片灭弧栅片可以看成一对电极,而每对电弧间都有 $150\sim250\text{V}$ 的绝缘强度,使整个灭弧栅的绝缘大大加强,而栅片间的电压却不足以达到电弧燃烧的电压。所以,电弧进入灭弧栅后就能很快地熄灭。

三、低压电器的常用术语

低压电器的常用术语见表 2-2。

表 2-2　低压电器的常用术语

常用术语	含义
通断时间	从电流开始在开关电器的一个极流过的瞬间起,到所有极的电弧最终熄灭的瞬间为止的时间间隔
燃弧时间	电器分断过程中,从触点断开(或熔体熔断)出现电弧的瞬间开始,至电弧完全熄灭为止的时间间隔
分断能力	开关电器在规定的条件下,能在给定的电压下分断的预期分断电流值
接通能力	开关电器在规定的条件下,能在给定的电压下接通的预期接通电流值
通断能力	开关电器在规定的条件下,能在给定的电压下接通和分断的预期电流值
短路接通能力	在规定的条件下,包括开关电器的出线端短路在内的接通能力
短路分断能力	在规定的条件下,包括开关电器的出线端短路在内的分断能力
操作频率	开关电器在每小时内可能实现的最高循环操作次数
通电持续率	开关电器的有载时间和工作周期之比,常以百分数表示
电寿命	在规定的正常工作条件下,机械开关电器不需要修理或更换的负载操作循环次数

思考与练习

1. 什么是电器?什么是低压电器?列举几种你所知道的电器。
2. 低压电器是怎样进行分类的?
3. 低压电器的电磁机构及执行机构的作用是什么?
4. 低压电器常用的术语有哪些?它们的含义是什么?

课题二　低压熔断器

低压熔断器是低压配电系统和电力拖动系统中主要用作短路保护的电器,通常简称为熔断器。图 2-6(a)所示为 RL1 系列螺旋式熔断器外形图,图 2-6(b)所示为熔断器的图形、文字符号。

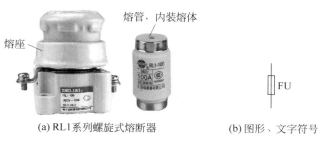

(a) RL1 系列螺旋式熔断器　　(b) 图形、文字符号

图 2-6　熔断器外形图和图形、文字符号

使用时,熔断器应串联在被保护的电路中。正常情况下,熔断器相当于一段导线;当电路发生短路故障或通过熔断器的电流达到或超过某一规定值时,以其自身的发热量使熔体熔断,从而自动切断电路,实现短路保护功能。熔断器的结构简单,动作可靠,使用维护方便,因而得到了广泛应用。

一、熔断器的结构及主要参数

1. 熔断器的结构

熔断器主要由熔体、熔管和熔座 3 部分组成,如图 2-6(a)所示。

熔体是熔断器的核心部件,常做成丝状、片状或栅状。制作熔体的材料通常有两种:一种是由铅、铅锡合金或锌等低熔点材料制作而成,多用于小电流电路;另一种是由银、铜等较高熔点的金属制作而成,多用于大电流电路。

熔管是熔体的保护外壳,用耐热绝缘材料制成,在熔体熔断时兼有灭弧功能。

熔座是熔断器的底座,用于固定熔管和外接引线。

2. 熔断器的主要技术参数

(1) 额定电压。额定电压指熔断器长期工作所能承受的电压。如果熔断器的实际工作电压大于其额定电压,熔体熔断时可能会有电弧不能熄灭的危险。

(2) 额定电流。额定电流是指保证熔断器能长期正常工作的电流。它由熔断器各部分长期工作时允许的温升决定。

(3) 分断能力。分断能力是指在规定的使用和性能条件下,在规定电压下熔断器能分断的预期分断电流值。常用极限分断电流值来表示。

注意

熔断器的额定电流与熔体的额定电流是两个不同的概念。熔体的额定电流是指在规定的工作条件下,长时间通过熔体而熔体不熔断的最大电流值。通常,一个额定电流等级的熔断器可以配用若干个额定电流的熔体,但要保证熔体的额定电流值不能大于熔断器的额定电流值。例如,型号为 RL1-15 的熔断器,其额定电流为 15A,它可以配用额定电流为 2A、4A、6A、10A 和 15A 的熔体。

二、常用低压熔断器

熔断器型号中各字母、数字的含义如下:

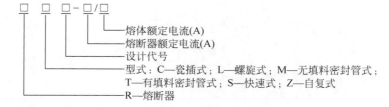

如型号 RL1A-15/10 中,R 表示熔断器,L 表示螺旋式,设计代号为 1A,熔断器额定电流是 15A,熔体额定电流是 10A。

常用低压熔断器见表 2-3。

表 2-3　常用低压熔断器

名　称	结构示意图	特　点	应用场合
RC1A 系列瓷插式熔断器	 1—瓷盖　2—熔丝 3—动触点　4—静触点 5—瓷座	它由瓷座、瓷盖、动触点、静触点及熔丝五部分组成。具有结构简单、价格低廉、更换方便等优点；但该熔断器极限分断能力较差，且熔丝熔断时伴有声、光现象，在易燃易爆的场合禁止使用	主要用于交流 50Hz、额定电压 380V 及以下、额定电流为 5～200A 的低压线路末端或分支电路中，作为线路和用电设备的短路保护，在照明线路中还可实现过载保护作用
RL1 系列螺旋式熔断器		它主要由瓷帽、熔断管、瓷套、上接线座、下接线座及瓷底座等部分组成。具有分断能力较强、结构紧凑、体积小、更换熔体方便、工作安全可靠、熔丝熔断后有明显指示等特点。当从磁帽玻璃窗口观测到带小红点的熔断指示器自动脱落时，表示熔丝已经熔断	广泛应用于控制箱、配电屏、机床设备及振动较大的场合，在交流额定电压 500V、额定电流 200A 及以下的电路中，作为短路保护器件
RM10 系列无填料密封管式熔断器		它由熔断管、熔体、夹头及夹座等部分组成。熔断管为钢纸制成，两端为黄铜制成的可拆式管帽，管内熔体为变截面的熔片，更换熔体较方便。RM10 系列的极限分断能力较 RC1A 型熔断器有提高	主要用于交流额定电压 380V 及以下、直流 440V 及以下、电流在 600A 以下的电力线路中，作导线、电缆及电气设备的短路和连续过载保护
RT0 系列有填料密封管式熔断器		它主要由熔管、底座、夹头及夹座等部分组成。它的熔管用高频电工瓷制成，熔体是两片网状紫铜片，中间用锡桥连接。熔体周围填满的石英砂起灭弧作用。该熔断器的分断能力比同容量的 RM10 型大 2.5～4 倍，配置有熔断指示装置，熔体熔断后，显示出醒目的红色熔断信号，且可用配备的专用绝缘手柄在带电的情况下更换熔体，装取方便，安全可靠	广泛应用于交流 380V 及以下、短路电流较大的电力输配电系统中，作为线路和电气设备的短路保护及过载保护

续表

名　称	结构示意图	特　点	应用场合
RT18 系列有填料密封管式圆筒帽形熔断器		该系列熔断器由熔体及熔断器支持件组成。熔断器由熔管、熔体、填料组成,由纯铜片(或铜丝)制成的变截面熔体封装于高强度熔管内,熔管内充满高纯度石英砂作为灭弧介质,熔体两端采用点焊与端帽牢固连接。 熔断器支持件由底板、载熔体、插座等组成,由塑料压制的底板与载熔体插座铆合或用螺丝固定而成,为半封闭式结构,且带有熔断指示灯。熔体熔断时指示灯即亮	用于交流 50Hz、额定电压 380V、额定电流 63A 及以下工业电气设备的配电线路中,作为线路的短路保护及过载保护
RS0、RS3 系列有填料快速熔断器(又叫半导体器件保护用熔断器)		电力半导体器件的过载能力很差,采用熔断器保护时,要求过载或短路时必须快速熔断,一般在 6 倍额定电流时,熔断时间不大于 20ms。故快速熔断器的主要特点是熔断时间短,动作迅速(小于 5ms)。RS0、RS3 系列,其外形与 RT0 系列相似,熔断管内有石英填料,熔体也采用变截面形状、导热性能强、热容量小的银片,熔化速度快	主要用于半导体硅整流元件的过电流保护。常用的有 RLS、RS0、RS3 等系列。RLS 系列主要用于小容量硅元件及成套装置的短路保护;RS0 和 RS3 系列主要用于大容量晶闸管元件的短路和过载保护,它们的结构相同,但 RS3 系列的动作更快,分断能力更强
自复式熔断器		自复式熔断器是一种采用气体、超导体或液态金属钠等作熔体的限流元件。在故障短路电流产生的高温下,使熔体瞬间呈现高阻状态,从而限制了短路电流。当故障消失后,温度下降,熔体又自动恢复至原来的低阻导电状态。自复式熔断器具有限流作用显著、动作时间短、动作后不必更换熔体、能重复使用、能实现自动重合闸等特点,所以在生产中的应用范围广泛	目前自复式熔断器的工业产品有 RZ1 系列,它适用于交流 380V 的电路中与断路器配合使用。熔断器的电流有 100A、200A、400A、600A 共 4 个等级,在功率因数 λ≤0.3 时的分断能力为 100kA

常用低压熔断器的主要技术参数见表 2-4。

表 2-4　常用低压熔断器的主要技术参数

类　别	型　号	额定电压 /V	额定电流 /A	熔体额定电流等级/A	极限分断 能力/kA	功率因数
瓷插式熔 断器	RC1A	380	5	2、5	0.25	0.8
			10	2、4、6、10	0.5	0.8
			15	6、10、15	0.5	
			30	20、25、30	1.5	0.7
			60	40、50、60	3	0.6
			100	80、100	3	0.6
			200	120、150、200		
螺旋式熔 断器	RL1	500	15	2、4、6、10、15	2	≥0.3
			60	20、25、30、35、40、50、60	3.5	
			100	60、80、100	20	
			200	100、125、150、200	50	
	RL2	500	25	2、4、6、10、15、20、25	1	
			60	25、30、50、60	2	
			100	80、100	3.5	
无填料密封 管式熔断器	RM10	380	15	6、10、15	1.2	0.8
			60	15、20、25、35、45、60	3.5	0.7
			100	60、80、100	10	0.35
			200	100、125、160、200		
			350	200、225、260、300、350		
			600	350、430、500、600	12	0.35
有填料密封 管式熔断器	RT0	交流 380 直流 440	100	30、40、50、60、100	交流 50 直流 25	>0.3
			200	120、150、200		
			400	300、350、400		
			600	450、500、550、600		
有填料密封 管式圆筒帽 形熔断器	RT18	380	32	2、4、6、8、10、12、16、20、25、32	100	0.1～0.2
			63	2、4、6、8、10、16、20、25、32、40、 50、63		
快速熔断器	RLS2	500	30	16、20、25、30	50	0.1～0.2
			63	35、45、50、63		
			100	75、80、90、100		

三、低压熔断器的选用

　　熔断器有不同的类型和规格。对熔断器的要求是：在电气设备正常运行时，熔断器应不熔断；在出现短路故障时，应立即熔断；在电流发生正常变动（如电动机启动过程）时，熔断器应不熔断；在用电设备持续过载时，应延时熔断。

对熔断器的选用主要包括熔断器类型、熔断器额定电压、熔断器额定电流和熔体额定电流的选用。

1. 熔断器类型的选择

根据使用环境、负载性质和短路电流的大小选用适当类型的熔断器。例如,对于容量较小的照明电路,可选用 RT 系列圆筒帽形熔断器或 RC1A 系列瓷插式熔断器;对于短路电流相当大的电路或有易燃气体的环境,应选用 RT0 系列有填料密封管式熔断器;在机床控制线路中,多选用 RL 系列螺旋式熔断器;用于半导体功率元件及晶闸管的保护时,应选用 RS 或 RLS 系列快速熔断器。

2. 熔断器额定电压和额定电流的选择

(1) 熔断器额定电压必须等于或大于控制线路的额定电压。

(2) 熔断器额定电流必须等于或大于所装熔体的额定电流。

(3) 熔断器的分断能力应大于电路中可能出现的最大短路电流。

3. 熔体额定电流的选择

(1) 用于保护照明或电热设备时,由于负载电流较平稳且无冲击电流,所以熔体的额定电流应等于或稍大于负载的额定电流。

(2) 用于保护单台不经常启动且启动时间不长的电动机时,考虑电动机冲击电流的影响,熔体的额定电流按下式计算:

$$I_{RN} \geqslant (1.5 \sim 2.5) I_N$$

式中 I_N 为电动机的额定电流。

(3) 用于保护多台电动机时,若各台电动机不同时启动,则应按下式计算:

$$I_{RN} \geqslant (1.5 \sim 2.5) I_{Nmax} + \sum I_N$$

式中 I_{Nmax} 为最大容量电动机的额定电流;$\sum I_N$ 为其余电动机额定电流的总和。

例题解析

【例 2-1】 某机床电动机的型号为 Y112M-4,额定功率为 4kW,额定电压为 380V,额定电流为 8.8A,该电动机正常工作时不需要频繁启动。若用熔断器为该电动机提供短路保护,试确定熔断器的型号规格。

【解析】 熔断器的选用主要包括熔断器类型、熔断器额定电压、熔断器额定电流和熔体额定电流的选用。

(1) 选择熔断器类型:该电动机是在机床中使用,所以熔断器可选用 RL1 系列螺旋式熔断器。

(2) 选择熔体额定电流:由于所保护的电动机不需要频繁启动,则熔体额定电流取为:

$$I_{RN} \geqslant (1.5 \sim 2.5) \times 8.8 \approx 13.2 \sim 22A$$

查表 2-4 得熔体额定电流为:$I_{RN} = 25A$ 或 15A,但选取时通常应留有一定余量,故一般取 $I_{RN} = 25A$。

(3) 选择熔断器的额定电流和电压:查表 2-4,可选取 RL1-60/25 型熔断器,其额定电流为 60A,额定电压为 500V。

4. 低压熔断器的安装与使用

（1）用于安装使用的熔断器应完整无损，并标有额定电压、额定电流值。

（2）熔断器安装时应保证熔体与夹头、夹头与夹座接触良好。瓷插式熔断器应垂直安装；螺旋式熔断器接线时，电源线应接在下接线座上，负载线应接在上接线座上，以保证能安全地更换熔管。

（3）熔断器内要安装合格的熔体，不能用多根小规格的熔体并联代替一根大规格的熔体。在多级保护的场合，各级熔体应相互配合，上级熔断器的额定电流等级以大于下级熔断器的额定电流等级两级为宜。

（4）更换熔体或熔管时，必须切断电源，尤其不允许带负荷操作，以免发生电弧灼伤。管式熔断器的熔体应用专用的绝缘插拔器进行更换。

（5）对 RM10 系列熔断器，在切断过三次相当于分断能力的电流后，必须更换熔管，以保证能可靠地切断所规定分断能力的电流。

（6）熔体熔化后，应分析原因，排除故障后，再更换新的熔体。在更换新的熔体时，不能轻易改变熔体的规格，更不能使用铜丝或铁丝代替熔体。

（7）熔断器兼作隔离器件使用时，应安装在控制开关的电源进线端；若仅作短路保护用，应装在控制开关的出线端。

5. 低压熔断器的常见故障及处理办法

低压熔断器常见故障及处理办法见表2-5。

表2-5 低压熔断器常见故障及处理办法

故障现象	可能原因	处理办法
电路接通瞬间，熔体熔断	① 负载侧短路或接地 ② 熔体电流等级选择过小 ③ 熔体安装时受机械损伤	① 排除负载故障 ② 更换熔体 ③ 更换熔体
熔体未见熔断，但电路不通	熔体或接线座接触不良	重新连接

技能训练 2-1 低压熔断器的识别与检修

[训练材料]

1. 工具与仪表选用

工具与仪表选用见表2-6。

表2-6 工具与仪表选用

工具	电工钳、尖嘴钳、斜口钳、剥线钳、电工刀、螺钉旋具、验电笔
仪表	万用表、钳形电流表、兆欧表

2. 器材选用

器材选用见表2-7。

表 2-7 元件明细表

代 号	名 称	型 号	规 格	数 量
FU	低压熔断器	RC1A		若干
FU	低压熔断器	RL1		若干
FU	低压熔断器	RT0	每种型号不少于两种规格	若干
FU	低压熔断器	RT18		若干
FU	低压熔断器	RS0		若干
FU	低压熔断器	RM10		若干

[训练内容与步骤]

1. 低压熔断器的识别训练

(1) 在教师指导下,仔细观察不同类型、规格的熔断器外形和结构特点。

(2) 由指导教师任选 5 只不同的熔断器,用胶布遮盖住原型号并编号,由学生根据实物写出其名称、型号规格,填入表 2-8 中。

表 2-8 熔断器识别

序 号	①	②	③	④	⑤
名称					
型号规格					

2. RL1 系列和 RT18 系列熔断器熔管更换

(1) 检查所给熔断器的熔体是否完好。对 RL1 系列应首先查看其熔断指示器;对 RT18 系列可取出熔管用万用表欧姆挡进行测量。若熔体已熔断,应按原规格选配熔体。

(2) 更换熔管。对 RL1 系列熔管不能倒装;对于 RT18 系列应按操作流程进行更换。

(3) 用万用表检查更换熔管后的熔断器各部分接触是否良好。

[评分标准]

评分标准见表 2-9。

表 2-9 评分标准

项 目	配 分	评分细则		扣 分	得 分
熔断器识别	50 分	(1) 写错或漏写名称 (2) 写错或漏写型号规格	每只扣 5 分 每只扣 5 分		
更换熔管	50 分	(1) 检查方法不正确 (2) 不能正确选配熔体 (3) 更换熔管方法不正确 (4) 损伤熔管 (5) 更换熔管后熔断器断路	扣 10 分 扣 10 分 扣 10 分 扣 10 分 扣 10 分		
安全文明生产		违反安全文明生产规程	扣 5～40 分		
定额时间		60min,每超过 5min(不足 5min 以 5min 计)	扣 5 分		
评分人:		核分人:		总分	

想一想

（1）怎样用万用表判断熔断器质量好坏？

（2）熔断器为什么一般不宜作过载保护，而主要用作短路保护？

思考与练习

1. 熔断器主要由哪几部分组成？各部分的作用是什么？

2. 什么是熔体的额定电流？它与熔断器的额定电流是否相同？

3. 常用的低压熔断器有哪几种类型？

4. 在安装和使用熔断器时，应注意哪些问题？

5. 实际生活中，你在哪些地方见到过熔断器？它们分别属于哪种类型？

课题三　低压开关

低压开关主要实现隔离、转换及接通和分断电路的功能。在电力拖动中，低压开关多数用作电气控制线路的电源开关和局部照明电路的控制开关，有时也可用来控制小容量电动机的启动、停止和正反转。

常用的低压开关有负荷开关、组合开关、倒顺开关和低压断路器，其图形符号和文字符号如图 2-7 所示。

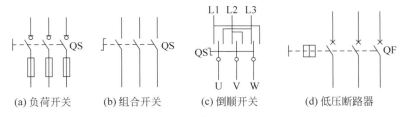

| (a) 负荷开关 | (b) 组合开关 | (c) 倒顺开关 | (d) 低压断路器 |

图 2-7　低压开关图形符号和文字符号

一、低压断路器

低压断路器又叫自动空气开关或自动空气断路器，简称断路器。它集控制和多种保护功能于一体。在控制线路工作正常时，它作为电源开关接通和分断电路；当控制线路中发生短路、过载和失压等故障时，它能自动跳闸，切断故障电路，从而保护线路和电气设备。

低压断路器具有操作安全、安装使用方便、工作可靠、动作值可调、分断能力较强、兼作多种保护、动作后不需要更换元件等优点，因此得到了广泛应用。

常用低压断路器有塑壳式、万能式等类型，如图 2-8 所示。在电力拖动系统中常用的是 DZ 系列塑壳式低压断路器，下面以 DZ5-20 型低压断路器为例介绍。

1. 低压断路器结构及工作原理

DZ5 系列低压断路器的结构如图 2-9 所示。它由触点系统、灭弧装置、操作机构、热脱扣器、电磁脱扣器及绝缘外壳等部分组成。

DZ5 系列断路器有三对主触点，一对辅助常开触点和一对辅助常闭触点。使用时三对主触点串联在被控制的三相电路中，用以接通和分断主回路的大电流。按下绿色"合"按钮

(a) DZ5系列塑壳式　(b) DZ15系列塑壳式　(c) DZ47系列塑壳式　(d) DW15系列万能式

图 2-8　低压断路器

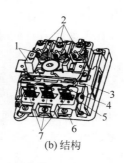

(a) 外壳　　　　　　　　(b) 结构

图 2-9　DZ5 系列低压断路器

1—按钮　2—电磁脱扣器　3—欠压脱扣器　4—动触点　5—静触点　6—接线柱　7—热脱扣器

时接通电路；按下红色"分"按钮时切断电路。当电路出现短路、过载、欠压等故障时，断路器会自动跳闸切断电路。

热脱扣器用于过载保护，整定电流的大小由电流调节装置调节。

电磁脱扣器用于短路保护，瞬时脱扣整定电流的大小由电流调节装置调节。出厂时，电磁脱扣器的瞬时脱扣整定电流一般整定为 $10I_N$（I_N 为断路器的额定电流）。

欠压脱扣器用于零压和欠压保护。具有欠压脱扣器的断路器，在欠压脱扣器两端无电压或电压过低时不能接通电路。

2. 低压断路器的符号及型号含义

DZ5 系列低压断路器的型号及含义如图 2-10 所示。

图 2-10　DZ5 系列低压断路器型号含义

如型号 DZ5-20/330 表示三相塑壳式断路器，设计序号为 5，断路器额定电流为 20A。该断路器采用复式脱扣器，且不带附件。

DZ5 系列低压断路器适用于交流频率 50Hz，额定电压 380V，额定电流至 50A 的电路。保护电动机用断路器用于电动机的短路和过载保护；配电用断路器在配电网络中用来分配电能和用于对线路及电源设备的短路和过载保护。

DZ5-20 型低压断路器的主要技术参数见表 2-10。

表 2-10 DZ5-20 型低压断路器主要技术参数

型号	额定电压/V	主触点额定电流/A	极数	脱扣器形式	热脱扣器额定电流(括号内为整定电流调节范围)/A	电磁脱扣器瞬时动作整定值/A
DZ5-20/330 DZ5-20/230	AC380 DC220	20	3 2	复式	0.15(0.10~0.15) 0.20(0.15~0.20) 0.30(0.20~0.30) 0.45(0.30~0.45) 0.65(0.45~0.65)	为电磁脱扣器额定电流的 8~12 倍(出厂时整定于 10 倍)
DZ5-20/320 DZ5-20/220	AC380 DC220	20	3 2	电磁式	1(0.65~1) 1.5(1~1.5) 2(1.5~2) 3(2~3)	
DZ5-20/310 DZ5-20/210	AC380 DC220	20	3 2	热脱扣器式	4.5(3~4.5) 6.5(4.5~6.5) 10(6.5~10) 15(10~15) 20(15~20)	
DZ5-20/300 DZ5-20/200	AC380 DC220	20	3 2	无脱扣器		

知识拓展

DZ15 系列、DZ47 系列低压断路器简介

DZ15 系列低压断路器适用于交流 50Hz、额定电压为 220V 或 380V、额定电流至 100A 的电路,作为配电、电机的过载及短路保护用,亦可用于线路不频繁转换及电动机不频繁启动的线路。图 2-11 所示为 DZ15 系列塑料外壳式断路器型号意义,表 2-11 所示为 DZ15 系列断路器主要技术参数。

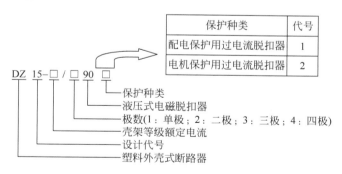

图 2-11 DZ15 系列断路器型号意义

DZ47 系列低压断路器适用于交流 50Hz/60Hz,单极 230V、二极以上 400V 线路的过载、短路保护,同时也可以用于正常情况下不频繁通断电器装置和照明线路。图 2-12 所示为 DZ47 系列低压断路器型号意义,表 2-12 所示为 DZ47 系列低压断路器主要技术参数。

表 2-11 DZ15 系列低压断路器主要技术参数

型 号	壳架额定 电流/A	额定电压/V	极数	脱扣器额 定电流/A	额定短路通 断能力/kA
DZ15-40/1901		220	1		
DZ15-40/2901		380	2		
DZ15-40/3901	40	380	3	6、10、16、20、25、 32、40	3
DZ15-40/3902		380	3		
DZ15-40/4901		380	4		
DZ15-63/1901		220	1		
DZ15-63/2901		380	2		
DZ15-63/3901	63	380	3	10、16、20、25、32、 40、50、63	5
DZ15-63/3902		380	3		
DZ15-63/4901		380	4		

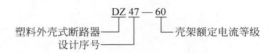

图 2-12 DZ47 系列低压断路器型号意义

表 2-12 DZ47 系列低压断路器主要技术参数

型 号	额定电流/A	额定电压/V	极 数	通断能力/kA
DZ47-60(C)型	1～40	230	1	6
	1～40	400	2、3、4	6
	50～60	230	1	4
	50～60	400	2、3、4	4
DZ47-60(D)型	1～60	230	1	4
	1～60	400	2、3、4	4

3. 低压断路器的选用

低压断路器的选用原则如下。

(1) 低压断路器类型的选择：应根据使用场合和保护要求进行选择。如一般选用塑壳式；短路电流很大时选用限流型；额定电流比较大或有选择性保护要求时选用框架式；控制和保护含半导体器件的直流电路时选用直流快速断路器等。

(2) 低压断路器的额定电压、额定电流应大于或等于控制线路、设备的正常工作电压、工作电流。

(3) 热脱扣器的整定电流应等于所控制负载的额定电流。

(4) 电磁脱扣器的瞬时脱扣整定电流应大于负载电路正常工作时的峰值电流。用于控制电动机的断路器,其瞬时脱扣整定电流 I_z 可按下式选取：

$$I_z \geqslant KI_{st}$$

式中,K——安全系数,可取 1.5～1.7;

I_{st}——电动机的启动电流。

(5) 欠压脱扣器的额定电压应等于控制线路的额定电压。

（6）低压断路器极限通断能力大于或等于控制线路最大短路电流。

例题解析

【例 2-2】 用低压断路器控制一台型号为 Y132S-4 的三相异步电动机，电动机的额定功率为 5.5kW，额定电压为 380V，额定电流为 11.6A，启动电流为额定电流的 7 倍，试选择断路器的型号和规格。

【解析】 （1）确定断路器的种类：根据电动机的额定电流、额定电压及对保护的要求，初步确定选用 DZ5-20 型低压断路器。

（2）确定热脱扣器额定电流：根据电动机的额定电流查表 2-10，选择热脱扣器的额定电流为 15A，相应的电流整定范围为 10～15A。

（3）校验电磁脱扣器的瞬时脱扣整定电流：电磁脱扣器的瞬时脱扣整定电流为 $I_z=10\times15=150A$，而 $KI_{st}=1.7\times11.6\times7=138A$，满足 $I_z\geqslant KI_{st}$，符合要求。

（4）确定低压断路器的型号规格：根据以上分析计算，应选用 DZ5-20/330 型低压断路器。

4. 低压断路器的安装与使用

（1）低压断路器应垂直于配电板安装，电源引线应接到上端，负载引线接到下端。

（2）低压断路器用作电源总开关或电动机的控制开关时，在电源进线侧必须加装刀开关或熔断器等，以形成明显的断开点。

（3）低压断路器在使用前应将脱扣器工作面的防锈油脂擦干净；各脱扣器动作值一经调整好，不允许随意变动，以免影响其动作值。

（4）使用过程中若遇分断短路电流，应及时检查触点系统；若发现电灼烧痕，应及时修理或更换。

（5）断路器上的积尘应定期清除，并定期检查各脱扣器动作值并给操作机构添加润滑剂。

二、其他常用低压开关简介

其他常用低压开关示意图、特点及主要应用场合见表 2-13。

表 2-13 其他常用低压开关

名 称	示 意 图	特 点	应 用 场 合
开启式负荷开关	瓷柄　静触头　动触头　瓷底　胶盖　熔丝接头	开启式负荷开关又称为瓷底胶盖刀开关，简称闸刀开关。HK 系列开启式负荷开关由刀开关和熔断器组合而成。开关的瓷底座上装有进线座、静触点、熔体、出线座和带瓷质手柄的刀式动触点，上面盖有胶盖以防止操作时触及带电体或产生的电弧溅出伤人	适用于照明、电热设备及小容量电动机控制线路中，供手动不频繁地接通和分断电路，并起短路保护作用

名　称	示　意　图	特　点	应用场合
组合开关	HZ10-10/3 型组合开关 倒顺开关	组合开关又叫转换开关，实际上是一种特殊的刀开关。具有体积小、触点对数多、接线方式灵活、操作方便等特点。 组合开关中，有一类是专门为控制小容量三相异步电动机的正反转而设计生产的，俗称倒顺开关或可逆转换开关。开关的两边各装有三对静触点，开关的手柄有"倒""停""顺"三个位置。手柄只能从"停"位置左转 45°或右转 45°。当手柄位于"停"位置时，两动触点都不与静触点接触；手柄位于"顺"位置时，动触点 Ⅰ1、Ⅰ2、Ⅰ3 与静触点接通；手柄位于"倒"位置时，动触点 Ⅱ1、Ⅱ2、Ⅱ3 与静触点接通	常用于交流 50Hz、380V 以下及直流 220V 以下的电气线路中，供手动不频繁地接通和断开电路、换接电源和负载以及控制5kW 以下小容量异步电动机的启动、停止和正反转

三、低压开关常见故障及处理方法

低压开关常见故障及处理方法见表 2-14。

表 2-14　低压开关常见故障及处理方法

开关名称	故障现象	可能原因	处理方法
负荷开关	操作手柄带电	① 外壳未接地或接地线松脱 ② 电源进出线绝缘损坏碰壳	① 检查后，加固接地导线 ② 更换导线或恢复绝缘
	夹座（静触点）过热或烧坏	① 夹座表面烧毛 ② 闸刀与夹座压力不足 ③ 负载过大	① 用细锉修整夹座 ② 调整夹座压力 ③ 减轻负载或更换大容量开关
组合开关	手柄转动后，内部触点未动	① 手柄上的轴孔磨损变形 ② 绝缘杆变形（方形磨为圆形） ③ 手柄与方轴，或轴与绝缘杆配合松动 ④ 操作结构损坏	① 调换手柄 ② 更换绝缘杆 ③ 紧固松动部件 ④ 修理更换
	手柄转动后，动静触点不能按要求动作	① 组合开关型号选用不正确 ② 触点角度装配不正确 ③ 触点失去弹性或接触不良	① 更换组合开关 ② 重新装配 ③ 更换触点或清除氧化层或尘污
	接线柱间短路	因铁屑或油污附着在接线柱间，形成导电层，将胶木烧焦，绝缘损坏而形成短路	更换组合开关

续表

开关名称	故障现象	可能原因	处理方法
低压断路器	不能合闸	① 欠压脱扣器无电压或线圈损坏 ② 储能弹簧变形 ③ 反作用弹簧力过大 ④ 操作机构不能复位再扣	① 检查电压或更换线圈 ② 更换储能弹簧 ③ 重新调整 ④ 调整再扣接触面至规定值
	电流达到整定值，断路器不动作	① 热脱扣器双金属片损坏 ② 电磁脱扣器的衔铁与铁芯距离太大或电磁线圈损坏 ③ 主触点熔焊	① 更换双金属片 ② 调整衔铁与铁芯的距离或更换断路器 ③ 检查原因并更换主触点
	启动电动机时断路器立即分断	① 电磁脱扣器瞬时整定值过小 ② 电磁脱扣器的某些零件损坏	① 调高整定值至规定值 ② 更换脱扣器
	断路器闭合后一定时间内自行分断	热脱扣器整定值过小	调高整定值至规定值
	断路器温升过高	① 触点压力过小 ② 触点表面过分磨损或接触不良 ③ 两个导电零件连接螺钉松动	① 调整触点压力或更换弹簧 ② 更换触点或修整接触面 ③ 重新拧紧

技能训练 2-2　低压开关的识别与检修

[训练材料]

1. 工具与仪表选用

工具与仪表选用见表 2-15。

表 2-15　工具与仪表选用

工具	电工钳、尖嘴钳、斜口钳、剥线钳、电工刀、螺钉旋具、验电笔等电工常用工具
仪表	ZC25-3 型兆欧表(500V,0~500MΩ)、MF47 型万用表

2. 器材选用

器材选用见表 2-16。

表 2-16　元件明细表

代　号	名　　称	型　号	规　格	数　量
QS	开启式负荷开关	HK1 系列	每种型号不少于两种规格	若干
QS	组合开关	HZ10 系列		若干
QS	倒顺开关	HY2 系列		若干
QF	低压断路器	DZ47 系列		若干

[训练内容与步骤]

1. 低压开关的识别训练

（1）在教师指导下，仔细观察不同类型、规格的低压开关，熟悉它们的外形、型号、功能、结构及工作原理以及主要技术参数的意义等。

（2）将给定低压开关用胶布遮盖住铭牌数据，由学生根据实物写出其名称、型号规格及文字符号，画出图形符号，填入表 2-17 中。

表 2-17　低压开关识别

序　号	①	②	③	④	⑤
名称					
型号规格					
文字符号					
图形符号					

2．检测低压开关

将低压开关的手柄扳至合闸位置，用万用表的电阻挡测量各对触点之间的接触情况。再用兆欧表测量每两相触点之间的绝缘电阻。

3．熟悉低压断路器的结构和原理

将一只 DZ47-63 型塑壳式低压断路器的外壳拆开，认真观察其结构，理解其控制和保护原理，并将主要部件的作用和有关参数填入表 2-18 中。

表 2-18　低压断路器的结构

主要部件名称	作　用	参　数
电磁脱扣器		
热脱扣器		
触点		

[评分标准]

评分标准见表 2-19。

表 2-19　评分标准

项目	配分	评 分 细 则		扣分	得分
低压开关识别	40 分	（1）写错或漏写名称 （2）写错或漏写型号规格 （3）写错文字和图形符号	每只扣 5 分 每只扣 5 分 每只扣 5 分		
检测低压开关	40 分	（1）仪表使用方法错误 （2）检测方法或结果有误 （3）损坏仪表电器 （4）不会检测	扣 10 分 扣 10 分 扣 40 分 扣 40 分		
低压断路器结构	20 分	（1）主要部件作用写错 （2）参数漏写或写错	扣 5 分 扣 5 分		
安全文明生产		违反安全文明生产规程	扣 5～40 分		
定额时间		60min，每超过 5min（不足 5min 以 5min 计）	扣 5 分		
评分人：		核分人：		总分	

思考与练习

1. 画出负荷开关、组合开关和低压断路器的图形符号，并注明文字符号。
2. 低压断路器有哪些保护功能？分别由低压断路器的哪些部件完成？
3. 在安装和使用低压断路器时，应注意哪些问题？
4. 简述低压断路器的选用原则。
5. 如果低压断路器不能合闸，可能的故障原因有哪些？

课题四　主令电器

主令电器是用于发送控制指令的电器。这类电器可以直接作用于控制线路，也可以通过电磁式电器的转换对电路实现控制。主令电器应用广泛，种类繁多，常见的有按钮、行程开关、万能转换开关等。

一、按钮

按钮是一种由人体某一部分（一般为手指或手掌）施力来操作，并具有弹簧储能复位的控制开关，是一种最常用的主令电器。按钮的触点允许通过的电流较小，一般不超过 5A。因此，一般情况下，它不直接控制主电路（大电流电路），而是在控制线路（小电流电路）中发出指令或信号，控制接触器等电器，再由它们去控制主电路的通断、功能转换或电气联锁。图 2-13 所示为常见按钮外形图。

　　(a) LA10系列　　　　(b) LA38系列　　(c) LAY5系列　　(d) LA53防爆系列

图 2-13　常见按钮外形图

按照按钮不受外力作用（即静态）时触点的分合状态，分为常开按钮、常闭按钮和复合按钮（即常开、常闭触点组合为一体的按钮）。各种按钮的结构与符号如图 2-14 所示。

(a) 常闭按钮　　　(b) 常开按钮　　　(c) 复合按钮

图 2-14　控制按钮图形及文字符号

注意

对常开按钮而言,按下按钮帽时触点闭合,松开后触点自动断开复位;常闭按钮则相反,按下按钮帽时触点分断,松开后触点自动闭合复位。复合按钮是当按下按钮帽时,动触点向下运动,使常闭触点先断开后,常开触点才闭合;当松开按钮帽时,则常开触点先分断复位后,常闭触点再闭合复位。

1. 按钮的型号及含义

按钮的型号及含义如下:

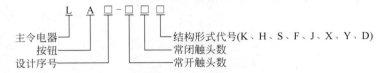

其中,结构形式代号的含义如下:

K—开启式,嵌装在操作面板上;

H—保护式,带保护外壳,可防止内部零件受机械损伤或人体触及带电部分;

S—防水式,具有密封外壳,可防止雨水浸入;

F—防腐式,能防止腐蚀性气体进入;

J—紧急式,带有红色大蘑菇钮头(突出在外),作紧急切断电源用;

X—旋钮式,用旋钮旋转进行操作,有通和断两个位置;

Y—钥匙操作式,用钥匙插入进行操作,可防止误操作或供专人操作;

D—光标按钮,按钮内装有信号灯,兼作信号指示。

电力拖动系统常用按钮有 LA10、LA38、LAY5 等系列。其中 LA10 系列为通用型按钮,其主要技术数据见表 2-20。

表 2-20　LA10 系列按钮的主要技术数据

型　号	结构形式	触点数量		额定电压、电流和控制容量	按　钮	
		常开	常闭		钮数	颜　色
LA10-1K	开启式	1	1		1	或黑或绿或红
LA10-2K	开启式	2	2		2	黑、红或绿、红
LA10-3K	开启式	3	3		3	黑、绿、红
LA10-1H	保护式	1	1		1	或黑或绿或红
LA10-2H	保护式	2	2	额定电压:AC380V DC220V	2	黑、红或绿、红
LA10-3H	保护式	3	3	额定电流:5A	3	黑、绿、红
LA10-1S	防水式	1	1	容　量:AC300VA DC60W	1	或黑或绿或红
LA10-2S	防水式	2	2		2	黑、红或绿、红
LA10-3S	防水式	3	3		3	黑、绿、红
LA10-1F	防腐式	1	1		1	或黑或绿或红
LA10-2F	防腐式	2	2		2	黑、红或绿、红
LA10-3F	防腐式	3	3		3	黑、绿、红

2. 按钮的选用

(1) 根据使用场合和具体用途选择按钮的种类。例如,嵌装在操作面板上的按钮可选用开启式；需显示各种状态的选用光标式；需要防止误操作的重要场合宜用钥匙操作式；在有腐蚀性气体处要用防腐式。

（2）根据工作状态指示和工作情况要求，选择按钮或指示灯的颜色。例如，启动按钮可选用白、灰或黑色，优先选用白色，也可选用绿色。急停按钮应选用红色。停止按钮可选用黑、灰或白色，优先选用黑色，也可选用红色。

（3）根据控制回路的需要选择按钮的数量。如单联钮、双联钮和三联钮等。

3. 按钮的安装与使用

（1）按钮安装在控制面板上时，应布置整齐、排列合理，如根据电动机启动的先后顺序，从上到下或从左到右排列。

（2）同一运动部件有几种不同的工作状态时（如上、下、前、后等），应使每一对相反状态的按钮安装在一起。

（3）按钮的安装应牢固，安装按钮的金属板或金属按钮盒必须可靠接地。

（4）按钮的触点间距较小，如有油污等极易发生短路故障，应注意保持触点间的清洁。

（5）光标按钮一般不宜用于需长期通电显示的地方，以免塑料外壳过度受热而变形，使更换灯泡困难。

4. 按钮的常见故障及处理办法

按钮常见故障及处理方法见表 2-21。

表 2-21　按钮常见故障及处理方法

故 障 现 象	可 能 原 因	处 理 方 法
触点接触不良	① 触点烧损 ② 触点表面有尘垢 ③ 触点弹簧失效	① 修整触点或更换产品 ② 清洁触点表面 ③ 重绕弹簧或更换产品
触点间短路	① 塑料受热变形导致接线螺钉相碰短路 ② 杂物或油污在触点间形成通路	① 查明发热原因排除故障，并更换产品 ② 清洁按钮内部

二、行程开关

行程开关又称限位开关或位置开关，是一种利用生产机械某些运动部件的碰撞来发出控制指令的主令电器。主要用于控制生产机械的运动方向、速度、行程大小或位置，是一种自动控制电器。

行程开关的作用原理与按钮相同，区别在于它不是靠手指的按压，而是利用生产机械运动部件的碰压使其触点动作，从而将机械信号转变为电信号，使生产机械按一定的位置或行程实现自动停止、反向运动、变速运动或自动往返运动等。行程开关的动作原理与按钮相同，此处不再赘述。

电力拖动系统中常用的行程开关有 LX19 和 JLXK1 等系列，各系列行程开关的基本结构大体相同，都是由操作机构、触点系统和外壳组成，如图 2-15 所示，行程开关的图形及文字符号如图 2-16 所示。

以某种行程开关元件为基础，装置不同的操作机构，可得到各种不同形式的行程开关，常见的有按钮式（直动式）、旋转式（滚轮式）。JLXK1 系列行程开关的外形如图 2-17 所示。

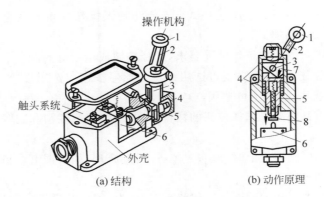

图 2-15　JLXK1 系列行程开关的结构和动作原理

1—滚轮　2—杠杆　3—转轴　4—复位弹簧　5—撞块　6—微动开关　7—凸轮　8—调节螺钉

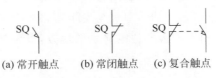

(a) 常开触点　　(b) 常闭触点　　(c) 复合触点

图 2-16　行程开关图形及文字符号

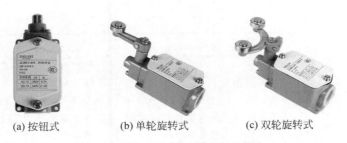

(a) 按钮式　　　　(b) 单轮旋转式　　　　(c) 双轮旋转式

图 2-17　JLXK1 系列行程开关外形

1. 行程开关的型号及含义

LX19、JLXK1 系列行程开关的型号及含义如下：

(1) LX19 系列行程开关的型号及含义：

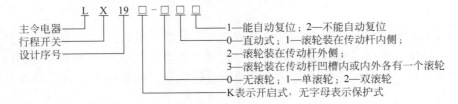

(2) JLXK1 系列行程开关的型号及含义：

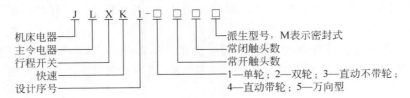

LX19 和 JLXK1 系列行程开关的主要技术数据见表 2-22。

表 2-22　LX19 和 JLXK1 系列行程开关的主要技术数据

型　　号	额定电压 额定电流	结　构　特　点	触 点 对 数	
			常开	常闭
LX19		元件	1	1
LX19-111		单轮,滚轮装在传动杆内侧,能自动复位	1	1
LX19-121		单轮,滚轮装在传动杆外侧,能自动复位	1	1
LX19-131	380V	单轮,滚轮装在传动杆凹槽内,能自动复位	1	1
LX19-212	5A	双轮,滚轮装在 U 形传动杆内侧,不能自动复位	1	1
LX19-222		双轮,滚轮装在 U 形传动杆外侧,不能自动复位	1	1
LX19-232		双轮,滚轮装在 U 形传动杆内外侧各一个,不能自动复位	1	1
LX19-001		无滚轮,直动式,能自动复位	1	1
JLXK1		元件	1	1
JLXK1-111		单轮	1	1
JLXK1-211	500V	双轮	1	1
JLXK1-311	5A	直动不带轮	1	1
JLXK1-411		直动带轮	1	1
JLXK1-511		万向型	1	1

2. 行程开关的选用

行程开关的主要参数是形式、工作行程、额定电压及触点的电流容量,在产品说明书中都有详细说明。主要根据动作要求、安装位置及触点数量进行选择。

3. 行程开关的安装与使用

(1)行程开关安装时,其位置要准确,安装要牢固;滚轮的方向不能装反,挡铁与其碰撞的位置应符合控制线路的要求,并确保能可靠地与挡铁碰撞。

(2)行程开关在使用中,要定期检查和保养,除去油污及粉尘,清理触点,经常检查其动作是否灵活、可靠,及时排除故障,防止因行程开关触点接触不良或接线松脱而产生误动作,导致设备和人身安全事故。

4. 行程开关的常见故障及处理办法

行程开关常见故障及处理方法见表 2-23。

表 2-23　行程开关常见故障及处理方法

故 障 现 象	可 能 原 因	处 理 方 法
挡铁碰撞行程开关后,触点不动作	① 安装位置不准确 ② 触点接触不良或接线松脱 ③ 触点弹簧失效	① 调整安装位置 ② 清理触点或紧固接线 ③ 更换弹簧
杠杆已经偏转或无外界机械力作用,但触点不复位	① 复位弹簧失效 ② 内部撞块卡阻 ③ 调节螺钉过长,顶住开关按钮	① 更换弹簧 ② 清理内部杂物 ③ 检查调节螺钉

知识拓展

接近开关简介

行程开关是有触点开关,在操作频繁时,易产生故障,工作可靠性较低。图 2-18 所示的是接近开关,又称为无触点行程开关,是一种与运动部件无机械接触而能操作的行程开关。当运动机械靠近开关到一定位置时,开关发出信号,达到形成控制、计数及自动控制的作用。它的用途除了行程控制和限位保护外,还可作为检测金属体的存在、高速计数、测速、定位、变换运动方向、检测零件尺寸、液面控制及用作无触点按钮等。与行程开关相比,接近开关具有定位精度高、工作可靠、寿命长、操作频率高以及能适应恶劣工作环境等优点,目前应用范围越来越广泛。

(a) 外形　　　　(b) 符号

图 2-18　接近开关外形及符号

三、万能转换开关

万能转换开关是由多组相同结构的触点组件叠装而成的多回路控制电器,主要用作控制线路的转换及电气测量仪表的转换,也可用于控制小容量异步电动机的启动、换向及变速。由于触点挡数多、换接线路多,用途广泛,故称为万能转换开关。

常用的万能转换开关有 LW5、LW6、LW15 等系列,本书以 LW5 系列为例进行介绍。LW5 系列万能转换开关外形、符号以及触点分合表见图 2-19。

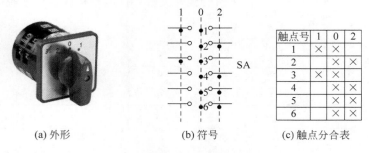

(a) 外形　　　　(b) 符号　　　　(c) 触点分合表

图 2-19　LW5 系列万能转换开关

注意

图 2-19(b)中,"—○○—"代表一对触点,竖的虚线表示手柄位置。当手柄置于某一个位置上时,处于接通状态的触点下方虚线上标注黑点"·"。例如,手柄处于"2"位时,2、4、5、6触点处于接通状态,而其他触点则处于断开状态。触点的通断也可用图 2-19(c)所示的触点

分合表来表示。其中"×"表示触点闭合,空白表示触点分断。

LW5 系列万能转换开关按用途分有主令控制用和直接控制 5.5kW 电动机用两种;按操作方式分有定位型和自复型两种;按接触系统节数分有 1 节～16 节共 16 种;按操动器外形分有旋钮式和球形捏手式两种。

1. 万能转换开关的型号及含义

LW5 系列行程开关的型号及含义如下:

(1) 作主令控制用万能转换开关的型号及含义:

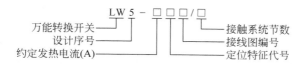

(2) 直接控制电动机用万能转换开关的型号及含义:

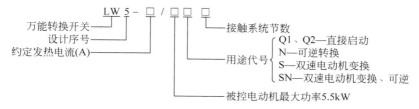

2. 万能转换开关的选用

LW5 系列万能转换开关适用于交流频率 50Hz、额定电压 500V 及以下、直流电压至 440V 的电路中转换电气控制线路(电磁线圈、电气测量仪表和伺服电动机等),也可直接控制 5.5kW 三相笼型异步电动机的可逆转换、变速等。

万能转换开关主要根据用途、接线方式、所需触点挡数和额定电流进行选择。

3. 万能转换开关的安装与使用

(1) 万能转换开关的安装位置应与其他电气元件或机床的金属部件有一定间隙,以免在通断过程中因电弧喷出而发生对地短路故障。

(2) 万能转换开关一般应水平安装在平板上,但也可以倾斜或垂直安装。

(3) 万能转换开关的通断能力不高,当用来控制电动机时,LW5 系列只能控制 5.5kW 以下的小容量电动机。若用于控制电动机的正反转,则只能在电动机停止运行后才能反向启动。

(4) 万能转换开关本身不带保护装置,使用时必须与其他电器配合。

(5) 当万能转换开关有故障时,必须立即切断电路,检查有无妨碍可动部分正常转动的故障、弹簧有无变形或失效、触点工作状态和触点状态是否正常等。

技能训练 2-3 主令电器的识别与检修

[**训练材料**]

1. 工具与仪表选用

工具与仪表选用见表 2-24。

表 2-24　工具与仪表选用

工具	电工钳、尖嘴钳、斜口钳、剥线钳、电工刀、螺钉旋具、验电笔等电工常用工具
仪表	ZC25-3 型兆欧表(500V、0～500MΩ)、MF47 型万用表

2. 器材选用

器材选用见表 2-25。

表 2-25　元件明细表

代　号	名　　称	型　　号	规　　格	数　　量
SB	按钮	LA10 系列	每种型号不少于两种规格	若干
SB	按钮	LA19 系列		若干
SQ	行程开关	JLXK1 系列		若干

〔训练内容与步骤〕

1. 主令电器的识别训练

(1) 在教师指导下,仔细观察不同类型、规格的主令电器,熟悉它们的外形、型号、功能、结构及工作原理以及主要技术参数的意义等。

(2) 将给定主令电器用胶布遮盖住铭牌数据,由学生根据实物写出其名称、型号规格及文字符号,画出图形符号,填入表 2-26 中。

表 2-26　主令电器识别

序　　号	①	②	③	④	⑤
名称					
型号规格					
文字符号					
图形符号					

2. 检测按钮和行程开关

(1) 拆开外壳观察其内部结构,比较按钮和行程开关的相似和不同之处,理解常开触点、常闭触点和复合触点的动作情况,用万用表的电阻挡测量各对触点之间的接触情况,分辨常开触点和常闭触点。

(2) 用兆欧表测量各触点的对地电阻,其值应不小于 0.5MΩ。

〔评分标准〕

评分标准见表 2-27。

表 2-27　评分标准

项　目	配分	评分细则		扣分	得分
主令电器识别	40 分	（1）写错或漏写名称	每只扣 5 分		
		（2）写错或漏写型号规格	每只扣 5 分		
		（3）写错文字和图形符号	每只扣 5 分		
检测主令电器	60 分	（1）仪表使用方法错误	扣 10 分		
		（2）检测方法或结果有误	扣 10 分		
		（3）损坏仪表电器	扣 60 分		
		（4）不会检测	扣 60 分		
安全文明生产		违反安全文明生产规程	扣 5～40 分		
定额时间		60min，每超过 5min（不足 5min 以 5min 计）	扣 5 分		
评分人：		核分人：		总分	

思考与练习

1. 主令电器的主要作用是什么？常用的主令电器有哪些？

2. 按钮由哪几部分组成？它接在主电路还是控制线路？画出常开按钮、常闭按钮和复合按钮的符号。

3. 什么是行程开关？它与按钮有什么异同？画出行程开关的符号。

4. 万能转换开关有哪些功能？本身有无保护？画出它的符号，并指出如何识别触点的通断情况。

课题五　接触器

低压开关、主令电器等电器，都是依靠外力直接操作来实现触点接通或断开电路的，属于非自动切换电器。在电力拖动中，广泛应用一种自动切换电器——接触器来实现电路的自动控制，图 2-20 所示为几款常用的交流接触器的外形。

(a) CJ10(CJT1)系列　　　(b) CJ20系列　　　(c) CJX1(3TB、3TF)系列

图 2-20　常用交流接触器

接触器实际上是一种通用性很强的电磁式电器，它可以频繁地接通和分断交、直流主电路及大容量控制线路，并可实现远距离控制。主要用于控制电动机、电阻炉和照明器具等电力负载。具有远距离自动操作和欠压、失压自动释放保护功能等优点，在电力拖动和自动控制系统中得到了广泛应用。

接触器根据其主触点通过电流的种类不同，分为交流接触器和直流接触器两大类，本书仅介绍交流接触器。

一、交流接触器的结构及主要技术参数

1. 交流接触器的结构

CJ10-20 型交流接触器的结构如图 2-21(a)所示。

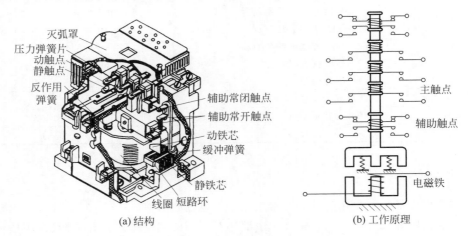

(a) 结构   (b) 工作原理

图 2-21　交流接触器的结构和工作原理

由图 2-21(a)可见,交流接触器主要由电磁系统、触点系统、灭弧装置和辅助部件等组成。

1) 电磁系统

交流接触器电磁系统主要由线圈、静铁芯和动铁芯(衔铁)3 部分组成。实际工作时,交流接触器利用电磁系统中线圈的通电或断电,使静铁芯吸合或释放衔铁,从而带动动触点与静触点闭合或分断,从而实现电路的接通或断开。

2) 触点系统

交流接触器的触点按通断能力可分为主触点和辅助触点。

主触点用以通断电流较大的主电路,一般由 3 对常开触点组成。

辅助触点用以通断电流较小的控制线路,一般由两对常开触点和两对常闭触点组成,它们是联动的。当线圈通电时,常闭触点先断开,常开触点随后闭合,中间有一个很短的时间差。当线圈断电后,常开触点先恢复断开,常闭触点随后恢复闭合,中间也存在一个很短的时间差。这个时间差虽短,但对分析线路的控制原理却很重要。

交流接触器的触点由银钨合金制成,具有良好的导电性和耐高温烧蚀性。

交流接触器的触点按结构形式可分为桥式触点和指式触点两种,如图 2-3 所示。在触点上装有压力弹簧片,用以减小接触电阻以及消除开始接触时产生的有害振动。

3) 灭弧装置

灭弧装置的作用是熄灭触点闭合、分断时产生的电弧,以减轻对触点的灼伤,保证可靠地分断电路。交流接触器常采用的灭弧装置有双断口结构的电动力灭弧装置、纵缝灭弧装置和栅片灭弧装置。该部分内容已在前文进行过介绍,此处不再赘述。

4) 辅助部件

交流接触器的辅助部件有反作用弹簧、缓冲弹簧、触点压力弹簧片、传动结构及底座、接

线柱等。

2. 交流接触器的工作原理

当接触器的线圈通电后,线圈中的电流产生磁场,使静铁芯产生足够大的电磁吸力,克服反作用弹簧的反作用力将衔铁吸合,衔铁通过传动机构带动辅助常闭触点先断开,三对常开主触点和辅助常开触点随后闭合。

当接触器线圈断电或电压显著下降时,由于铁芯的电磁吸力消失或过小,衔铁在反作用弹簧力的作用下复位,并带动各触点恢复到初始状态。

注意

常用的 CJ20 等系列交流接触器在 85%～105% 倍的额定电压下,能保证可靠吸合。电压过高,磁路趋于饱和,线圈电流会显著增大;电压过低,电磁吸力不足,衔铁吸合不上,线圈电流会达到额定电流的十几倍。因此,电压过高或过低都会造成线圈过热而烧毁。

3. 交流接触器的符号

交流接触器图形及文字符号如图 2-22 所示。

(a)线圈　　(b)主触点　　(c)辅助常开触点　(d)辅助常闭触点

图 2-22　接触器图形及文字符号

4. 接触器的主要技术参数

1）额定电压

接触器铭牌上标注的额定电压是指主触点的额定电压。常用的额定电压等级如表 2-28 所示。

表 2-28　接触器额定电压、额定电流等级表

技术参数名称	直流接触器	交流接触器
额定电压/V	110,220,440,660	127,220,380,500,600
额定电流/A	5,10,20,40,60,100,150,250,400,600	5,10,20,40,60,100,150,250,400,600

2）额定电流

接触器铭牌上标注的额定电流是指主触点的额定电流。常用的额定电流等级如表 2-28 所示。

3）吸引线圈的额定电压

交流接触器有 36V、127V、220V 和 380V 等等级;直流接触器有 24V、48V、220V 和 440V 等等级。

4）机械寿命和电气寿命

接触器的机械寿命一般可达数百万次以至一千万次;电气寿命一般是机械寿命的 5%～20%。

5）线圈消耗功率

可分为启动功率和吸持功率。值得注意的是,对于直流接触器,两者相等;对于交流接

触器，一般启动功率约为吸持功率的 5～8 倍。

6）额定操作频率

接触器的额定操作频率是指每小时允许的操作次数，一般为 300 次/h、600 次/h、1200 次/h。

7）动作值

是指接触器的吸合电压和释放电压。通常规定接触器的吸合电压大于线圈额定电压的 85%，释放电压不高于线圈额定电压的 70%。

二、交流接触器的型号及含义

交流接触器的型号及含义如下：

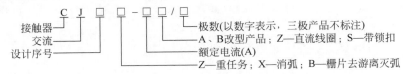

目前，电力系统常用的交流接触器主要有 CJ10、CJ12、CJ20、CJX1 和 CJX2 等国产系列，引进国外生产技术的有，德国 BBC 公司的 B 系列，德国 SIEMENS 公司的 3TB 系列，法国 TE 公司的 LC1、LC2 系列等。这里以 CJ20 系列交流接触器为例进行介绍。

CJ20 系列交流接触器是在 20 世纪 80 年代初统一设计的系列产品，该系列产品的结构合理，体积小，重量轻，易于维修保养，具有较高的机械寿命。主要适用于交流 50Hz、电压 660V 及以下（部分产品可用于 1140V）、电流在 630A 及以下的电力线路中，供远距离接通或分断电路以及频繁启动和控制电动机之用。CJ20 系列交流接触器技术数据如表 2-29 所示。

表 2-29　CJ20 系列交流接触器技术数据

序号	频率/Hz	辅助触点额定电流/A	吸引线圈电压/V	主触点额定电流/A	额定电压/V	可控制电动机最大功率/kW
CJ20-10				10	380/220	4/2.2
CJ20-16				16	380/220	7.5/4.5
CJ20-25				25	380/220	11/5.5
CJ20-40				40	380/220	22/11
CJ20-63	50	5	36、127、220、380	63	380/220	30/18
CJ20-100				100	380/220	50/28
CJ20-160				160	380/220	85/48
CJ20-250				250	380/220	132/80
CJ20-400				400	380/220	220/115

三、接触器的选用

1. 选择接触器的类型

根据接触器所控制的负载性质选择接触器的类型。通常交流负载选用交流接触器，直流负载选用直流接触器。如果控制系统中主要是交流负载，而直流负载容量较小时，也可用交流接触器控制直流负载,但触点的额定电流应适当选大一些。

交流接触器按负荷种类一般分为一类、二类、三类和四类,分别记为 AC1、AC2、AC3 和 AC4。一类交流接触器对应的控制对象是无感或微感负荷,如白炽灯、电阻炉等;二类交流接触器用于绕线型异步电动机的启动和停止;三类交流接触器的典型用途是笼型异步电动机的运转和运行中分断;四类交流接触器用于笼型异步电动机的启动、反接制动、反转和点动。

2. 选择接触器主触点额定电压

接触器主触点的额定电压应大于或等于所控制线路的额定电压。

3. 选择接触器主触点额定电流

接触器主触点的额定电流应大于或等于负载的额定电流。控制电动机时,可按下列经验公式计算:

$$I_C = \frac{P_N \times 10^3}{KU_N}$$

式中,K——经验系数,一般取 1.4;

　　P_N——被控制电动机的额定功率,kW;

　　U_N——被控制电动机的额定电压,V;

　　I_C——接触器主触点电流,A。

接触器若使用在频繁启动、制动及正反转的场合,应将接触器主触点的额定电流降低一个等级使用。

4. 选择接触器吸引线圈的额定电压

当控制线路简单、使用电器较少时,可直接选用 380V 或 220V 的电压。若线路较复杂、使用电器的个数超过 5 个时,可选用 36V 或 110V 电压的线圈,以保证安全。

5. 选择接触器触点的数量和种类

接触器的触点数量和种类应满足控制线路的要求。

四、接触器的安装与使用

1. 安装前的检查

(1)检查接触器铭牌与线圈的技术数据(如额定电压与电流、操作频率等)是否与实际使用的仪器相符。

(2)检查接触器外观,应无机械损伤;用手推动接触器可动部分时,接触器应动作灵活,无卡阻现象;灭弧罩应完整无损,固定牢固。

(3)将铁芯极面上防锈油脂或粘在极面上的铁垢用煤油擦净,以免多次使用后衔铁被粘住,造成断电后不能释放。

(4)测量接触器的线圈电阻和绝缘电阻。

2. 接触器的安装

(1)交流接触器一般应安装在垂直面上,倾斜度不得超过 5°;若有散热孔,则应将有孔的一面放在垂直方向上,以利散热,并按规定留有适当的飞弧空间,以免飞弧烧坏相邻电器。

(2)安装和接线时,注意不要将零件掉入接触器内部。安装孔的螺钉应装有弹簧垫圈和平垫圈,并拧紧螺钉以防振动松脱。

（3）安装完毕，检查接线正确无误后，在主触点不带电的情况下操作几次，然后测量产品的动作值和释放值，所测数值应符合产品的规定要求。

五、接触器的常见故障及处理方法

接触器常见故障及处理方法见表 2-30。

表 2-30　接触器常见故障及处理方法

故 障 现 象	可 能 原 因	处 理 方 法
吸不上或吸不足（即触点已闭合而铁芯尚未完全吸合）	电源电压过低或波动过大	调高电源电压
	操作回路电源容量不足或发生断线、配线错误及触点接触不良	增加电源容量，更换线路，修理控制触点
	线圈技术参数与使用条件不符	更换线圈
	产品本身受损	更换新产品
	触点弹簧压力过大	按要求调整触点参数
不释放或释放缓慢	触点弹簧压力过小	按要求调整触点参数
	触点熔焊	排除熔焊现象，更换触点
	机械可动部分被卡住，转轴生锈或歪斜	排除卡住现象，修理受损零件
	反作用弹簧损坏	更换反作用弹簧
	铁芯极面沾有油垢或尘埃	清理铁芯极面
	铁芯磨损过大	更换铁芯
电磁铁（交流）噪声大	电源电压过低	提高操作回路电压
	触点弹簧压力过大	调整触点弹簧压力
	短路环断裂	更换短路环
	铁芯极面有污垢	清除铁芯极面污垢
	磁系统歪斜或机械机构被卡，使磁芯不能吸平	排除机械卡住的故障
	铁芯极面过度磨损而不平	更换铁芯
线圈过热或烧毁	电源电压过高或过低	调整电源电压
	线圈技术参数与实际使用条件不符	调换线圈或接触器
	操作频率过高	选择其他合适的接触器
	线圈匝间短路	排除短路故障，更换线圈
触点灼伤或熔焊	触点压力过小	调高触点弹簧压力
	触点表面有金属颗粒异物	清理触点表面
	操作频率过高，或工作电流过大，断开容量不够	调换容量较大的接触器
	长期过载使用	调换合适的接触器
	负载侧短路	排除短路故障，更换触点

技能训练 2-4　接触器的识别与检修

［训练材料］

1. 工具与仪表选用

工具与仪表选用见表 2-31。

表 2-31　工具与仪表选用

工具	电工钳、尖嘴钳、斜口钳、剥线钳、电工刀、螺钉旋具、验电笔等电工常用工具
仪表	ZC25-3 型兆欧表(500V、0~500MΩ)、MF47 型万用表

2. 器材选用

器材选用见表 2-32。

表 2-32　元件明细表

代　号	名　称	型　号	规　格	数　量
KM	接触器	CJ10 系列	每种型号不少于两种规格	若干
KM	接触器	CJ20 系列		若干
KM	接触器	CJX1 系列		若干

[训练内容与步骤]

1. 接触器的识别训练

(1) 在教师指导下,仔细观察不同类型、规格的接触器,熟悉它们的外形、型号、功能、结构及工作原理以及主要技术参数的意义等。

(2) 将给定接触器用胶布遮盖住铭牌数据,由学生根据实物写出其名称、型号规格及文字符号,画出图形符号,填入表 2-33 中。

表 2-33　接触器识别

序　号	①	②	③	④	⑤
名称					
型号规格					
主触点数量					
辅助触点数量					

2. 检测接触器

(1) 拆开外壳观察其内部结构,理解主触点、辅助触点的动作情况,用万用表的电阻挡测量各对触点之间的接触情况,分辨主触点和辅助触点。

(2) 用兆欧表测量各触点的对地电阻,其值应不小于 0.5MΩ。

[评分标准]

评分标准见表 2-34。

表 2-34　评分标准

项　目	配分	评 分 细 则		扣分	得分
接触器识别	40 分	(1) 写错或漏写名称	每只扣 5 分		
		(2) 写错或漏写型号规格	每只扣 5 分		
		(3) 写错主触点、辅助触点数量	每只扣 5 分		

续表

项 目	配分	评 分 细 则		扣分	得分
检测接触器	60分	(1) 仪表使用方法错误	扣 10 分		
		(2) 检测方法或结果有误	扣 10 分		
		(3) 损坏仪表电器	扣 60 分		
		(4) 不会检测	扣 60 分		
安全文明生产		违反安全文明生产规程	扣 5～40 分		
定额时间		60min,每超过 5min(不足 5min 以 5min 计)	扣 5 分		
评分人:		核分人:		总分	

想一想

(1) 怎样用万用表判断接触器质量好坏?

(2) 交流接触器为什么能自动实现失压和欠压保护?

(3) 交流接触器在主触点数量不够用的情况下,能否用辅助触点代替主触点? 为什么?

思考与练习

1. 接触器按主触点通过电流的种类分为哪两类? 接触器主要由哪几部分组成?

2. 接触器的哪些电气元件需接在线路中? 画出这些电气元件的图形符号。

3. 简述交流接触器的工作原理。

4. 选用接触器主要考虑哪些方面?

课题六　继电器

继电器是一种根据输入信号(电量或非电量)的变化来接通或分断小电流电路(如控制线路)、实现自动控制和保护电力拖动装置的电器。一般情况下,继电器不直接控制电流较大的主电路,而是通过控制接触器或其他电器的线圈,来实现对主电路的控制。与接触器相比较,继电器具有触点分断能力小、结构简单、体积小、重量轻、反应灵敏、动作准确、工作可靠等特点。

继电器的种类繁多,按输入信号的性质可分为电压继电器、电流继电器、时间继电器、温度继电器、速度继电器、压力继电器等;按工作原理可分为电磁式继电器、电动式继电器、感应式继电器、晶体管式继电器和热继电器等;按输出方式可分为有触点继电器和无触点继电器。图 2-23 所示为电力拖动控制系统中常用的几种继电器。

(a) JZ7系列中间继电器　　(b) JR36系列热继电器　　(c) JS7系列时间继电器

图 2-23　几种常用的继电器

一、电磁式继电器

电磁式继电器的结构和工作原理与接触器基本相同,主要由电磁结构和触点系统组成,具有结构简单、价格低廉、使用维护方便等特点,在电力控制系统中得到广泛应用。

电磁式继电器的种类较多,按吸引线圈电流的种类,可分为直流电磁式继电器和交流电磁式继电器;按其在电路中的作用,可分为中间继电器、电流继电器和电压继电器。

1. 中间继电器

中间继电器是用来增加控制线路中的信号数量或将信号放大的继电器。其输入信号是线圈的通电和断电,输出信号是触点的动作。由于中间继电器触点数量较多,所以当其他电器的触点数或触点容量不够时,可借助中间继电器作中间转换,来控制多个元件或回路。

1)中间继电器结构、符号及符号含义

中间继电器的结构及工作原理与接触器基本相同,故中间继电器又称接触器式继电器。但中间继电器的触点对数多,且没有主、辅触点之分,各对触点允许通过的电流大小相同,多数为5A。因此,对于工作电流小于5A的电力控制系统,可用中间继电器代替接触器实现控制功能。

JZ7系列中间继电器的外形、结构和符号,如图2-24所示。

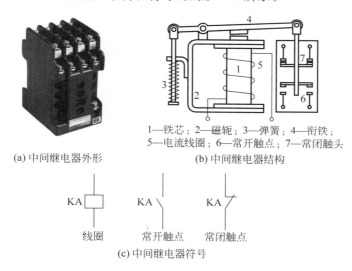

1—铁芯；2—磁轭；3—弹簧；4—衔铁；
5—电流线圈；6—常开触点；7—常闭触头

(a) 中间继电器外形　　　　　(b) 中间继电器结构

(c) 中间继电器符号

图 2-24　JZ7 系列中间继电器的外形、结构和符号

中间继电器的型号含义如下:

2)中间继电器选用

中间继电器主要依据被控制线路的电压等级,所需触点的数量、种类、容量等要求进行选用。常用中间继电器的技术数据见表2-35。中间继电器的安装、使用、常见故障及处理方法与接触器类似,此处不再赘述。

表 2-35 中间继电器的技术数据

型 号	电压种类	触点电压/V	触点额定电流/A	触点组合		吸引线圈电压/V	吸引线圈消耗功率/W
				常开	常闭		
JZ7-44 JZ7-62 JZ7-80	交流	380	5	4 6 8	4 2 0	12、24、36、48、110、 127、380、420、440、 500	12
JZ14-□□J/□	交流	380	5	6 4 2	2 4 6	110、127、220、380	10
JZ14-□□Z/□	直流	220				24、48、110、220	7
JZ15-□□J/□	交流	380	10	6 4 2	2 4 6	36、127、220、380	11
JZ15-□□Z/□	直流	220				24、48、110、220	11

想一想

将图 2-24 所示 JZ7 系列中间继电器与 CJ10 系列交流接触器对比一下,它们有什么相同点和不同点? 试叙述中间继电器的工作原理。

2. 电流继电器

根据输入(线圈)电流大小而动作的继电器称为电流继电器。它的线圈串联在被测量电路中,以反映电路电流的变化,当通过线圈的电流达到预定值时,其触点工作。

按用途电流继电器可分为欠电流继电器和过电流继电器。电流继电器外形和符号如图 2-25 所示。

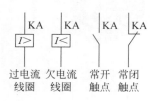

(a) JL15系列电流继电器外形   (b) 电流继电器符号

图 2-25 电流继电器外形、符号

1) 过电流继电器

当通过继电器的电流超过预定值时就动作的继电器称为过电流继电器。过电流继电器的吸合电流为 1.1～4 倍的额定电流。即当电路工作正常时,过电流继电器线圈通过额定电流时是不吸合的;当电路中发生短路或过载故障时,通过线圈的电流达到或超过预定值时,继电器铁芯和衔铁才吸合,带动触点动作。

常用的过电流继电器有 JT4、JL5、JL12 及 JL14 等系列,广泛应用于直流电动机或绕线型电动机的控制线路中。在频繁及重载启动的场合,可作为电动机和主电路的过载或短路保护。

2) 欠电流继电器

当通过继电器的电流减小到低于其整定值时就动作的继电器称为欠电流继电器。欠电流继电器的吸合电流一般为额定电流的 0.3～0.65 倍,释放电流为额定电流的 0.1～0.2 倍。即当电路正常工作时,欠电流继电器的衔铁与铁芯始终是吸合的。只有当电流降至低于整定值时,欠电流继电器释放,发出信号,从而改变电路的工作状态。

常用的欠电流继电器有 JT14-□□ZQ 等系列产品,常用于直流电动机和电磁吸盘电路中做弱磁保护。

3) 型号含义

常用 JT4 系列交流通用继电器和 JL14 系列交直流通用电流继电器的型号及含义如下:

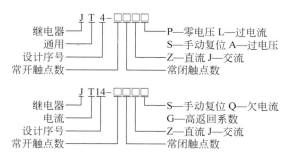

JT4 系列为交流通用继电器,在这种继电器的磁系统上装设不同的线圈,便可制成过电流、欠电流、过电压或欠电压等继电器。JT4 系列交流通用继电器的技术数据见表 2-36。

表 2-36　JT4 系列交流通用继电器的技术数据

型　号	可调参数调整范围	标称误差	接点数量	吸引线圈 额定电压(或电流)	吸引线圈 消耗功耗/W	复位方式
JT4-□□A 过电压继电器	吸合电压 $(1.05{\sim}1.20)U_N$		1 常开 1 常闭	110、220、380V	75	自动
JT4-□□P 零电压(或中间)继电器	吸合电压$(0.60{\sim}0.85)$ U_N 或释放电压 $(0.10{\sim}0.35)U_N$	±10%	1 常开 1 常闭 或	110、127、220、380V		
JT4-□□L 过电流继电器	吸合电流 $(1.10{\sim}3.50)I_N$		2 常开 2 常闭	5、10、15、20、40、80、 150、300、600A	5	手动
JT4-□□S 手动过电流继电器						

JL14 系列交直流通用电流继电器可取代 JT4-L 和 JT4-S 系列,其技术数据见表 2-37。

表 2-37　JL14 系列电流继电器的技术数据

电流种类	型　号	吸引线圈额定电流 I_N/A	可调参数调整范围	触点组合形式 常开	触点组合形式 常闭
直流	JL14-□□Z	1、1.5、2.5、10、15、25、40、 60、100、150、300、500、 1200、1500	吸合电流$(0.70{\sim}3.00)I_N$	3	3
	JL14-□□ZS		吸合电流$(0.30{\sim}0.65)I_N$ 或	2	1
	JL14-□□ZQ		释放电流$(0.10{\sim}0.20)I_N$	1	2
交流	JL14-□□J			1	1
	JL14-□□JS		吸合电流$(1.10{\sim}4.00)I_N$	2	2
	JL14-□□JG			1	1

4）选用

（1）电流继电器的额定电流一般可按电动机长期工作的额定电流来选择。对于频繁启动的电动机，额定电流可选大一个等级。

（2）电流继电器的触点种类、数量、额定电流及复位方式应满足控制线路的要求。

（3）过电流继电器的整定电流一般取电动机额定电流的 1.7～2 倍，频繁启动的场合可取电动机额定电流的 2.25～2.5 倍。欠电流继电器的整定电流一般取电动机额定电流的 0.1～0.2 倍。

5）安装与使用

（1）安装前应检查继电器的额定电流和整定电流值是否符合实际使用要求，继电器的动作部分是否灵活、可靠，外罩及壳体是否有损坏或缺件等情况。

（2）安装后应在触点不通电的情况下，使吸引线圈通电操作几次，看继电器动作是否可靠。

（3）定期检查继电器各部件是否有松动及损坏现象，并保持触点的清洁。

6）常见故障及处理方法

电流继电器的常见故障及处理方法与接触器类似，此处不再赘述。

3. 电压继电器

根据输入（线圈）电压大小而动作的继电器称为电压继电器。使用时，电压继电器的线圈并联在被测量的电路中，根据线圈两端电压的大小而接通或断开电路。

电压继电器分为欠电压继电器、过电压继电器和零电压继电器。电压继电器外形和符号如图 2-26 所示。

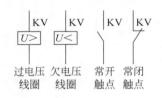

(a) JY-3系列电压继电器外形　　　　(b) 电压继电器符号

图 2-26　电压继电器外形、符号

过电压继电器是当电压大于其整定值时动作的电压继电器，主要用于对电路或设备的过电压保护。常用的过电压继电器为 JT4-A 系列，其动作电压值可在 $(1.05～1.20)U_N$ 范围内调节，见表 2-36。

欠电压继电器是当电压降至某一规定范围时释放的电压继电器。零电压继电器是欠电压继电器的一种特殊形式，是当继电器的电压降至接近消失时才释放的电压继电器。可见，欠电压继电器和零压继电器在线路正常工作时，铁芯和衔铁是吸合的。当电压降至预定值时，衔铁释放，触点复位，对电路实现欠压和零压保护。常用的欠电压继电器和零压继电器有 JT4-P 系列，欠电压继电器的释放电压可在 $(0.40～0.70)U_N$ 范围内整定，零压继电器的释放电压可在 $(0.10～0.35)U_N$ 范围内调节，见表 2-36。

电压继电器主要根据继电器线圈的额定电压、触点的数目和种类来选用。

电压继电器的结构、工作原理及安装使用等知识,与电流继电器类似,不再重述。

注意

为了降低串入(并入)电流(电压)继电器线圈后对原电路工作状态的影响,电流/电压继电器线圈要求如下:

(1)电流继电器线圈的匝数少,导线粗,阻抗小。

(2)电压继电器线圈的匝数多,导线细,阻抗大。

二、时间继电器

时间继电器是一种利用电磁原理或机械动作原理来实现触点延时闭合或分断的自动控制电器。它从得到动作信号到触点动作有一定的延时,因此广泛应用于需要按时间顺序进行自动控制的电气线路中。

时间继电器的种类很多,按其动作原理可分为电磁式、空气阻尼式、电动式与电子式时间继电器。按延时方式可分为通电延时型与断电延时型两种时间继电器。常用时间继电器的外形如图 2-27 所示,下面以 JS7-A 系列空气阻尼式时间继电器为例介绍。

(a) JS7-A系列　　　　　(b) DS-38系列　　　　　(c) JSZ3F系列

图 2-27　常用时间继电器外形图

1. 时间继电器的结构、型号及主要技术参数

1)结构和原理

空气阻尼式时间继电器又称气囊式时间继电器,其结构如图 2-28 所示,主要由电磁机构、延时机构和触点系统三部分组成。电磁机构为直动式 E 形电磁铁,延时机构采用气囊式阻尼器,触点系统采用 LX5 型微动开关,包括两对瞬时触点(1 常开 1 常闭)和两对延时触点(1 常开 1 常闭)。根据触点延时的特点,可分为通电延时动作型和断电延时复位型两种。

图 2-28 所示是通电延时型时间继电器,当电磁系统的线圈通电时,微动开关 15 的触点瞬时动作,而微动开关 16 的触点由于气囊中空气阻尼的作用延时动作,其延时的长短取决于进气的快慢,可通过旋动调节螺杆 13 进行调节。当线圈断电时,微动开关 15 和 16 的触点均瞬时复位。

断电延时型时间继电器和通电延时型时间继电器的组成元件是通用的。其工作原理读者可自行分析。

注意

(1)JS7-A 系列时间继电器延时时间的调整方法:用一字螺丝刀旋转"时间调整旋钮"

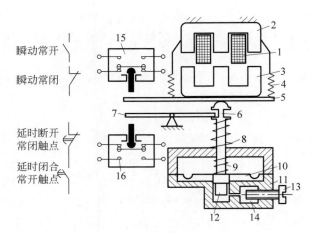

图 2-28 JS7-A 系列时间继电器结构

1—线圈 2—铁心 3—衔铁 4—反力弹簧 5—推板 6—活塞杆 7—杠杆

8—塔形弹簧 9—弱弹簧 10—橡皮膜 11—空气室壁 12—活塞

13—调节螺杆 14—进气孔 15、16—微动开关

即可调节时间继电器的定时时间。顺时针为缩短时间,逆时针为延长时间。

(2) JS7-A 系列时间继电器延时方式的调整方法:将时间继电器电磁机构的固定螺钉卸下来。拆卸下来后的电磁机构若调转 180°再安装上,即为断电延时型时间继电器。

2) 符号

时间继电器在电气原理图中的符号如图 2-29 所示。

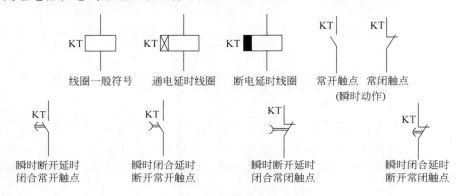

图 2-29 时间继电器的符号

3) 型号含义及主要技术参数

JS7-A 系列时间继电器的型号含义如下:

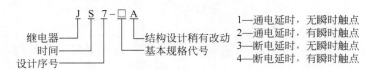

JS7-A 系列时间继电器的主要技术参数见表 2-38。

表 2-38　JS7-A 系列时间继电器的技术数据

型　号	瞬时动作触点对数		延时动作触点对数				触点额定电压/V	触点额定电流/A	线圈电压/V	延时范围/s
			通电延时		断电延时					
	常开	常闭	常开	常闭	常开	常闭				
JS7-1A	—	—	1	1	—	—	380	5	24、36、110、127、220、380、420	0.4～60 及 0.4～180
JS7-2A	1	1	1	1	—	—				
JS7-3A	—	—	—	—	1	1				
JS7-4A	1	1	—	—	1	1				

2．时间继电器的选用

（1）根据电气控制系统的延时范围和精度选择时间继电器的类型和系列。一般可选用晶体管式时间继电器。

（2）根据控制线路的要求选择时间继电器的延时方式（通电延时或断电延时）。同时，还必须考虑线路对瞬时动作触点的要求。

（3）根据控制线路电压选择时间继电器吸引线圈的电压。

3．时间继电器的安装与使用

（1）时间继电器应按说明书规定的方向安装。

（2）时间继电器的整定值，应预先在不通电时整定好，并在试车时校正。

（3）时间继电器金属底板上的接地螺钉必须与接地线可靠连接。

（4）通电延时型和断电延时型可在整定时间内自行调试。

（5）使用时，应经常清除灰尘及油污，否则延时误差将增大。

4．时间继电器的常见故障及处理方法

时间继电器常见故障及处理方法见表 2-39。

表 2-39　JS7-A 系列时间继电器常见故障及处理方法

故障现象	可能原因	处理方法
延时触点不动作	电磁线圈断线	更换线圈
	电源电压过低	调高电源电压
	传动机构卡住或损坏	排除卡住故障或更换部件
延时时间缩短	气室装配不严，漏气	修理或更换气室
	橡皮膜损坏	更换橡皮膜
延时时间变长	气室内有灰尘，使气道阻塞	清除气室内灰尘，使气道畅通

三、热继电器

热继电器是利用流过继电器的电流所产生的热效应控制触点动作的自动保护电器。主要与接触器配合使用，用作电动机的过载保护、断相保护、电流不平衡运行的保护及其他电气设备发热状态的控制。

热继电器的种类较多，其中双金属片式应用最多。按极数划分有单极、两极和三极三种，其中三极的又包括带断相保护装置和不带断相保护装置两种；按复位方式划分有自动复位式和手动复位式两种。常用热继电器的外形如图 2-30 所示。

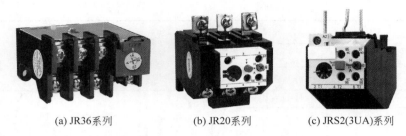

(a) JR36系列　　　　　(b) JR20系列　　　　(c) JRS2(3UA)系列

图 2-30　常用热继电器外形图

1. 热继电器的结构、型号及主要技术参数

1) 结构和原理

图 2-31 所示为两极双金属片热继电器的结构,它主要由热元件、传动机构、常闭触点、电流整定装置和复位按钮组成。其中热元件由双金属片和绕在外面的电热丝组成,双金属片由两种热膨胀系数不同的金属片复合而成。

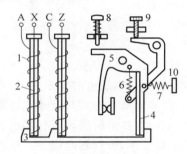

图 2-31　两极双金属片热继电器结构示意图

1—发热元件　2—双金属片　3—绝缘杆　4—补偿片　5—拨差　6—调节弹簧
7—复位弹簧　8—复位按钮　9—调节螺钉　10—支架

热继电器使用时,需要将热元件串联在主电路中,常闭触点串联在控制线路中。当电动机过载时,流过电热丝的电流超过热继电器的整定电流,电热丝发热增多,温度升高,由于两片金属片的热膨胀程度不同而使双金属片弯曲,通过传动机构推动常闭触点断开,分断控制线路,再通过接触器切断主电路,实现对电动机的过载保护。分断电流后,双金属片散热冷却,恢复初态,使机械机构也恢复原始状态,常闭触点闭合,线路中的用电设备又可重新启动。除上述自动复位外,也可采用手动方法,即按一下复位按钮。一般自动复位时间不大于5min,手动复位时间不大于 2min。

热继电器的整定电流是指热继电器连续工作而不动作的最大电流。其大小可通过旋转电流整定旋钮来调节。超过整定电流,热继电器将在负载未达到其允许的过载极限之前动作。

注意

(1) 由于双金属片受热膨胀的热惯性及传动机构传递信号的惰性,热继电器从电动机过载到触点动作需要一定的时间,即使电动机严重过载甚至短路,热继电器也不会瞬时动作,因此热继电器不能作短路保护。但也正是这个热惯性和机械惰性,保证了热继电器在电动机启动或短时过载时不会动作,从而满足了电动机的运行要求。

（2）三相异步电动机的缺相运行是导致电动机过热烧毁的主要原因之一，对定子绕组接成丫形的电动机，普通两极或三极结构的热继电器均能实现断相保护。而定子绕组接成△形的电动机，必须采用三极带断相保护装置的热继电器，才能实现断相保护。

2）符号

热继电器在电气原理图中的符号如图 2-32 所示。

图 2-32　热继电器图形及文字符号

3）型号含义及主要技术参数

JR36 系列时间继电器的型号含义如下：

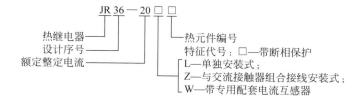

JR36 系列热继电器的主要技术参数见表 2-40。

表 2-40　JR36 系列热继电器的技术数据

型　号	额定电流/A	热元件等级	
		热元件额定电流/A	电流调节范围/A
JR36-20	20	0.35	0.25～0.35
		0.5	0.32～0.5
		0.72	0.45～0.72
		1.1	0.68～1.1
		1.6	1～1.6
		2.4	1.5～2.4
		3.5	2.2～3.5
		5	3.2～5
		7.2	4.5～7.2
		11	6.8～11
		16	10～16
		22	14～22
JR36-32	32	16	10～16
		22	14～22
		32	20～32
JR36-63	63	22	14～22
		32	20～32
		45	28～45
		63	40～63
JR36-160	160	63	40～63
		85	53～85
		120	75～120
		160	100～160

2. 热继电器的选用

热继电器主要用于电动机的过载保护,使用中应考虑电动机的工作环境、启动情况、负载性质等因素,具体应按以下几方面进行选择。

(1) 热继电器结构形式的选择:Y形接法的电动机可选用两极或三极结构热继电器;△接法的电动机应选用带断相保护装置的三极结构热继电器。

(2) 根据被保护电动机的实际启动时间选取 6 倍额定电流下具有相应可返回时间的热继电器。一般热继电器的可返回时间大约为 6 倍额定电流下动作时间的 $50\% \sim 70\%$。

(3) 热元件额定电流一般可按下式确定

$$I_N = (0.95 \sim 1.05)I_{MN}$$

式中,I_N——热元件额定电流;

I_{MN}——电动机的额定电流。

对于工作环境恶劣、启动频繁的电动机,则按下式确定

$$I_N = (1.15 \sim 1.5)I_{MN}$$

值得注意的是,热元件选好后,还需用电动机的额定电流来调整它的整定值。

(4) 对于重复短时工作的电动机(如起重机电动机),不宜选用双金属片热继电器,而应选用过电流继电器或能反映绕组实际温度的温度继电器进行保护。

3. 热继电器的安装与使用

(1) 热继电器必须按照产品说明书中规定的方式安装。安装处的环境温度应与电动机所处环境温度基本相同。当与其他电器安装在一起时,应注意将热继电器安装在其他电器的下方,以免其动作特性受到其他电器发热的影响。

(2) 进行安装时,应清除触点表面尘污,以免因接触电阻过大或电路不通而影响热继电器的动作性能。

(3) 热继电器出线端的连接导线,应按表 2-41 的规定选用。这是因为导线的粗细和材料将影响到热元件端接点传导到外部热量的多少。导线过细,轴向导热性差,热继电器可能提前动作;反之,导线过粗,轴向导热快,热继电器可能滞后动作。

表 2-41 热继电器连接导线选用表

热继电器额定电流/A	连接导线截面积/mm²	连接导线种类
10	2.5	单股铜芯塑料线
20	4	单股铜芯塑料线
60	16	多股铜芯橡皮线

(4) 使用中的热继电器应定期通电校验。此外,当发生短路事故后,应检查热元件是否已发生永久变形,若已变形,则需通电校验。若因热元件变形或其他原因致使动作不准确时,只能调整其可调部件,而绝不能弯折热元件。

(5) 热继电器在出厂时均调整为手动复位方式,如果需要自动复位,只要将复位螺钉沿顺时针方向 3~4 圈,并稍微拧紧即可。

(6) 热继电器在使用中,应定期用布擦净尘埃和污垢,若发现双金属片上有锈斑,应用清洁棉布蘸汽油轻轻擦除,切忌用砂纸打磨。

4．热继电器常见故障及处理方法

热继电器常见故障及处理方法见表 2-42。

表 2-42　热继电器常见故障及处理方法

故障现象	可能原因	处理方法
热元件烧断	负载侧短路，电流过大	排除故障，更换热继电器
	操作频率过高	更换合适参数的热继电器
热继电器不动作	热继电器的额定电流值选用不合适	按保护容量合理选用
	整定值偏大	合理调整整定电流值
	动作触点接触不良	消除触点接触不良因素
	热元件烧断或脱焊	更换热继电器
	动作机构卡阻	清除卡阻因素
	导板脱钩	重新放入导板并调试
热继电器动作不稳定，时快时慢	热继电器内部机构某些部件松动	紧固松动部件
	在检修中弯折了双金属片	用两倍电流预试几次或将双金属片拆下来进行热处理（一般约 240℃）以去除内应力
	通电电流波动太大或接线螺钉松动	检查电源电压或拧紧接线螺钉
热继电器动作太快	整定值偏小	合理调整整定值
	电动机启动时间过长	按启动时间要求，选择具有合适的可返回时间的热继电器或在启动过程中将热继电器短接
	连接导线太细	选用标准导线
	操作频率过高	更换合适型号的热继电器
	使用场合有强烈冲击和振动	采取防振动措施或选用带防冲击振动的热继电器
	可逆转换频繁	改用其他保护方式
	安装热继电器处与电动机处环境温差过大	按两地温差情况配置适当的热继电器
主电路不通	热元件烧断	更换热元件或热继电器
	接线螺钉松动或脱落	紧固接线螺钉
控制线路不通	触点烧坏或动触点片弹性消失	更换触点或簧片
	可调整式旋钮转到不合适的位置	调整旋钮或螺钉
	热继电器动作后未复位	按动复位按钮

四、速度继电器

速度继电器是反映电动机转速和转向的继电器，其主要作用是以电动机旋转速度的快慢为指令信号，与接触器配合实现对电动机的反接制动控制，故也称为反接制动继电器。

电气控制线路中常用的速度继电器有 JY1 系列和 JMP-S 系列。常用速度继电器的外形如图 2-33 所示。下面以 JY1 系列速度继电器为例进行介绍。

1．速度继电器的结构、型号及主要技术参数

1）结构和原理

图 2-34 所示为 JY1 系列速度继电器结构示意图。它主要由定子、转子、可动支架、触点

JMP-S

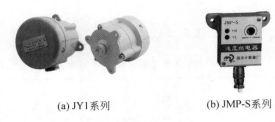

(a) JY1系列　　(b) JMP-S系列

图 2-33　常用速度继电器外形图

及端盖组成。转子由永久磁铁制成，固定在转轴上；定子由硅钢片叠成并装有笼型短路绕组，能做小范围偏转；触点有两组：一组在转子正转时动作，另一组在反转时动作。

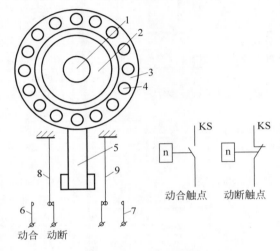

1
2
3
4
5
6
7
8
9
动合
动断
KS
n
KS
n
动合触点
动断触点

图 2-34　JY1 系列速度继电器结构示意图

1—转轴　2—转子　3—定子　4—绕组　5—摆锤　6,7—静触点　8,9—簧片

使用时，速度继电器的转轴与电动机的转轴连接在一起。当电动机旋转时，速度继电器的转子随之旋转，在空间产生旋转磁场，旋转磁场在定子绕组上产生感应电动势及感应电流，感应电流又与旋转磁场相互作用而产生电磁转矩，使得定子以及与之相连的摆锤偏转。当定子偏转到一定角度时，摆锤推动簧片，使继电器触点动作；当转子转速减小到接近零时，由于定子的电磁转矩减小，摆锤恢复原始状态，触点也随即复位。

2）符号

速度继电器在电气原理图中的符号如图 2-35 所示。

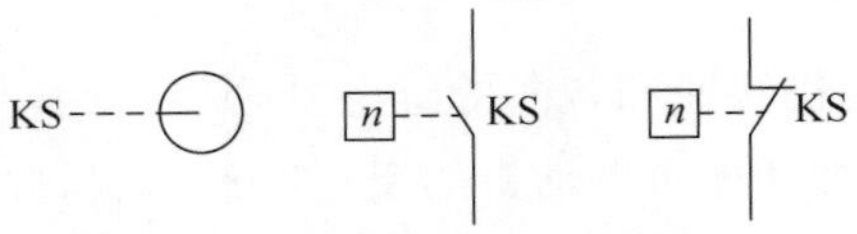

KS
n
KS
n
KS

(a) 速度继电器转子 (b) 常开触点　(c) 常闭触点

图 2-35　速度继电器图形及文字符号

3）型号含义及主要技术参数

常用速度继电器中，JY1 系列适用于 100～3000r/min 的转速；JFZ0-1 系列适用于 300～

1000r/min；JFZ0-2 系列适用于 1000～3000r/min。

JFZ0 系列速度继电器的型号含义如下：

表 2-43 列出了常用速度继电器的主要技术参数，以供读者选用。

表 2-43　常用速度继电器的技术数据

型　　号	触点额定电压/V	触点额定电流/A	触 点 对 数		额定工作转速/r·min⁻¹	允许操作频率/次·h⁻¹
			正转动作	反转动作		
JY1			1 组转换触点	1 组转换触点	100～3000	
JFZ0-1	380	2	1 常开、1 常闭	1 常开、1 常闭	300～1000	＜30
JFZ0-2			1 常开、1 常闭	1 常开、1 常闭	1000～3000	

2. 速度继电器的选用

速度继电器主要根据被控电动机的转速大小、触点的数量和电压、电流进行选用。

3. 速度继电器的安装与使用

（1）速度继电器的转轴应与被控电动机同轴相连，且两轴的中心线重合；

（2）安装接线时，应注意正反向触点不能接错，否则不能实现反接制动控制。

（3）金属外壳应可靠接地。

4. 速度继电器常见故障及处理方法

速度继电器常见故障及处理方法见表 2-44。

表 2-44　速度继电器常见故障及处理方法

故 障 现 象	可 能 原 因	处 理 方 法
反接制动时速度继电器失效，电动机不制动	胶木摆杆断裂	更换胶木摆杆
	触点接触不良	清洗触点表面污垢
	弹性动触片断裂或失去弹性	更换弹性动触片
	笼型绕组开路	更换笼型绕组
电动机不能正常制动	弹性动触片调整不当	重新调节调整螺钉：将调整螺钉向下旋，弹性动触片间距增大，使速度较高时继电器才能动作；或将调整螺钉向上旋，弹性动触片间距减小，使速度较低时继电器才动作

五、压力继电器

压力继电器能根据压力源压力的变化情况决定触点的断开或闭合，以便对机械设备提供保护或控制。它经常用于机械设备的液压或气压控制系统中。常用的压力继电器有 YJ 系列、YT-126 系列和 TE52 系列等。

压力继电器的结构及原理如图 2-36(a)所示，它主要由缓冲器、橡胶膜、顶杆、压缩弹簧、调节螺母和微动开关等组成。微动开关和顶杆的距离一般大于 0.2mm。压力继电器装在油路(或气路、水路)的分支管路中。当管路压力超过整定值时,通过缓冲器和橡胶膜顶起顶杆,推动微动开关使其触点动作。当管路中的压力低于整定值时,顶杆脱离微动开关使其触点复位。压力继电器在电路图中的符号如图 2-36(b)所示。

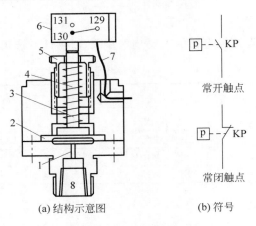

图 2-36　压力继电器结构及符号

1—缓冲器　2—橡胶膜　3—顶杆　4—压缩弹簧　5—调节螺母　6—微动开关　7—电线　8—气液通道

　　压力继电器的调整非常方便,只要放松或拧紧调节螺母即可改变控制压力。YJ 系列压力继电器的主要技术参数如表 2-45 所示。

表 2-45　YJ 系列压力继电器的技术数据

型　　号	额定电压 /V	长期工作电流 /A	分断功率 /W	控制压力/Pa	
				最小控制压力	最大控制压力
YJ-0	380	3	380	2.0265×10^2	6.0795×10^2
YJ-1				$1.013\,25 \times 10^2$	2.0265×10^2

技能训练 2-5　继电器的识别与检修

[训练材料]

1. 工具与仪表选用

工具与仪表选用见表 2-46。

表 2-46　工具与仪表选用

工具	电工钳、尖嘴钳、斜口钳、剥线钳、电工刀、螺钉旋具、验电笔等电工常用工具
仪表	ZC25-3 型兆欧表(500V、0~500MΩ)、MF47 型万用表

2. 器材选用

器材选用见表 2-47。

表 2-47　元件明细表

代号	名称	型号	规格	数量
KA	中间继电器	JT7 系列		若干
KA	电流继电器	JT4 系列		若干
KV	电压继电器	JT4-A 系列	每种型号不少于两种规格	若干
KT	时间继电器	JS7-A 系列		若干
KH	热继电器	JR36 系列		若干
KS	速度继电器	JY1 系列		若干

[训练内容与步骤]

1. 继电器的识别训练

（1）在教师指导下，仔细观察不同类型、规格的继电器，熟悉它们的外形、型号、功能、结构及工作原理以及主要技术参数的意义等。

（2）将给定继电器用胶布遮盖住铭牌数据，由学生根据实物写出其名称、型号规格及文字符号，画出图形符号，填入表 2-48 中。

表 2-48　继电器识别

序号	①	②	③	④	⑤	⑥
名称						
型号规格						
常开触点数量						
常闭触点数量						

2. 检测与校验继电器

（1）拆开外壳观察其内部结构，理解常开触点、常闭触点的动作情况，用万用表的电阻挡测量各对触点之间的接触情况，分辨常开触点和常闭触点。

（2）在教师指导下，对热继电器、时间继电器进行整定值校验。

（3）用兆欧表测量各触点的对地电阻，其值应不小于 0.5MΩ。

[评分标准]

评分标准见表 2-49。

表 2-49　评分标准

项目	配分	评分细则		扣分	得分
继电器识别	40 分	（1）写错或漏写名称	每只扣 5 分		
		（2）写错或漏写型号规格	每只扣 5 分		
		（3）写错主触点、辅助触点数量	每只扣 5 分		
检测与校验继电器	60 分	（1）仪表使用方法错误	扣 10 分		
		（2）检测方法或结果有误	扣 10 分		
		（3）损坏仪表电器	扣 60 分		
		（4）不会检测	扣 60 分		
安全文明生产		违反安全文明生产规程	扣 5～40 分		
定额时间		60min，每超过 5min（不足 5min 以 5min 计）	扣 5 分		
评分人：		核分人：		总分	

想一想

（1）怎样用万用表判断继电器质量好坏？

（2）怎样利用互联网对继电器生产厂家、型号以及主要技术参数进行检索？

思考与练习

1. 什么是继电器？它主要由哪几部分组成？继电器有哪些常用分类方法？

2. 中间继电器与接触器有什么异同？什么情况下可以用中间继电器代替接触器使用？

3. 什么是电流继电器？简述其工作原理。

4. 什么是电压继电器？简述其工作原理。

5. 什么是时间继电器？常用的时间继电器有哪几种？请简述其工作原理。

6. 什么是热继电器？它的热元件和常闭触点如何接入电路中？简述双金属片式热继电器的工作原理。

7. 什么是速度继电器？简述其工作原理。

8. 什么是压力继电器？它有哪些优点？

9. 画出中间继电器、电压继电器、电流继电器、热继电器、时间继电器、速度继电器的符号。

电气控制系统基本
电气控制线路

知识目标

1. 了解三相异步电动机电气控制线路的识读方法与设计方法；
2. 掌握三相异步电动机基本电气控制线路电路结构和工作原理；
3. 掌握直流电动机基本电气控制线路电路结构和工作原理。

能力目标

1. 能熟练安装与调试三相异步电动机基本电气控制线路；
2. 能检修与维护三相异步电动机基本电气控制线路；
3. 能安装与调试直流电动机基本电气控制线路。

课题一　电气控制线路绘图规则及电气原理图识图方法

所谓电气控制线路是描述生产机械电气控制系统的组成结构、工作原理及安装、调试、维护等技术要求的工程图，由电气设备及电气元件的图形、文字符号按照一定的控制要求连接而成。

生产机械电气控制线路常用电气原理图、电气元件布置图和电气安装接线图来表示。

一、电气控制线路绘图规则

为了表达电气控制线路的设计意图，便于分析其工作原理以及安装与调试，必须采用统一的图形符号和文字符号按照一定的规则进行绘制。

1. 电气设备图形符号、文字符号及接线端标记

电气设备图形符号、文字符号及接线端标记是识别生产机械电气控制线路的基本依据。为便于学生查询，根据我国最新使用的常用电气设备图形符号及文字符号标准，并结合国际电工委员会(IEC)制定的相关标准予以介绍。

1) 常用电气设备图形符号

图形符号一般由符号要素、一般符号和限定符号三部分组成。其中符号要素是具有确定意义的简单图形，它必须同其他图形组合才构成一个电气设备或概念的完整符号。如接触器常开主触点的符号由接触器触点功能和常开触点符号组合而成。一般符号是用以表示一类产品和此类产品特征的一种简单的符号。如电机可用一个圆圈表示。限定符号是用于提供附加信息的一种加在其他符号上的符号。常用电气设备图形符号如表 3-1 所示。

表 3-1　实用电气设备图形符号

名　称	新国家标准		旧国家标准	
	图形符号 （GB4728—1984）	文字符号 （GB7159—1987）	图形符号 （GB312—1964）	文字符号 （GB315—1964）
直流	━━	DC	──	ZL
交流	∼	AC	∼	JL
交直流	≂		≂	
导线的连接	⊤ 或 ⊤•		⊤	
导线的多线连接	或		或	
导线的不连接	╫		╫	
接地一般符号	⏚	E	⏚	
电阻的一般符号	▭	R	▭	R
普通电容器符号	⊣⊢	C	⊣⊢	C
电解电容器符号	⊣⊦		⊣⊦	

续表

名　　称	新国家标准		旧国家标准	
	图形符号 (GB4728—1984)	文字符号 (GB7159—1987)	图形符号 (GB312—1964)	文字符号 (GB315—1964)
半导体二极管		VD		D
发电机	G	G	F	F
直流发电机	G	GD	F	ZF
交流发电机	G	GA	F	JF
电动机	M	M	D	D
直流电动机	M	MD	D	ZD
交流电动机	M	MA	D	JD
三相笼型异步电动机		M		D
三相绕线型异步电动机		M		D
串励直流电动机		MD		ZD
他励直流电动机		MD		ZD
并励直流电动机		MD		ZD

名　　称		新国家标准		旧国家标准	
		图形符号 (GB4728—1984)	文字符号 (GB7159—1987)	图形符号 (GB312—1964)	文字符号 (GB315—1964)
复励直流电动机			MD		ZD
单相变压器			T		B
控制线路电源变压器		或	TC		
照明变压器			T		ZB
整流变压器					ZLB
熔断器			FU		RD
单极开关		或	QS	或	K
三极开关					K
刀开关					DK
组合开关			QS		HK
手动三极开关 一般符号					K
空气自动开关			QF		ZK
行程开关	动合触点				
	动断触点		SQ		XWK
	复合触点				

续表

名　　称		新国家标准		旧国家标准	
		图形符号 （GB4728—1984）	文字符号 （GB7159—1987）	图形符号 （GB312—1964）	文字符号 （GB315—1964）
按钮开关	带动合触点的按钮				QA
	带动断触点的按钮		SB		TA
	复合按钮				AN
接触器	线圈符号				
	动合主触点		KM		C
	动断主触点				
	辅助触点				
继电器	中间继电器线圈		KA		ZJ
	欠电压继电器线圈	$U<$	KUV	$U<$	QYJ
	过电流继电器线圈	$I>$	KOC	$I>$	GLJ
	欠电流继电器线圈	$I<$	KUC	$I<$	QLJ
	动合触点		相应继电器线圈符号		相应继电器线圈符号
	动断触点		相应继电器线圈符号		相应继电器线圈符号

名　　称		新国家标准		旧国家标准	
		图形符号 （GB4728—1984）	文字符号 （GB7159—1987）	图形符号 （GB312—1964）	文字符号 （GB315—1964）
热继电器	热元件		KR		RJ
	动断触点		KR		RJ
速度继电器	转子				SDJ
	动合触点		KS		
	动断触点				
电磁铁			YA		DCT
电磁吸盘			YH		DX
接插器件			X		CZ
照明灯			EL		ZD
信号灯			HL		XD
电抗器		或	L		DK

续表

名　称		新国家标准		旧国家标准	
		图形符号 （GB4728—1984）	文字符号 （GB7159—1987）	图形符号 （GB312—1964）	文字符号 （GB315—1964）
时间继电器	一般线圈				
	通电延时 线圈				
	断电延时 线圈				
	延时闭合 动合触点	或	KT		SJ
	延时断开 动断触点	或			
	延时断开 动合触点	或			
	延时闭合 动断触点	或			

说明：表中的"动合""动断"在正文中也表述为业界常用的"常开""常闭"。

运用电气设备图形符号绘制电气控制线路时应注意以下几点：

（1）符号尺寸大小、线条粗细根据国家标准可放大与缩小，但在同一张图样中，同一符号的尺寸应保持一致，各符号间及符号本身比例应保持不变。

（2）标准中示出的符号方位在不改变符号含义的前提下，可根据图面布置的需要旋转或呈镜像位置放置，但文字和指示方向不得倒置。

（3）大多数符号可以加上补充说明标记。

（4）部分具体器件的图形符号可由设计者根据国家标准的符号要素、一般符号和限定符号组合而成。

（5）国家标准未规定的图形符号可根据实际需要，按突出特征、结构简单、便于识别的原则进行设计，但需报国家标准局备案。当采用其他来源的符号或代号时，必须在图解和文件上说明其含义。

2）常用电气设备文字符号

文字符号是用于标明电气元件、电气装置和电气设备的名称、状态、功能和特征的专门文字。一般由基本文字符号和辅助文字符号两部分组成。

（1）基本文字符号。基本文字符号又分为单字母文字符号和双字母文字符号两种。其中单字母文字符号按拉丁字母顺序将电气元件、电气装置和电气设备划分为 21 大类，每一大类用其英文的第一个字母命名，例如电阻类用"R"（resistance）表示，变压器类用"T"（transformer）表示等。单字母文字符号表示电气项目类别如表 3-2 所示。

表 3-2　单字母文字符号表示电气项目类别表

字　母	电气项目类别	字　母	电气项目类别
B	变换器	P	测量设备、试验设备
C	电容器	Q	电气开关
D	二进制逻辑单位、存储器件	R	电阻器
E	杂项、其他元件	S	控制开关、选择器
F	保护器件	T	变压器
G	电源、发电机、信号源	U	调制器
H	信号器件	V	电真空器件
K	接触器、继电器	W	传输通道、波导、天线
L	电感器、电抗器	X	端子、插头、插座
M	电动机	Y	电气操作的机械装置
N	模拟集成电路		

　　双字母符号则由两个字母表示。其中第一个字母表示种类,第二个字母表示其种类的具体细分。例如,电阻器用 R 表示,细分至电位器则用 RP 表示;变压器用 T 表示,细分至控制变压器则用 TC 表示等。

　　(2)辅助文字符号。辅助文字符号用来表示电气装置、设备和电气元件以及电气线路的功能、状态和特征。如 DC 表示直流,SYN 表示同步等。辅助文字符号也可与表示种类的单字母符号组成双字母符号,如 SP 表示压力传感器,YB 表示电磁制动器等。为简化文字符号起见,若辅助文字符号由两个以上字母组成时,允许只采用其第一位字母进行组合,如 MS 表示同步电机。辅助文字符号还可以单独使用,如 ON 表示接通,PE 表示接地,N 表示中间线等。常用辅助文字符号如表 3-3 所示。

表 3-3　常用辅助文字符号

名　称	新国标 GB7159—1987	旧国标(GB315—1964) 单组合	旧国标(GB315—1964) 多组合	名　称	新国标 GB7159—1987	旧国标(GB315—1964) 单组合	旧国标(GB315—1964) 多组合
高	H	G	G	白	WH	B	B
低	L	D	D	蓝	BL	A	A
升	U	S	S	时间	T	S	S
降	D	J	J	电流	A	L	L
主	M	Z	Z	闭合	ON	B	BH
辅	AUX	F	F	断开	OFF	D	DK
中	M	Z	Z	附加	ADD	F	F
正	FW	Z	Z	异步	ASY	Y	Y
反	R	F	F	同步	SYN	T	T
直流	DC	Z	ZL	自动	A, AUT	Z	Z
交流	AC	J	JL	手动	M, MAN	S	S
电压	V	Y	Y	启动	ST	Q	Q
红	RD	H	H	停止	STP	T	T
绿	GN	L	L	控制	C	K	K
黄	YE	U	U	信号	S	X	X

3）常用电气设备接线端子标记

电气控制线路中各接线端子用字母、数字符号标记，符合国家标准 GB4026-83"电器接线端子的识别和用字母数字符号标志接线端子的通则"规定。

三相交流电源引入线用 L1、L2、L3、N、PE 标记；直流系统的电源正、负、中间线分别用 L+、L−、M 标记；三相动力电器引出线分别按 U、V、W 顺序标记。

三相感应电动机的绕组首端分别用 U1、V1、W1 标记，绕组尾端分别用 U2、V2、W2 标记，电动机绕组中间抽头分别用 U3、V3、W3 标记。

对于多台电动机，其三相绕组接线端以 U1、V1、W1；U2、V2、W2、…进行区别。三相供电系统的导线与三相负荷之间有中间单元时，其相互连接线用字母 U、V、W 后面加数字进行表示。

控制线路各线号采用三位或三位以下的数字标志，其顺序一般为从左到右，从上到下。凡是被线圈、触点、电阻、电容等元件所间隔的接线端点，都应标以不同的线号。

2. 电气原理图绘图规则

电气原理图是指利用图形符号和项目代号表示电气元件连接关系及电气系统工作原理的图形。具有结构简单、层次分明、便于研究和分析等特点。本书以图 3-1 所示某生产机械电气原理图为例说明其基本结构及绘制的基本规则。

1）电气原理图基本结构

由图 3-1 可知，电气原理图由功能文字说明框、电气控制图和图区三部分组成。

（1）功能文字说明框。功能文字说明框是指图 3-1 上方标注的"电源开关""主电动机""冷却泵电动机"等文字符号。该部分在电气原理图中的作用是说明对应区域下方电气元件或控制线路的功能，以利于理解整个电路的工作原理。例如左上角第二个功能文字说明框中标有文字"主电动机"，其意义为该区域下方的电气元件组成主电动机 M1 主电路；又如第五个功能文字说明框中标有文字"主电动机控制"，其意义为该区域下方的电气元件组成主电动机 M1 控制线路。

（2）电气控制图。电气控制图是指位于电气原理图中间位置的控制线路，主要由主电路和控制电路组成，是电气原理图的核心部分。其中主电路是指电源到电动机绕组的大电流通过的路径。控制电路包括各电动机控制线路、照明电路、信号电路及保护电路等，主要由继电器和接触器线圈、触点、按钮、照明灯、控制变压器等电气元件组成。

此外，电气控制图中接触器和继电器线圈与触点的从属关系可用附图表示。即在电气控制图中接触器和继电器相应线圈的下方，给出触点的图形符号，并在其下面标注相应触点的索引代号，对未使用的触点用"×"标注，有时也可省去触点图形符号。

对于接触器，附图中各栏的含义如下：

KM

左栏	中栏	右栏
主触点 所在图区号	辅助常开（动合） 触点所在图区号	辅助常闭（动断） 触点所在图区号

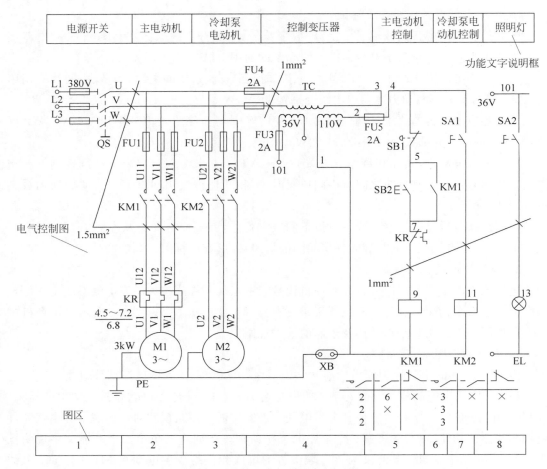

图 3-1 某生产机械电气原理图

对于继电器,附图中各栏的含义如下:

KA 或 KT

左栏	右栏
常开(动合)触点	常闭(动断)触点
所在图区号	所在图区号

例如,在图 3-1 所示接触器 KM1 线圈下方的附图中,左下角的数字为 2、2、2,表示接触器 KM1 有 3 对主触点在第 2 图区,控制主电动机 M1 电源的接通与断开;一个辅助常开触点在第 6 图区,作为接触器 KM1 的自锁触点。

(3) 图区。图区是指电气控制图下方标注的"1""2""3"等数字符号,其作用是将电气控制图部分进行分区,以便于在识图时能快速、准确地检索所需要找的电气元件在图中的位置。此外,图区也可以设置在电气控制图的上方。

2)电气原理图绘制规则

一般情况下,电气原理图绘制基本规则如下所述:

（1）电气控制图一般分主电路和控制电路两部分画出。其中主电路用粗实线表示，画在图纸左边（或上部）；控制电路用细实线表示，画在图纸右边（或下部）。

（2）各电气元件不画实际的外形图，而采用国家规定的统一标准绘制。一般情况下，属于同一电气元件的线圈和触点，都要采用同一文字符号表示。对同类型的电气元件，在同一电路中的表示可在文字符号后加注阿拉伯数字序号进行区分。

（3）各电气元件和部件在控制线路中的位置，应根据便于阅读的原则安排，同一电气元件的各部件根据需要可不画在一起，但文字符号要相同。

（4）所有电气元件的触点状态，都应按没有通电和没有外力作用时的初始开、关状态画出。例如继电器、接触器的触点，按控制线圈不通电时的状态画出；按钮、行程开关触点按不受外力作用时的状态画出等。

（5）无论是主电路还是控制电路，各电气元件一般按动作顺序从上至下、从左至右依次排列，可水平布置或者垂直布置。

（6）电气元件的技术数据，除在电气元件明细表中标明外，也可用小号字体标注在其图形符号的旁边。如图 3-1 中熔断器 FU4 额定电流为 2A。

（7）电气控制图采用电路编号法，即对电路中的各个接点用字母或数字编号。

- 主电路在电源开关的出线端按相序依次编号为 U11、V11、W11。然后按从上至下、从左至右的顺序，每经过一个电气元件后，编号要递增，如 U12、V12、W12；U13、V13、W13……单台三相交流电动机（或设备）的三根引出线按相序依次编号为 U、V、W。

对于多台电动机引出线的编号，为了不致引起误解和混淆，可在字母后用不同的数字加以区别，如 U1、V1、W1；U2、V2、W2……。

- 控制电路编号按"等电位"原则从上至下、从左至右的顺序用数字依次编号，每经过一个电气元件后，编号要依次递增。控制电路编号的起始数字必须是 1，其他辅助电路编号的起始数字依次递增 100，如照明电路编号从 101 开始；指示电路编号从 201 开始等。

需要指出的是，有时为了便于绘制和识读生产机械电气控制线路，编号可以忽略不标。

3. 电气元件布置图绘图规则

电气元件布置图主要用来表明各种电气设备在机械设备上和电气控制柜中的实际安装位置，是机械电气控制设备制造、安装和维修必不可少的技术文件。布置图可集中画在一张图上或将控制柜、操作台的电气元件布置图分别画出，但图中各电气元件代号应与对应电气原理图和电气元件清单上的代号相同。此外在布置图中，机械设备轮廓用双点画线画出，所有可见的和需要表达清楚的电气元件及设备用粗实线绘出其简单的外形轮廓。其中电气元件无须标注尺寸。与图 3-1 所示生产机械对应的电气元件布置图如图 3-2 所示。

电气元件布置图绘制基本规则如下：

（1）上轻下重；发热元件放在上方；

（2）强、弱电分开，弱电部分加屏蔽保护装置；

（3）经常调整的元件安装在中间容易操作的地方；

（4）元件安装不能过密，应留有一定的间隙，便于操作。

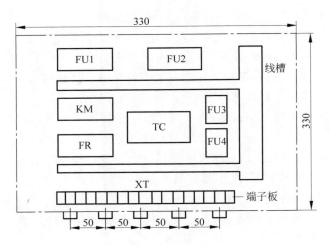

图 3-2　生产机械电气元件布置图

4. 电气安装接线图绘图规则

表示电气设备各单元之间连接关系的简图称为电气安装接线图。主要用于安装接线、线路检查、线路维修和故障处理。其内容主要包括设备与电气元件的相对位置、项目代号、端子号、导线号、导线类型、导线截面积、屏蔽和导线绞合等项目。图 3-1 所示生产机械对应的电气安装接线图如图 3-3 所示。

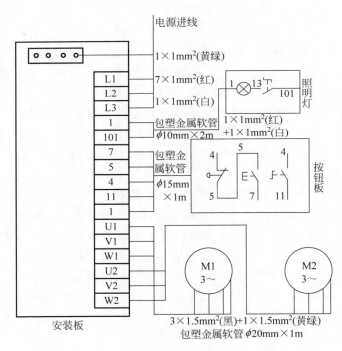

图 3-3　某生产机械的电气安装接线图

根据表达对象和用途不同,接线图可分为单元接线图、互连接线图和端子接线图等类型。国家标准 GB6988.5—1986(电气制图、接线图和接线表)详细规定了安装接线图的编制规则。主要有：

（1）在接线图中，一般都应标出项目的相对位置、项目代号、端子间的电连接关系、端子号、等线号、等线类型、截面积等。

（2）同一控制盘上的电气元件可直接连接，而盘内电气元件与外部电气元件连接时必须绕接线端子板进行。

（3）接线图中各电气元件图形符号与文字符号均以电气原理图为准，并保持一致。

（4）互连接线图中的互连关系可用连续线、中断线或线束表示，连接导线应注明导线根数，导线截面积等。

知识拓展

电气制图与识图的相关国家标准简介

GB/T 4728.2～4728.13—1996—2000《电气简图用图形符号》系列标准

GB/T 5465.2—1996《电气设备用图形符号》

GB/T 7159—1987《电气技术中的文字符号制订通则》

GB/T 5094—1985《电气技术中的项目代号》

GB/T 14689～14691—1993《技术制图》系列标准

GB6988—1986《电气制图》系列标准

其中，GB/T 4728.2～4728.13—1996—2000《电气简图用图形符号》系列标准中规定了各类电气产品所对应的图形符号，标准中规定的图形符号基本与国际电工委员会（IEC）发布的有关标准相同。图形符号由图形要素、限定符号、一般符号以及常用的非电操作控制的动作符号（如机械控制符号等）根据不同的具体器件情况组合构成。值得注意的是，由于此标准中给出的图形符号有限，实际应用时可通过已规定的图形符号适当组合进行派生。

GB/T 5465.2—1996《电气设备用图形符号》规定了电气设备用图形符号及其应用范围、字母代码等内容。

GB/T 7159—1987《电气技术中的文字符号制订通则》规定了电气工程图中的文字符号，它分为基本文字符号和辅助文字符号两类。基本文字符号有单字母符号和双字母符号。其中单字母符号表示电气设备、装置以及电气元件的大类，例如 K 为继电器类元件；双字母符号由一表示大类的单字母与另一表示器件某些特性的字母组成，例如 KT 表示继电器类元件中的时间继电器，KM 表示继电器类元件中的接触器。辅助文字符号用来进一步表示电气设备、装置以及电气元件的功能、状态和特征。

GB/T 5094—1985《电气技术中的项目代号》规定了电气工程图中项目代号的组成及应用，即种类代号、高层代号、位置代号和端子代号的表示方法及其应用。

GB/T 14689～14691—1993《技术制图》系列标准规定了电气图纸的幅面、标题栏、字体、比例、尺寸标注等。

GB6988—1986 为《电气制图》系列标准。其中，GB6988.1 为电气制图术语标准；GB6988.2 为电气制图一般规则；GB6988.3 为电气制图系统图和框图标准；GB6988.4 为电路图标准；GB6988.5 为接线图和接线表标准；GB6988.6 为功能表图标准；GB6988.7 为逻辑图标准。

二、电气原理图识图方法

分析生产机械电气原理图的方法主要有两种：查线识图法和逻辑代数识图法。其中逻辑代数识图法又称间接识图法，是通过对电路的逻辑表达式的运算来分析电气原理图的。具有分析准确率高、可利用计算机进行辅助分析等优点。该方法的主要缺点是分析复杂电气原理图时逻辑表达式烦琐冗长。查线识图法又称为跟踪追击法。它是按照生产机械电气原理图根据生产机械生产过程的工作步骤依次识图，具有直观性强、容易掌握等显著特点。由于篇幅有限，本书只介绍查线识图法，对逻辑代数识图法感兴趣的读者可参阅相关文献资料。利用查线识图法分析生产机械电气原理图的基本步骤可归纳为"四步法"。

1. 阅读设备说明书

设备说明书由机械与电气两大部分组成。通过阅读设备说明书，可以了解以下内容：

（1）设备的构造，主要技术指标，机械、液压、气动部分的工作原理；

（2）电气传动方式，电动机和执行电气元件等数目、规格符号、安装位置、用途及控制要求；

（3）设备的使用方法，各操作手柄、开关、旋钮、指示装置等的布置及其在控制线路中的作用。

（4）与机械、液压、气动部分直接关联的电气元件（行程开关、电磁阀、电磁离合器、传感器等）的位置、工作状态及其与机械、液压部分的关系，在控制中的作用等。

2. 化整为零

在仔细阅读设备说明书、了解生产机械电气控制系统的总体结构、电动机的分布状况及控制要求等内容之后，便可以将电气原理图"化整为零"。一般情况下，可按电气原理图中电动机数量进行"化整为零"。即将生产机械电气原理"整图"按照便于分析的原则，分解为等于电动机数量的若干单元电路。

3. 单元电路分析

单元电路分析包括主电路分析、控制电路分析、辅助电路分析、联锁与保护环节分析以及特殊控制环节分析。

（1）主电路分析。先分析执行元件的线路。一般应先从电动机着手，即从主电路看有哪些控制元件的主触点和附加元件，根据其组合规律大致可知该电动机的工作情况（是否有特殊的启动、制动要求，要不要正反转，是否要求调速等）。这样，在分析控制电路时就可以有的放矢。

（2）控制电路分析。从按动操作按钮（应记住各信号元件、控制元件或执行元件的原始状态）开始查询线路。观察元件的触点信号是如何控制其他元件动作的，查看受驱动的执行元件有何运动，再继续追查执行元件带动机械运动时，会使哪些信号元件状态发生变化。在识图过程中，特别要注意相互联系和制约关系，直至将线路全部看懂为止。

（3）辅助电路分析。辅助电路包括执行元件的工作状态、电源显示、参数测定、照明和故障报警等单元电路。实际应用时，辅助电路中很多部分由控制电路中的元件进行控制，所以常将辅助电路和控制电路一起分析，不再将辅助电路单独列出分析。

（4）联锁与保护环节分析。生产机械对于安全性、可靠性均有很高的要求，实现这些要求，除了合理地选择拖动、控制方案外，在控制电路中还设置了一系列电气保护和必要的电气联锁。在电气原理图的分析过程中,电气联锁与电气保护环节是一个重要内容,不能遗漏。

（5）特殊控制环节分析。在某些控制线路中,还设置了一些与主电路、控制电路关系不密切,相对独立的控制环节,如产品计数装置、自动检测系统、晶闸管触发电路、自动调温装置等。这些部分往往自成一个小系统,其识图分析的方法可参照上述分析过程,并灵活运用电子技术、自控系统等知识逐一分析。

4. 集零为整

经过"化整为零",逐步分析各单元电路工作原理以及各部分控制关系之后,还必须用"集零为整"的方法检查整个控制线路,看是否有遗漏。特别要从整体角度进一步检查和理解各控制环节之间的联系,以清楚地理解原理图中每一个电气元件的作用、工作过程以及主要参数。

思考与练习

1. 简述电气原理图绘图规则。
2. 简述电气元件布置图绘图规则。
3. 简述电气安装接线图绘图规则。
4. 简述利用查线识图法分析生产机械电气原理图的基本步骤。
5. 电气原理图由哪几部分组成? 各部分作用分别是什么?

课题二　三相异步电动机的正转控制线路

应用于生产机械的三相异步电动机正转控制线路主要有点动正转控制、连续正转控制和连续与点动混合正转控制线路。限于篇幅,本课题只介绍前两种控制线路。

一、点动正转控制线路

按下按钮,电动机得电运转,松开按钮,电动机失电停转的控制方式,称为点动控制。点动电气控制图如图 3-4 所示。

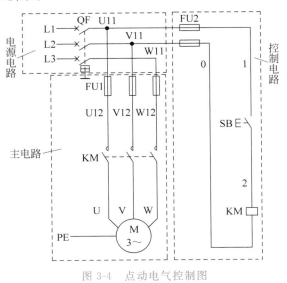

图 3-4　点动电气控制图

1. 电气元件的主要作用

点动电气控制图中电气元件的主要作用见表 3-4。

表 3-4 电气元件的主要作用

符号	元件名称	作 用	符号	元件名称	作 用
QF	低压断路器	电源开关	SB	按钮	点动按钮
FU1	熔断器	主电路短路保护	KM	接触器	控制 M 电源通断
FU2	熔断器	控制线路短路保护			

2. 工作原理

该电气控制图工作原理如下。

（1）先合上电源开关 QF。

（2）启动。按下 SB→KM 线圈得电→KM 主触点闭合→电动机 M 得电运转。

（3）停止。松开 SB→KM 线圈失电→KM 主触点分断→电动机 M 失电停转。

（4）停止使用时，断开电源开关 QF。

二、具有过载保护的连续正转控制线路

当启动按钮松开后，接触器通过自身的辅助常开触点使其线圈继续保持得电的作用称为自锁。与启动按钮并联起自锁作用的辅助常开触点称为自锁触点。利用自锁、自锁触点概念可构成三相异步电动机连续正转控制线路，典型电气控制图如图 3-5 所示。

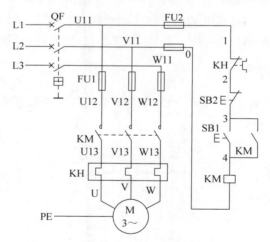

图 3-5 具有过载保护的连续正转电气控制图

1. 电气元件主要作用

对照图 3-4 和图 3-5 可知，图 3-5 的控制电路串接了一个停止按钮 SB2，在启动按钮 SB1 的两端并接了接触器 KM 的一对辅助常开触点（自锁触点）。此外，电路中串接的热继电器热元件和常闭触点实现过载保护功能。其他电气元件作用见表 3-4。

2. 工作原理

该电气控制图工作原理如下。

（1）先合上电源开关 QF。

（2）启动：

按下SB1→KM线圈得电┬─→KM主触点闭合 ────→电动机M启动连续运转
　　　　　　　　　　└─→辅助常开触点闭合─┘

（3）停止：

按下SB2→KM线圈失电┬─→KM主触点分断 ────→电动机M失电停转
　　　　　　　　　　└─→辅助常开触点分断─┘

接触器自锁控制线路不但能使电动机连续运转，而且还具有过载保护、欠压和失压（或零压）保护功能。

（1）过载保护。过载保护是指当电动机出现过载时能自动切断电动机电源，使电动机停转的一种保护措施。最常用的过载保护是由热继电器来实现的。其保护原理如下：

当电动机在运行过程中，由于过载或其他原因使其工作电流超过额定值时，串接在主电路中热继电器KH的热元件因受热发生弯曲，通过传动机构使串接在控制线路中的常闭触点分断，切断控制线路供电回路，接触器KM的线圈失电，其主触点、辅助常开触点（自锁触点）均复位，处于分断状态，电动机M失电停转，从而实现了过载保护的功能。

（2）欠压保护。欠压是指线路电压低于电动机应加的额定电压。欠压保护是指当线路电压下降到某一数值时，电动机能自动脱离电源停转，避免电动机在欠压状态下运行的一种保护措施。最常用的欠压保护是由接触器来实现的。其保护原理如下：

当线路电压下降到一定值（一般指低于额定电压的85%）时，接触器线圈两端的电压也同样下降到此值，使接触器线圈磁通减弱，产生的电磁吸力减小。当电磁吸力减小到小于反作用弹簧的拉力时，动铁芯被迫释放，主触点和辅助常开触点（自锁触点）同时分断，自动切断主电路和控制线路，电动机失电停转，从而实现了欠压保护功能。

（3）失压（或零压）保护。失压保护是指电动机在正常运行中，由于外界某种原因引起突然断电时，能自动切断电动机电源；当重新供电时，保证电动机不能自行启动的一种保护措施。最常用的失压保护也是由接触器来实现的。其保护原理与欠压保护相似，读者可参照进行分析，此处不再赘述。

需要指出的是，过载保护、欠压保护和失压（或零压）保护电路是电力拖动控制线路基本构成单元，本书后续所介绍电气控制线路大部分包含有上述保护电路。由于篇幅有限，对于该部分电路工作原理后续内容中不再进行介绍。

知识拓展

连续与点动混合正转控制线路赏析

生产设备在正常工作时，一般需要电动机处于连续运转状态。但在试车或调整刀具与工件的相对位置时，又需要电动机能点动控制，实现这种工艺要求的线路是连续与点动混合控制线路，如图3-6所示。

1. 电气元件主要作用

由图3-6可知，连续与点动混合正转电气控制图主电路与图3-5相同，均属于设置有热继电器KH过载保护的主电路结构。

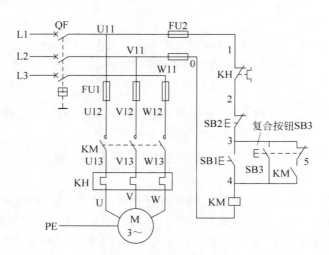

图 3-6 连续与点动混合正转电气控制图

控制电路与图 3-5 相比较,不但增加了复合按钮 SB3,且接触器 KM 辅助常开触点与按钮 SB3 的常闭触点串联后与启动按钮 SB1 的常开触点和复合按钮 SB3 的常开触点并联,实现连续与点动控制功能。其他电气元件作用见表 3-4。

2. 工作原理

该连续与点动混合正转电气控制图工作原理如下:

(1) 先合上电源开关 QF。

(2) 连续控制。

· 启动:

按下SB1→KM线圈得电 ┬ KM主触点闭合 ─┐
　　　　　　　　　　　└ KM自锁触点闭合 ─┴→ 电动机M启动连续运转

· 停止:

按下SB2→KM线圈失电 ┬ KM主触点分断 ─┐
　　　　　　　　　　　└ KM自锁触点分断 ─┴→ 电动机M失电停转

(3) 点动控制。

· 启动:

按下SB3 ┬ SB3常闭触点先分断切断自锁电路
　　　　 └ SB3常开触点后闭合 → KM线圈得电 ┬ KM自锁触点闭合
　　　　　　　　　　　　　　　　　　　　　 └ KM主触点闭合 → 电动机M得电运转

· 停止:

松开SB3 ┬ SB3常开触点先恢复分断 → KM线圈失电 ┬ KM自锁触点分断
　　　　 └ SB3常闭触点后恢复闭合 　　　　　　　 └ KM主触点分断 → 电动机M失电停转

(4) 停止使用时,断开电源开关 QF。

知识拓展

什么是"6S"管理

"6S"管理是现代企业的先进管理模式。6S 即整理(SEIRI)、整顿(SEITON)、清扫(SEISO)、清洁(SEIKETSU)、素养(SHITSUKE)、安全(SECURITY),具体内容如下:

整理(SEIRI)——将工作场所的任何物品区分为有必要和没有必要的,除了有必要的留下来,其他的都消除掉。目的:腾出空间,空间活用,防止误用,塑造清爽的工作场所。

整顿(SEITON)——把留下来的必要用的物品依规定位置摆放,并放置整齐加以标识。目的:工作场所一目了然,营造一个整整齐齐的工作环境,消除寻找物品的时间,消除过多的积压物品。

清扫(SEISO)——将工作场所内看得见与看不见的地方清扫干净,保持工作场所干净、亮丽。目的:稳定品质,减少工业伤害。

清洁(SEIKETSU)——将整理、整顿、清扫进行到底,并且制度化,经常保持环境处在美观的状态。目的:创造明朗现场,维持上面的3S成果。

素养(SHITSUKE)——每位成员养成良好的习惯,并遵守规则做事,培养积极主动的精神(也称习惯性)。目的:培养习惯良好、遵守规则的员工,营造团队精神。

安全(SECURITY)——重视成员安全教育,每时每刻都有安全第一的观念,防患于未然。目的:建立起安全生产的环境,所有的工作应建立在安全的前提下。

技能训练 3-1　点动控制线路的安装与调试

[训练材料]

1. 工具与仪表选用

工具与仪表选用见表 3-5。

表 3-5　工具与仪表选用

工具	电工钳、尖嘴钳、斜口钳、剥线钳、电工刀、螺钉旋具、验电笔
仪表	万用表、钳形电流表、兆欧表

2. 材料选用

根据如图 3-4 所示点动电气控制图选用元件、材料,见表 3-6。

表 3-6　元件、材料明细表

代号	名　称	型　号	规　格	数量
M	三相异步电动机	Y112M-4	4kW、380V、△接法、1440r/min	1
QF	低压断路器	DZ47LEⅡ-50/3N	三极、400V、25A	1
FU1	熔断器	RT18-32/15	500V、32A、熔体额定电流15A	3
FU2	熔断器	RT18-32/2	500V、32A、熔体额定电流2A	2
KM	交流接触器	CJT1-20	20A、线圈电压380V	1

续表

代号	名　称	型　号	规　格	数量
SB	按钮	LA4-3H	保护式、按钮数3（代用）	1
XT	端子板	JX2-2020	20A、20节、380V	1
	主电路塑铜线	BVR或BV	1.5mm²（黑色）	若干
	控制电路塑铜线	BVR或BV	1mm²（红色）	若干
	按钮塑铜线	BVR	0.75mm²（红色）	若干
	接地塑铜线	BVR	1.5mm²（黄绿双色）	若干
	紧固件和编码套管			若干

〔训练内容与步骤〕

（1）安装元件。按图 3-7 所示布置图在控制板上安装电气元件，并贴上醒目的文字符号。

工艺要求

（1）断路器、熔断器的受电端子应安装在控制板的外侧，并确保熔断器的受电端为底座的中心端；

（2）各元件的安装位置应整齐、匀称，间距合理，便于元件的更换；

（3）紧固元件时，用力要均匀，紧固程度适当。在紧固熔断器、接触器等易碎元件时，应该用手按住元件一边轻轻摇动，一边用旋具轮流旋紧对角线上的螺钉，直到手摇不动后，再适当加固旋紧即可。

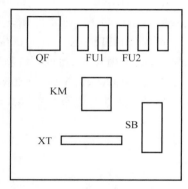

图 3-7　点动控制电气元件布置图

（2）布线。按图 3-8 所示电气安装接线图进行布线和套编码管。

工艺要求

- 布线应横平竖直，分布均匀，变换走向时应垂直转向；布线通道要尽可能少，同路并行导线按主、控电路分类集中，且导线单层平置、并行密排，紧贴安装板面板。
- 控制电路的导线应高低一致，但在器件的接线端处为走线合理，引出线可水平架空跨越板面导线。布线严禁损伤线芯和导线绝缘。
- 布线顺序一般以接触器为中心，由里向外，由低至高，先控制电路，后主电路的顺序进行，以不妨碍后续布线为原则。
- 在每根剥去绝缘层导线的两端套上编码套管，编号方法采用从上到下、自左到右，逐列依次编号，每经一个元件端子编号递增并遵循等电位同编号原则。
- 导线与接线端子或接线柱连接时，不得压住绝缘层、不得反圈及不露铜过长（一般露铜 2mm 左右为好）。所有从一个接线端子（或接线柱）到另一个接线端子（或接线柱）的导线必须连续，中间无接头。
- 同一元件、同一回路的不同接点的导线间距离应保持一致。
- 一个电气元件接线端子上的连接导线不得多于两根，接线端子板上的连接导线一般只允许连接一根。

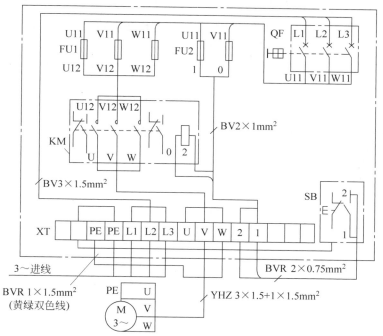

图 3-8 点动控制电气安装接线图

（3）检查布线。根据图 3-8 检查控制板布线的正确性。

（4）安装电动机。先连接电动机和按钮金属外壳的保护接地线,且保护电路中严禁使用开关和熔断器,然后连接电源、电动机等控制板外部的导线。

（5）自检。

- 按电气控制图或接线图从电源端开始,逐段核对接线及接线端子处线号是否正确,有无漏接、错接之处。检查导线接点是否符合要求,压接是否牢固。同时注意接点接触是否良好,以避免带负载运转时产生闪弧现象。

- 用万用表检查线路的通断情况,以防发生短路故障。检查时,应选用倍率适当的欧姆挡,并进行校零。对控制线路的检查(断开主电路),可将表棒分别搭在 U11、V11 线端上,读数应为"∞"。按下 SB 时,读数应为接触器线圈的直流电阻值。然后断开控制线路,再检查主电路有无开路或短路现象,此时,可用手动按下交流接触器的观察孔来模拟接触器通电进行检查。

- 用兆欧表检查线路的绝缘电阻的阻值应不小于 $0.5\text{M}\Omega$。

（6）交验。将控制板交指导教师验证是否正确,该步骤是控制板通电调试的前提条件。

（7）通电试车。

- 用手拨一下电动机转子,观察转子是否有堵转现象等。

- 在指导教师的监护下,合上电源开关 QF,按下 SB 持续 $1\sim2\text{s}$,随即松开,观察电动机运行是否正常(观察电动机运行是否平稳,听电动机的运转声音是否正常等)。

- 试车成功率以通电后第一次按下按钮时计算。

- 出现故障后,学生应独立进行检修。若需带电检查时,指导教师必须在现场监护。

检修完毕后,如需再次试车,教师也应该在现场监护,并做好时间记录。

• 通电试车完毕,停转,切断电源。先拆除三相电源线,再拆除电动机线。

注意

(1)电动机及按钮的金属外壳必须可靠接地。按钮内接线时,用力不可过猛,以防止螺钉打滑。接至电动机的导线,必须穿在导线通道内加以保护,或采用坚韧的四芯橡皮线或塑料护套线进行临时通电校验。

(2)安装完毕的控制线路板必须经过自检、交验后,才允许通电试车,以防止错接、漏接,造成不能正常运转或短路事故。

(3)训练应在规定的定额时间内完成。训练结束后,安装的控制板留用。

[评分标准]

评分标准见附录 A。

想一想

(1)图 3-4 中 FU1、FU2 能否互换使用,并简述理由。

(2)图 3-4 中 QF 能否用组合开关代替?两者之间有何异同?

技能训练 3-2　接触器自锁正转控制线路的安装与调试

[训练材料]

1. 工具与仪表选用

工具与仪表选用见表 3-7。

表 3-7　工具与仪表选用

工具	电工钳、尖嘴钳、斜口钳、剥线钳、电工刀、螺钉旋具、验电笔
仪表	万用表、钳形电流表、兆欧表

2. 材料选用

根据如图 3-5 所示接触器自锁正转电气控制图选用元件、材料,见表 3-8。

表 3-8　元件、材料明细表

代号	名　称	型　号	规　格	数量
M	三相异步电动机	Y112M-4	4kW、380V、△接法、1440r/min	1
KH	热继电器	JR36-20	三极、20A、热元件11A、整定电流8.8A	1
	点动正转控制板			1
	主电路塑铜线	BVR 或 BV	1.5mm²(黑色)	若干
	控制线路塑铜线	BVR 或 BV	1mm²(红色)	若干
	按钮塑铜线	BVR	0.75mm²(红色)	若干
	接地塑铜线	BVR	1.5mm²(黄绿双色)	若干
	紧固件和编码套管			若干

[训练内容与步骤]

（1）安装元件。参照本单元技能训练 3-1 中的工艺要求，按图 3-9 所示布置图在点动正转控制板基础上安装电气元件，并贴上醒目的文字符号。

（2）布线。参照本单元技能训练 3-1 中的工艺要求，按图 3-10 所示电气安装接线图，进行布线和套编码管。

（3）检查布线。根据图 3-5、图 3-10 检查控制板布线的正确性。

（4）安装电动机。先连接电动机和按钮金属外壳的保护接地线，且保护电路中严禁使用开关和熔断器，然后连接电源、电动机等控制板外部的导线。

（5）自检。

（6）交验。

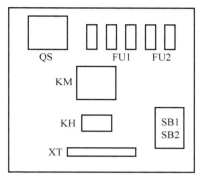

图 3-9　接触器自锁正转控制
电气元件布置图

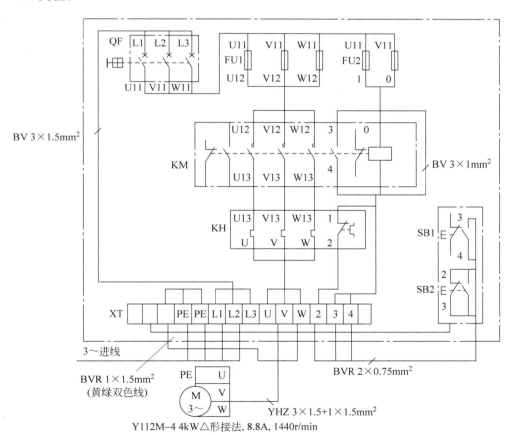

图 3-10　接触器自锁正转控制电气安装接线图

（7）通电试车。经指导教师检查无安全隐患后连接好三相电源,然后再用手拨一下电动机转子,观察转子是否有堵转等现象。在指导教师的监护下,合上电源开关 QF。试车时,先按启动按钮 SB1,让电动机旋转起来,后按停止按钮 SB2,让电动机自由停止。

注意

（1）注意选择正确的启动按钮、停止按钮颜色。

（2）启动电动机时,在按下启动按钮 SB1 的同时,手还必须按在停止按钮 SB2 上,以保证万一出现故障时,可立即按下 SB2 停车,防止事故的扩大。

[评分标准]

评分标准见附录 A。

思考与练习

1. 什么叫点动控制？什么叫自锁？什么叫自锁触点？

2. 电路图中,怎样辨别同一电器的不同元件？

3. 简述板前明线布线的工艺要求。

4. 什么是欠压保护？什么是失压保护？为什么说接触器自锁控制线路具有欠压和失压保护作用？

5. 什么是过载保护？为什么对电动机要采取过载保护？

6. 在电动机控制线路中,短路保护和过载保护各由什么电器来实现？它们能否相互代替使用？为什么？

7. 试为某生产机械设计电动机的电气控制线路。要求如下：①既能点动控制又能连续控制；②具有短路、过载、失压和欠压保护作用。

8. 简述电动机基本控制线路安装的一般步骤。

课题三　三相异步电动机的正反转控制线路

三相异步电动机的转向取决于三相电源的相序,当三相异步电动机输入相序为 L1-L2-L3,即为正相序时,三相异步电动机正转。若需三相异步电动机反转,只需将三根相线中任意两根换接一次即可。下面介绍几种常用的正反转控制线路。

一、接触器联锁正反转控制线路

当一个接触器得电动作时,通过其辅助常闭触点使另一个接触器不能得电动作,这种相互制约的作用称为联锁,也称为互锁。实现联锁功能的辅助常闭触点称为联锁触点（或互锁触点）,联锁用符号"▽"表示。利用联锁、联锁触点概念可构成三相异步电动机正反转控制线路,基于接触器联锁的正反转电气控制图如图 3-11 所示。

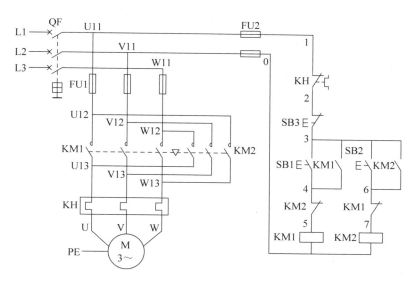

图 3-11　接触器联锁正反转电气控制图

1. 电气元件主要作用

图 3-19 中电气元件主要作用见表 3-9。

表 3-9　电气元件主要作用

符　号	元件名称	作　　用	符　号	元件名称	作　　用
QF	低压断路器	电源开关	SB2	按钮	反转启动按钮
FU1	熔断器	主电路短路保护	SB3	按钮	停止按钮
FU2	熔断器	控制线路短路保护	KM1	接触器	控制 M 正向电源通断
KH	热继电器	过载保护	KM2	接触器	控制 M 反向电源通断
SB1	按钮	正转启动按钮			

2. 工作原理

该电气控制图工作原理如下。

（1）先合上电源开关 QF。

（2）正转控制：

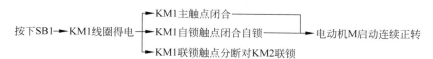

（3）反转控制：

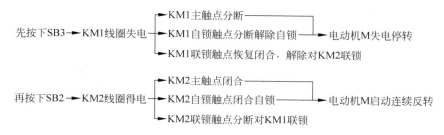

（4）停止：按下停止按钮 SB3→控制线路失电→KM1（或 KM2）触点系统复位→电动机 M 失电停转。

（5）停止使用时，断开电源开关 QF。

由上述分析可见，接触器联锁正反转控制线路的优点是工作安全可靠，缺点是操作不便。因电动机从正转变为反转时，必须先按下停止按钮 SB3 后，才能按反转启动按钮 SB2，否则由于接触器的联锁作用，不能实现反转。为克服此线路的不足，可采用按钮联锁或接触器-按钮双重联锁的正反转控制线路。

二、按钮联锁正反转控制线路

按钮联锁的正反转电气控制图如图 3-12 所示。

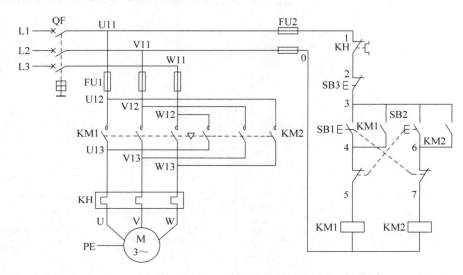

图 3-12　按钮联锁的正反转电气控制图

1. 电气元件主要作用

由图 3-12 可见，按钮联锁正反转电气控制图与图 3-11 比较，其主电路与接触器联锁正反转电气控制图主电路相同。控制电路不同之处是图 3-12 中 4 线和 5 线、6 线和 7 线之间的联锁触点由接触器 KM2、KM1 辅助常闭触点变换成按钮 SB2、SB1 常闭触点。实际应用时，SB1、SB2 选用复合按钮，是联锁控制的另一种常用电路结构。图 3-12 中电气元件主要作用见表 3-9。

2. 工作原理

该电气控制图工作原理如下。

（1）先合上电源开关 QF。

（2）正转控制：

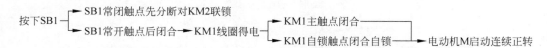

（3）反转控制：

按下SB2
┌─→ SB2常闭触点先分断对KM1联锁 ──→ KM1失电 ──→ KM1触点系统复位 ──→ 电动机M失电停止正转
└─→ SB2常开触点后闭合 ──→ KM2线圈得电 ┌─→ KM2主触点闭合 ─────────┐
　　　　　　　　　　　　　　　　　　　　　└─→ KM2自锁触点闭合自锁 ──────┴─→ 电动机M启动连续反转

（4）停止：按下按钮 SB3→控制线路失电→KM1（或 KM2）触点系统复位→电动机 M 失电停转。

（5）停止使用时，断开电源开关 QF。

由上述分析可见，该控制线路可将电动机 M 由当前的运转状态直接按下反方向启动按钮来改变它的运转方向。具有操作方便的优点，缺点是容易产生电源两相短路故障。例如，当正转接触器 KM1 发生主触点熔焊或被杂物卡住等故障时，即使接触器 KM1 失电，主触点也处于闭合状态，这时若直接按下反转启动按钮 SB2，接触器 KM2 得电吸合，其主触点处于闭合状态，此时必然造成电源两相短路故障。所以采用此线路工作时存在安全隐患。在实际工作中，经常采用按钮-接触器双重联锁的正反转控制线路。

三、按钮-接触器双重联锁正反转控制线路

按钮-接触器双重联锁的正反转控制线路如图 3-13 所示。该控制线路可克服接触器联锁正反转控制线路和按钮联锁正反转控制线路的不足。

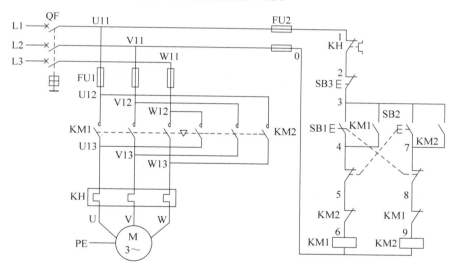

图 3-13　按钮-接触器双重联锁正反转电气控制图

1. 电气元件主要作用

由图 3-13 可知，按钮-接触器双重联锁正反转电气控制图与图 3-11 比较，其主电路与接触器联锁正反转控制线路主电路相同，控制电路部分在接触器 KM1 线圈回路中串接了接触器 KM2 辅助常闭触点和反转启动按钮 SB2 常闭触点；接触器 KM2 线圈回路中串接了接触器 KM1 辅助常闭触点和正转启动按钮 SB1 常闭触点，从而实现双重联锁功能。图 3-13 中其他电气元件主要作用见表 3-9。

2. 工作原理

该电气控制图工作原理如下。

（1）先合上电源开关 QF。

（2）正转控制：

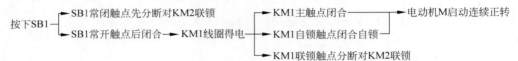

（3）反转控制：

（4）停止：按下停止按钮 SB3→控制线路失电→KM1（或 KM2）触点系统复位→电动机 M 失电停转。

（5）停止使用时，断开电源开关 QF。

技能训练 3-3　接触器联锁正反转控制线路的安装与调试

[训练材料]

1. 工具与仪表选用

工具与仪表选用见表 3-10。

表 3-10　工具与仪表选用

工具	电工钳、尖嘴钳、斜口钳、剥线钳、电工刀、螺钉旋具、验电笔
仪表	万用表、钳形电流表、兆欧表

2. 材料选用

根据如图 3-11 所示接触器联锁正反转电气控制图选用元件、材料，见表 3-11。

表 3-11　元件、材料明细表

代　　号	名　　称	型　　号	规　　格	数量
M	三相异步电动机	Y112M-4	4kW、380V、△接法、1440r/min	1
QF	低压断路器	DZ47LEⅡ-50/3N	三极、400V、25A	1
FU1	熔断器	RT18-32/15	500V、32A、熔体额定电流 15A	3
FU2	熔断器	RT18-32/2	500V、32A、熔体额定电流 2A	2

续表

代　号	名　称	型　号	规　格	数量
KM1、KM2	交流接触器	CJT1-20	20A、线圈电压 380V	2
SB	按钮	LA4-3H	保护式、按钮数 3(代用)	1
KH	热继电器	JRS1-09314	三极、10A、整定电流 8.8A	1
XT	端子板	JX2-2020	20A、20 节、380V	1
	主电路塑铜线	BVR 或 BV	1.5mm²(黑色)	若干
	控制线路塑铜线	BVR 或 BV	1mm²(红色)	若干
	按钮塑铜线	BVR	0.75mm²(红色)	若干
	接地塑铜线	BVR	1.5mm²(黄绿双色)	若干
	紧固件和编码套管			若干

［训练内容与步骤］

（1）安装元件。按图 3-14 所示布置图在控制板上安装电气元件，并贴上醒目的文字符号。

（2）布线。按图 3-15 所示电气安装接线图，进行布线和套编码管。

（3）检查布线。根据图 3-11、图 3-15 检查控制板布线的正确性。

（4）安装电动机。先连接电动机和按钮金属外壳的保护接地线，且保护电路中严禁使用开关和熔断器，然后连接电源、电动机等控制板外部的导线。

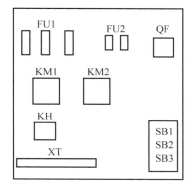

图 3-14　接触器联锁正反转控制
电气元件布置图

（5）自检。

• 在断电情况下，连接好三相电源后，用万用表"R×100"欧姆挡检查线路是否存在短路现象。按下 SB1 或 SB2 时读数应为接触器线圈的直流电阻值。

• 断开控制线路，再检查主电路有无开路或短路现象。

• 用兆欧表检查线路的绝缘电阻阻值应不小于 0.5MΩ。

（6）通电调试。

• 用手拨一下电动机转子，观察转子是否有堵转现象等。

• 在指导教师的监护下，合上电源开关 QF，按下 SB1（或 SB2）及 SB3，观察控制是否正常，并在按下 SB1 后再按下 SB2，观察有无联锁作用。

• 通电试车完毕，停转，切断电源。先拆除三相电源线，再拆除电动机线。

（7）保留实验板接线，用作双重联锁控制线路实训。

思考

（1）若 KM1 联锁触点熔断，将出现什么故障现象？并简述故障原因。

（2）怎样根据图 3-13 所示双重联锁正反转控制线路设计对应电气元件布置图和电气安装接线图以及根据给定电动机参数，列出元件、材料明细表？并在此基础上，由指导教师监护完成该控制线路安装、调试。

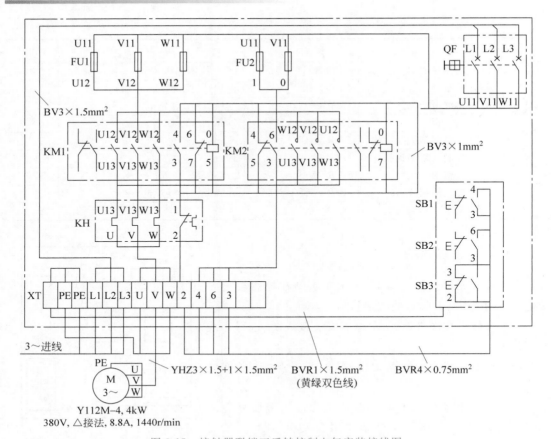

图 3-15 接触器联锁正反转控制电气安装接线图

[评分标准]

评分标准见附录 A。

思考与练习

1. 如何使电动机改变转向？

2. 什么叫联锁控制？在电动机正反转控制线路中为什么必须有联锁控制？

3. 试画出点动的双重联锁正反转控制线路的电气控制图。

4. 某车床有两台电动机，一台是主轴电动机，要求能正反转控制；另一台是冷却泵电动机，只要求正转控制；两台电动机都要求有短路、过载、欠压和失压保护功能，试设计满足要求的电气控制图。

知识拓展

控制线路的检修方法简介

1. 故障检修的一般步骤和方法

（1）用实验法观察故障现象，初步判定故障范围。实验法可在不扩大故障范围、不损坏电气设备和机械设备的前提下，对线路进行通电试验。通过观察电气设备和电气元件的动作，看它是否正常,各控制环节的动作程序是否符合要求,从而找出故障发生的大致部位或回路。

（2）用逻辑分析法缩小故障范围。逻辑分析法是根据电气控制线路的工作原理、控制环节的动作程序以及它们之间的联系,结合故障现象作具体的分析,缩小故障范围,特别适用于对复杂线路的故障检查。

（3）用测量法确定故障点。测量法是利用电工工具和仪表（如验电笔、万用表、钳形电流表、兆欧表等）对线路进行带电或断电测量,是查找故障点的有效方法。

2. 常用的测量法

1）电压测量法

测量检查时,首先把万用表置于交流电压 500V 的挡位上,然后按图 3-16 所示方法进行测量。断开主电路,接通控制电路电源,若按下启动按钮 SB1 时,接触器 KM 不吸合,则说明控制电路有故障。

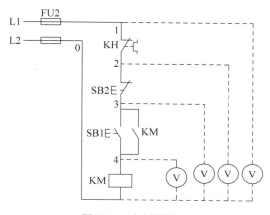

图 3-16　电压测量法

检测时,在松开按钮 SB1 的条件下,先用万用表测量 0 和 1 两点之间的电压,若电压为380V,则说明控制电路的电源电压正常。然后把一支表笔接到 0 点上,另一支表笔依次接到 2、3、4 各点上,分别测量 0-2、0-3、0-4 两点间的电压。根据其测量结果即可找出故障点,见表 3-12。表中符号“×”表示无须再测量。

表 3-12　电压测量法查找故障点

故 障 现 象	测 试 状 态	0-2	0-3	0-4	故　障　点
按下 SB1 时,KM 不吸合	按下 SB1 不放	0	×	×	KH 常闭触点接触不良
		380V	0	×	SB2 常闭触点接触不良
		380V	380V	0	SB1 常开触点接触不良
		380V	380V	380V	KM 线圈断路

2）电阻测量法

测量检查时,首先把万用表置于倍率适当的电阻挡,然后按如图 3-17 所示方法进行测量。

断开主电路,接通控制电路电源。若按下启动按钮 SB1 时,接触器 KM 不吸合,则说明控制线路有故障。

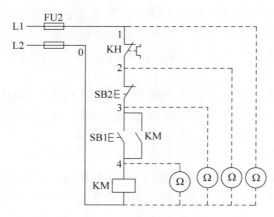

图 3-17　电阻测量法

检测时,首先切断控制电路电源,然后用万用表依次测量出 0-1、0-2、0-3、0-4 各两点之间的电阻。根据其测量结果即可找出故障点,见表 3-13。

表 3-13　电阻测量法查找故障点

故 障 现 象	测试状态	0-1	0-2	0-3	0-4	故 障 点
按下 SB1 时,KM 不吸合	按下 SB1 不放	∞	R	R	R	KH 常闭触点接触不良
		∞	∞	R	R	SB2 常闭触点接触不良
		∞	∞	∞	R	SB1 常开触点接触不良
		∞	∞	∞	∞	KM 线圈断路

说明:R 为接触器 KM 线圈的电阻值。

注意

(1) 主电路测量方法与控制电路相同,进行检修时可参照上述说明进行操作,此处不再赘述。

(2) 在实际检修过程中,出现的故障不是千篇一律的,就是同一种故障现象,发生的部位也不一定相同。因此,采用以上介绍的测量法时,不能生搬硬套,而应按不同的情况灵活运用,妥善处理。

课题四　位置控制与自动往返控制电路

三相异步电动机的位置控制与自动往返控制线路主要采用行程开关等低压电器对运动机械实现限位或自动往返控制。目前,应用于机床领域的行程控制电路主要有位置控制线路和自动往返控制线路。

一、位置控制电路

利用生产机械运动部件上的挡铁与行程开关碰撞,使其触点动作来接通或断开电路,以实现对生产机械运动部件的位置或行程自动控制的方法称为位置控制,又称为行程控制或限位控制。

　　基于行程开关的位置控制线路如图 3-18 所示。该线路常用于生产机械运动部件的行程、位置限制。如在摇臂钻床、万能铣床、镗床、桥式起重机及各种自动或半自动控制机床设备中实现对运动部件的控制。

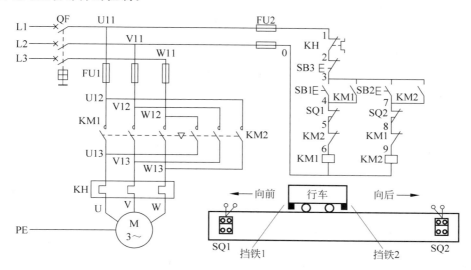

图 3-18　工作台位置电气控制图

1. 电气元件主要作用

图 3-18 中电气元件主要作用见表 3-14。

表 3-14　电气元件主要作用

符号	元件名称	作用	符号	元件名称	作用
QF	低压断路器	电源开关	SB3	按钮	停止按钮
FU1	熔断器	主电路短路保护	KM1	接触器	M 正向电源通断控制
FU2	熔断器	控制电路短路保护	KM2	接触器	M 反向电源通断控制
KH	热继电器	过载保护	SQ1	行程开关	左侧位置控制
SB1	按钮	正转启动按钮	SQ2	行程开关	右侧位置控制
SB2	按钮	反转启动按钮			

2. 工作原理

该电气控制图工作原理如下。

（1）先合上电源开关 QF。

（2）行车向前运动：

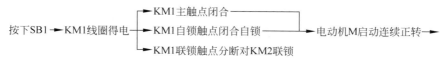

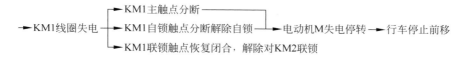

（3）行车向后运动：

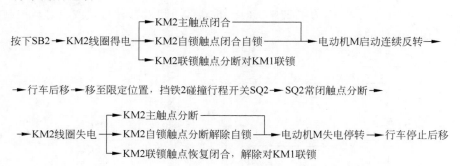

（4）停止：按下停止按钮 SB3→控制线路失电→KM1（或 KM2）触点系统复位→电动机 M 失电停转。

（5）停止使用时，断开电源开关 QF。

二、自动往返控制线路

图 3-18 所示行程控制线路所控制的工作机械运动至所指定的行程位置上即停止，而有些机床在运行时要求工作机械自动往返运动，实现该功能的控制线路称为自动往返控制线路，利用行程开关构成的自动往返控制线路如图 3-19 所示。

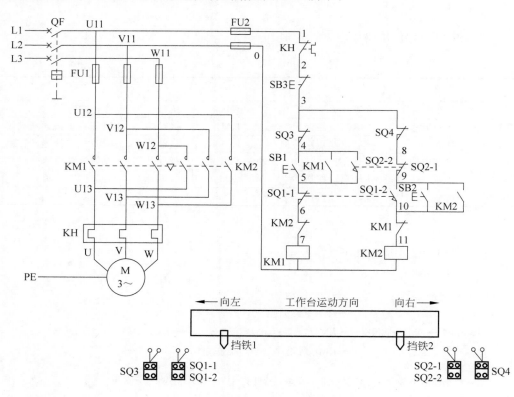

图 3-19　工作台自动往返电气控制图

1. 电气元件主要作用

由图 3-19 可知,其主电路仍然属于典型的正、反转电路结构。该控制电路与图 3-18 所示的位置控制线路相比较,增加了行程开关 SQ3 和 SQ4,并且行程开关 SQ1 和 SQ2 采用了复合触点接线控制方式。实际应用时,行程开关 SQ1、SQ3 及行程开关 SQ2、SQ4 分别被安装在工作机械的两运动终点上。其中 SQ1、SQ2 实现自动往返控制,SQ3、SQ4 实现左、右侧限位保护功能。图 3-19 中其他电气元件主要作用见表 3-14。

2. 工作原理

该电气控制图工作原理如下。

(1)先合上电源开关 QF。

(2)自动往返运动:

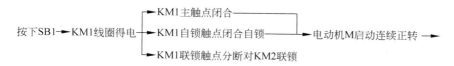

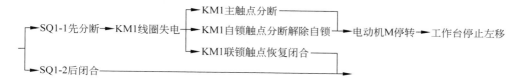

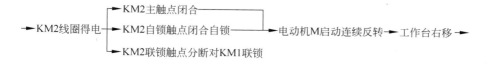

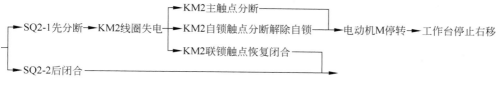

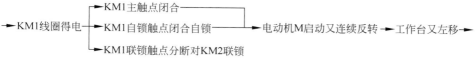

(3)停止:按下停止按钮 SB3→控制电路失电→KM1(或 KM2)触点系统复位→电动机 M 失电停转。

（4）停止使用时，断开电源开关 QF。

在图 3-19 中，行程开关 SQ3、SQ4 的作用是：当工作机械运动至左端或右端时，若行程开关 SQ1 或 SQ2 出现故障失灵，工作机械撞击它时不能切断接触器线圈的电源通路时，工作机械将继续向左或向右运动，此时会撞击行程开关 SQ3 或 SQ4，对应 SQ3 或 SQ4 常闭触点断开，从而切断控制线路的供电回路，强迫对应接触器线圈断电，使电动机 M 停止运行。

技能训练 3-4　自动往返控制线路的安装与调试

［训练材料］

1. 工具与仪表选用

工具与仪表选用见表 3-15。

表 3-15　工具与仪表选用

工具	电工钳、尖嘴钳、斜口钳、剥线钳、电工刀、螺钉旋具、验电笔
仪表	万用表、钳形电流表、兆欧表

2. 材料选用

根据如图 3-19 所示自动往返电气控制图选用元件、材料，见表 3-16。

表 3-16　元件、材料明细表

代　号	名　　称	型　号	规　　格	数量
M	三相异步电动机	Y112M-4	4kW、380V、△接法、1440r/min	1
QF	低压断路器	DZ47LEⅡ-50/3N	三极、400V、25A	1
FU1	熔断器	RT18-32/15	500V、32A、熔体额定电流 15A	3
FU2	熔断器	RT18-32/2	500V、32A、熔体额定电流 2A	2
KM1、KM2	交流接触器	CJT1-20	20A、线圈电压 380V	2
SB	按钮	LA4-3H	保护式、按钮数 3（代用）	1
KH	热继电器	JRS1-09314	三极、10A、整定电流 8.8A	1
SQ1～SQ4	行程开关	JLXK1-111	单轮旋转式	4
XT	端子板	JX2-2020	20A、20 节、380V	1
	主电路塑铜线	BVR 或 BV	1.5mm²（黑色）	若干
	控制线路塑铜线	BVR 或 BV	1mm²（红色）	若干
	按钮塑铜线	BVR	0.75mm²（红色）	若干
	接地塑铜线	BVR	1.5mm²（黄绿双色）	若干
	紧固件和编码套管			若干

[训练内容与步骤]

(1) 安装元件。按图 3-20 所示布置图在控制板上安装电气元件,并贴上醒目的文字符号。

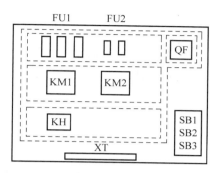

图 3-20　自动往返控制电气元件布置图

(2) 布线。按图 3-19 所示电气控制图设计电气安装接线图,按照电气安装接线图进行板前线槽布线,并在导线端部套编码套管和冷压接线头。

工艺要求

(1) 安装走线槽时,应做到横平竖直、排列整齐匀称、安装牢固、便于走线。

(2) 按电气安装接线图进行板前线槽配线,并在导线端部套编码套管和冷压接线头。

(3) 板前线槽配线的工艺要求如下:

- 所有导线的截面积等于或大于 $0.5mm^2$ 时,必须采用软线。考虑机械强度的原因,所有导线的最小截面积在控制箱外为 $1mm^2$,在控制箱内为 $0.75mm^2$。但对控制箱内通过很小电流的电路连线,如电子逻辑电路,可用 $0.2mm^2$,并且可以采用硬线,但只能用于不移动又无振动的场合。

- 布线时,严禁损伤线芯和导线绝缘。

- 各电气元件接线端子引出导线的走向以元件的水平中心线为界限。在水平中心线以上接线端子引出的导线,必须引入元件上面的走线槽;在水平中心线以下接线端子引出的导线,必须进入元件下面的走线槽。任何导线都不允许从水平方向进入走线槽内。

- 各电气元件接线端子上引出或引入的导线,除间距很小或元件机械强度很差时允许直接架空敷设外,其他导线必须经过走线槽进行连接。

- 引入走线槽内的导线要完全置于走线槽内,并应尽可能避免交叉,装线不能超过其容量的 70%,以便于能盖上线槽盖和以后的装配及维修。

- 各电气元件与走线槽之间的外露导线,应合理走线,并尽可能做到横平竖直,垂直变换走向。同一个元件上位置一致的端子和同型号电气元件中位置一致的端子上,引出或引入的导线,要敷设在同一平面上,并应做到高低一致或前后一致,不得交叉。

- 所有接线端子、导线线头上,都应套有与电气控制图上相应接点线号一致的编码套管,并按线号进行连接。连接必须牢固,不得松动。

- 在任何情况下,接线端子都必须与导线截面积和材料性质相适应。当接线端子不适合连接软线或不适合连接较小截面积的软线时,可以在导线端头穿上针形或叉形轧头并压紧。
- 一般一个接线端子只能连接一根导线,如果采用专门设计的端子,可以连接两根或多根导线,但导线的连接方式必须是公认的、在工艺上成熟的,如夹紧、压接、焊接、绕接等,并应严格按照连接工艺的工序要求进行。

(4) 检查布线。根据图 3-19、图 3-20 检查控制板布线的正确性。

(5) 安装电动机。先连接电动机和按钮金属外壳的保护接地线,然后连接电源、电动机等控制板外部的导线。

(6) 自检。

(7) 交验。

(8) 通电试车。

(9) 检修训练。在图 3-19 所示电气控制图主电路和控制电路中,由指导教师人为设置电气故障两处。自编检修流程图,经指导教师审查合格后开始检修。检修注意事项如下:

- 检修前,要先掌握电气控制图中各个环节的作用和原理。
- 在检修过程中,严禁扩大和产生新的故障,否则要立即停止检修。
- 检修思路和方法要正确。
- 寻找故障现象时,不要漏检行程开关,并且严禁在行程开关 SQ3、SQ4 上设置故障。
- 带电检修故障时,必须有指导教师在现场监护,并要确保用电安全。
- 检修必须在定额时间内完成。

[评分标准]

评分标准见附录 A。

思考

(1) 通电校验时,在电动机正转(工作台向左运动)时,扳动行程开关 SQ1,电动机不反转,且继续正转,原因是什么? 应当如何处理?

(2) 若接触器 KM2 的自锁触点熔断,则会出现什么故障现象? 应该如何处理?

思考与练习

1. 某工厂车间需用一行车,要求按题图 3-1 所示运动,试画出满足要求的电气控制图。

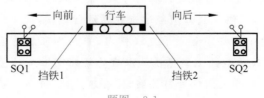

题图 3-1

2. 题图 3-2 所示为某工作台自动往返控制线路的主电路,试补画出控制线路,并说明 4 个行程开关的作用。

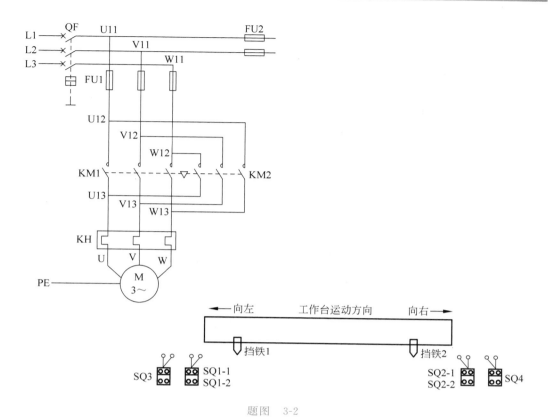

题图 3-2

3. 简述板前线槽配线的工艺要求。

课题五 顺序控制与多地控制线路

三相异步电动机顺序控制线路是指对电动机按一定的时间或先后顺序进行控制的电路；而三相异步电动机多地控制线路是指能在多个不同的地点对电动机实现启动和停止控制的电路。这两种控制线路适用于中、大型机床控制等领域。

一、顺序控制线路

在装有多台电动机的生产机械上，各电动机所起的作用是不同的，有时需按一定的顺序启动或停止，才能保证操作过程的合理和工作的安全可靠。例如，X62W 型万能铣床上要求主轴电动机启动后，进给电动机才能启动。目前，应用于机床领域的顺序控制线路主要有主电路顺序控制线路和控制线路顺序控制线路两类。

1. 主电路实现顺序控制

主电路实现电动机顺序控制的电气控制图如图 3-21 所示。

1）电气元件主要作用

由图 3-21 的主电路可见，电动机 M1、M2 工作状态分别由接触器 KM1、KM2 主触点进

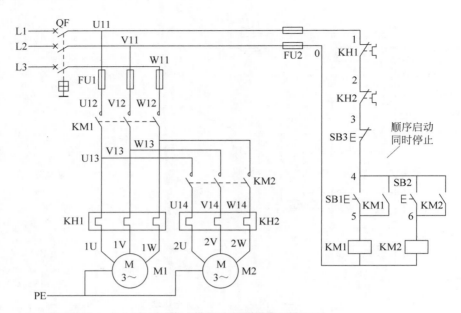

图 3-21　主电路实现顺序电气控制图

行控制。且接触器 KM2 主触点工作状态由接触器 KM1 主触点进行控制,即只有当接触器 KM1 主触点闭合,电动机 M1 启动运转时,接触器 KM2 主触点才能闭合,电动机 M2 得电启动运转,从而实现主电路顺序控制。

图 3-21 中电气元件主要作用见表 3-17。

表 3-17　电气元件主要作用

符　号	元件名称	作　用	符　号	元件名称	作　用
QF	低压断路器	电源开关	SB2	按钮	M2 启动按钮
FU1	熔断器	主电路短路保护	SB3	按钮	停止按钮
FU2	熔断器	控制电路短路保护	KM1	接触器	M1、M2 电源通断控制
KH1、KH2	热继电器	过载保护	KM2	接触器	M2 电源通断控制
SB1	按钮	M1 启动按钮			

2) 工作原理

该电气控制图工作原理如下:

(1) 先合上电源开关 QF。

(2) M1、M2 顺序启动:

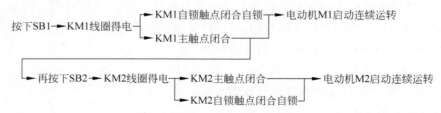

(3) M1、M2 同时停止:按下停止按钮 SB3→控制电路失电→KM1、KM2 触点系统复

位→M1、M2 失电停转。

（4）停止使用时，断开电源开关 QF。

2. 控制电路实现顺序控制

控制电路实现电动机顺序控制的电气控制图如图 3-22 所示。

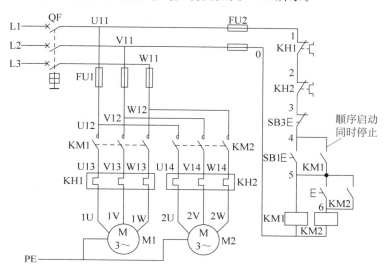

图 3-22　控制电路实现顺序电气控制图

1）电气元件主要作用

由图 3-22 可知，该顺序电气控制图的主电路与图 3-21 所示主电路相比较，接触器 KM1、KM2 不存在顺序控制功能，电动机 M1、M2 主电路均属于独立的单向运行单元电路。

控制电路中，电动机 M2 的控制电路先与接触器 KM1 的线圈并联后再与 KM1 的自锁触点串联，这样就保证了 M1 启动后 M2 才能启动的顺序控制要求。

图 3-22 中电气元件主要作用与图 3-21 中电气元件主要作用相同，见表 3-17。

2）工作原理

图 3-22 所示顺序电气控制图工作原理与图 3-21 相似，请读者参照进行分析，此处不再赘述。

知识拓展

顺序启动逆序停止控制线路赏析

在工程技术中，除了上述方法可实现电动机顺序启动、同时停止控制外，还可根据生产机械实际需求设计其他顺序控制线路。图 3-23 所示为顺序启动逆序停止控制电路，对应电路结构及工作原理请读者参照前述内容自行分析，此处由于篇幅有限，不予介绍。

二、多地控制线路

典型的多地电气控制图如图 3-24 所示。该电气控制图具有电动机单向运转控制和两地控制功能。

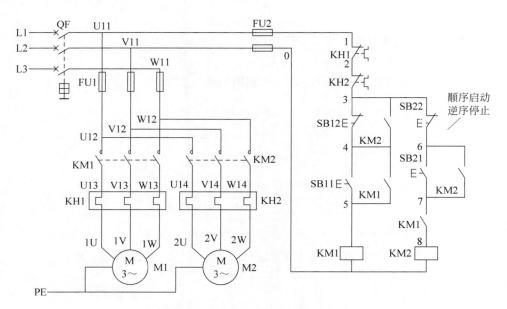

图 3-23　顺序启动逆序停止电气控制图

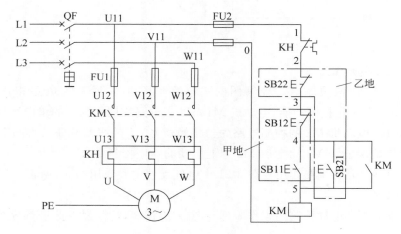

图 3-24　多地电气控制图

1. 电气元件主要作用

图 3-24 可知,该多地控制线路主电路属于单向正转电路。控制电路属于两地能分别启动和停止电动机的控制线路。按钮 SB12、SB22 分别为甲乙两地停止按钮,按钮 SB11、SB21 分别为甲乙两地启动按钮。实际应用时,按钮 SB11、SB12 安装在甲地,按钮 SB21、SB22 安装在乙地。

2. 工作原理

该多地控制线路工作原理与图 3-5 所示连续正转控制线路工作原理相同,请读者参照进行分析,此处不再赘述。

实际应用时,可根据生产机械的需要将各地的多组启动按钮并联、停止按钮串联,即可构成各种组别的多地控制线路。

技能训练 3-5　顺序启动逆序停止控制线路的安装与调试

[训练材料]

1. 工具与仪表选用

工具与仪表选用见表 3-18。

表 3-18　工具与仪表选用

工具	电工钳、尖嘴钳、斜口钳、剥线钳、电工刀、螺钉旋具、验电笔
仪表	万用表、钳形电流表、兆欧表

2. 材料选用

根据如图 3-23 所示顺序启动逆序停止电气控制图选用元件、材料,见表 3-19。

表 3-19　元件、材料明细表

代　　号	名　　称	型　　号	规　　格	数量
M1	三相异步电动机	Y112M-4	4kW、380V、△接法、1440r/min	1
M2	三相异步电动机	Y90S-2	1.5kW、380V、Y接法、2845r/min	1
QF	低压断路器	DZ47LEⅡ-50/3N	三极、400V、25A	1
FU1	熔断器	RL1-60/25	500V、60A、熔体额定电流 25A	3
FU2	熔断器	RL1-15/2	500V、15A、熔体额定电流 2A	2
KM1	交流接触器	CJT1-20	20A、线圈电压 380V	1
KM2	交流接触器	CJT1-10	10A、线圈电压 380V	1
KH1	热继电器	JR36-20/3	三极、20A、整定电流 8.8A	1
KH2	热继电器	JR36-20/3	三极、20A、整定电流 3.4A	1
SB11、SB12	按钮	LA4-3H	保护式、按钮数 3	1
SB21、SB22	按钮	LA4-3H	保护式、按钮数 3	1
XT	端子板	JX2-2020	20A、20 节、380V	1
	主电路塑铜线	BVR 或 BV	1.5mm²(黑色)	若干
	控制线路塑铜线	BVR 或 BV	1mm²(红色)	若干
	按钮塑铜线	BVR	0.75mm²(红色)	若干
	接地塑铜线	BVR	1.5mm²(黄绿双色)	若干
	紧固件和编码套管			若干

[训练内容与步骤]

(1) 安装元件。按图 3-23 所示电气控制图设计电气元件布置图,并按照布置图在控制板上安装电气元件,并贴上醒目的文字符号。

(2) 布线。按图 3-23 所示电气控制图设计电气安装接线图,按照电气安装接线图进行板前线槽布线,并在导线端部套编码套管和冷压接线头。

(3) 检查布线。根据图 3-23 所示电气控制图检查控制板布线的正确性。

（4）安装电动机。先连接电动机和按钮金属外壳的保护接地线，然后连接电源、电动机等控制板外部的导线。

（5）自检。

（6）交验。

（7）通电试车。

（8）检修训练。由指导教师在控制板上人为设置电气故障两处。自编检修流程图，经指导教师审查合格后开始检修。检修注意事项如下：

- 检修前，要先掌握电气控制图中各个环节的作用和原理。
- 在检修过程中，严禁扩大和产生新的故障，否则要立即停止检修。
- 检修思路和方法要正确。

[评分标准]

评分标准见附录 A。

思考与练习

1. 什么叫顺序控制？常见的顺序控制有哪些？各举一例说明。

2. 什么叫多地控制？多地控制线路的接线特点是什么？

3. 试画出能在两地控制同一台电动机正反转点动控制的电气控制图。

4. 题图 3-3 所示是三条传送带运输机的示意图。该控制系统电气控制要求是：

（1）启动顺序为 1 号、2 号、3 号，即顺序启动，以防止货物在带上堆积；

（2）停止顺序为 3 号、2 号、1 号，即逆序停止，以保证停车后带上不残存货物；

（3）当 1 号或 2 号出现故障停止时，3 号能随即停止，以免继续进料。

试设计控制系统电气控制图，并叙述其工作原理。

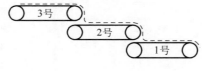

题图 3-3

课题六　三相异步电动机的降压启动控制线路

启动时加在电动机定子绕组上的电压为电动机的额定电压，属于全压启动，也叫直接启动。直接启动的优点是所用电气设备少、线路简单、维修量较小。但直接启动时的启动电流较大，一般为额定电流的 4～7 倍。在电源变压器容量不够大，而电动机功率较大的情况下，直接启动将导致电源变压器输出电压下降，不仅会减小电动机本身的启动转矩，而且会影响同一供电线路中其他电气设备的正常工作。因此，较大容量的电动机启动时，需要采用降压启动的方法。

通常规定：电源容量在 180kVA 以上，电动机功率在 7kW 以下的三相异步电动机可采用直接启动。

判断一台电动机能否直接启动,还可以用下面的经验公式来确定:

$$\frac{I_{ST}}{I_{N}} \leqslant \frac{3}{4} + \frac{S}{4P}$$

式中,I_{ST}——电动机全压启动电流,A;

I_{N}——电动机额定电流,A;

S——电源变压器容量,kVA;

P——电动机功率,kW。

凡不满足直接启动条件的,均需采用降压启动。

降压启动是指利用启动设备将电压适当降低后加到电动机定子绕组上进行的启动,待电动机启动运转后,再使其电压恢复到额定值正常运转。由于电流随电压的降低而减小,所以降压启动达到了减小启动电流之目的。但是,由于电动机转矩与电压的平方成正比,所以降压启动也将导致电动机的启动转矩大为降低,因此,降压启动需要在空载或轻载下启动。

常见的降压启动方法有四种:定子绕组串接电阻降压启动、丫-△降压启动、自耦变压器降压启动和延边△降压启动。

一、定子绕组串接电阻降压启动控制线路

定子绕组串接电阻降压启动是指在电动机启动时,把电阻串接在电动机定子绕组与电源之间,通过电阻的降压作用来降低定子绕组的启动电流。待电动机启动后,再将电阻短接,使电动机在额定电压下正常运行。基于时间继电器的定子绕组串接电阻降压启动电气控制图如图 3-25 所示。

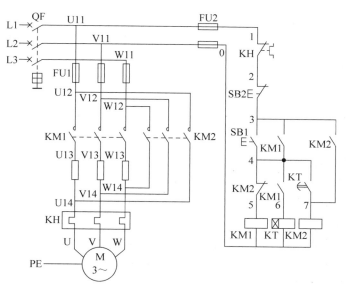

图 3-25 定子绕组串接电阻降压启动电气控制图

1. 电气元件主要作用

图 3-25 中电气元件主要作用见表 3-20。

表 3-20　电气元件主要作用

符号	元件名称	作　用	符号	元件名称	作　用
QF	低压断路器	电源开关	SB2	按钮	停止按钮
FU1	熔断器	主电路短路保护	R	电阻器	降压启动电阻
FU2	熔断器	控制电路短路保护	KM1	接触器	降压启动控制
KH	热继电器	过载保护	KM2	接触器	全压运行控制
SB1	按钮	启动按钮	KT	时间继电器	降压启动时间控制

2. 工作原理

该电气控制图工作原理如下。

（1）先合上电源开关 QF。

（2）降压启动：

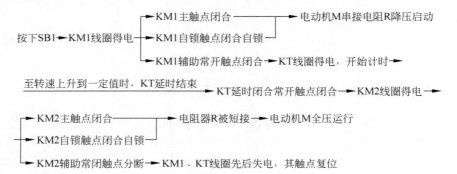

（3）停止：按下停止按钮 SB2→控制电路失电→KM1、KM2 触点系统复位→M 失电停转。

（4）停止使用时，断开电源开关 QF。

启动电阻 R 一般采用 ZX1、ZX2 系列铸铁电阻。铸铁电阻能够通过较大电流，功率大。启动电阻 R 的阻值可按下列近似公式确定：

$$R = 190 \times \frac{I_{ST} - I'_{ST}}{I_{ST} I'_{ST}}$$

式中，I_{ST}——未串接电阻前的启动电流，A，一般 $I_{ST} = (4 \sim 7) I_N$；

　　　I'_{ST}——串接电阻后的启动电流，A，一般 $I'_{ST} = (2 \sim 3) I_N$；

　　　I_N——电动机的额定电流，A；

　　　R——电动机定子绕组串接的启动电阻值，Ω。

电阻器功率可用公式 $P = I_N^2 R$ 计算。由于启动电阻 R 仅在启动过程中接入，且启动时间很短，所以实际选用的电阻器功率可比计算值减小 3～4 倍。

串接电阻降压启动的缺点是减小了电动机的启动转矩，同时启动时在电阻上功率消耗也较大。如果启动频繁，则电阻的温度很高，对于精密机床会产生一定的影响，故目前这种降压启动的方法在生产实际中的应用正在逐步减少。

二、丫-△降压启动控制线路

丫-△降压启动是指电动机启动时，把定子绕组接成丫连接，以降低启动电压，限制启动电流。待电动机启动后，再把定子绕组改接成△连接，使电动机全压运行。凡是在正常运行时定子绕组作△连接的异步电动机,均可采用这种降压启动方法。基于时间继电器的丫-△降压启动电气控制图如图 3-26 所示。

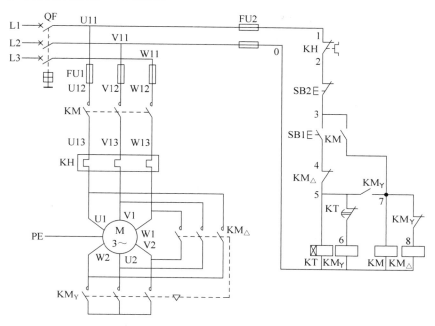

图 3-26　丫-△降压启动电气控制图

1. 电气元件主要作用

图 3-26 中,KM 实现电动机电源控制功能,KM$_Y$ 实现电动机定子绕组丫连接控制,KM$_\triangle$ 实现电动机定子绕组△连接控制。且 KM$_Y$ 与 KM$_\triangle$ 之间设置联锁环节,即在任何时刻,KM$_Y$ 与 KM$_\triangle$ 不能同时得电工作。其他电气元件作用与图 3-25 相同,见表 3-20。

2. 工作原理

该电气控制图工作原理如下。

(1)先合上电源开关 QF。

(2)降压启动:

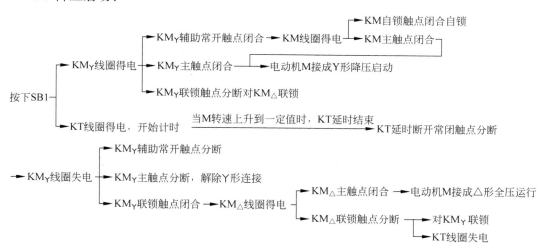

（3）停止：按下停止按钮 SB2→控制电路失电→KM$_Y$ 或 KM$_\triangle$ 触点系统复位→M 失电停转。

（4）停止使用时，断开电源开关 QF。

在工程技术中，随着 Y-△ 降压启动应用日益广泛，研究专用 Y-△ 降压启动控制器成为各生产厂家的趋势。图 3-27 所示为利用 QX3-13 型 Y-△ 自动启动器构成的控制线路。对应电路结构及工作原理请读者参照前述内容自行分析，此处由于篇幅有限，不予介绍。

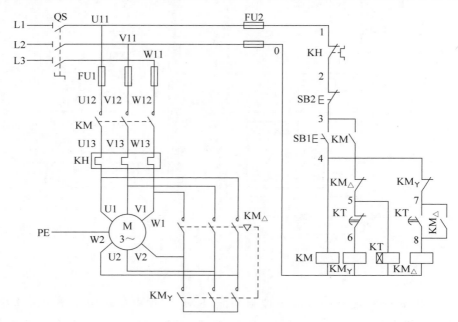

图 3-27　QX3-13 型 Y-△ 自动启动器电气控制图

值得注意的是，电动机采用 Y-△ 降压启动时，定子绕组启动电压降至额定电压的 $1/\sqrt{3}$，启动电流降至全压启动的 1/3，从而限制了启动电流，但由于启动转矩也随之降至全压启动的 1/3，故仅适用于空载或轻载启动。与其他降压启动方法相比，Y-△ 降压启动投资少，线路简单、操作方便，在生产机械中应用较普遍。

三、自耦变压器降压启动控制线路

自耦变压器降压启动也称为串接电感降压启动，是指利用串接在电动机 M 定子绕组回路中的自耦变压器降低加在电动机绕组上的启动电压，待电动机启动后，再使电动机与自耦变压器脱离，电动机即可在全压下运行。

自耦变压器降压启动通常采用成品补偿降压启动器，补偿降压启动器包括手动和自动操作两种形式。手动操作的补偿器有 QJ3、QJ5、QJ10 等型号，其中 QJ10 系列手动补偿器用于控制 10～75kW 八种容量电动机的启动；自动操作的补偿器有 XJ01 型和 CTZ 系列等，其中 XJ01 型补偿器适用于 14～28kW 电动机，可根据电动机容量自行选用。XJ01 系列自耦减压启动箱电气控制图如图 3-28 所示。

1. 电气元件主要作用

图 3-28 中电气元件主要作用见表 3-21。

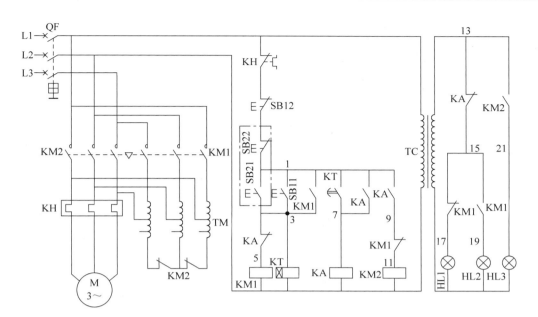

图 3-28　XJ01 系列自耦减压启动箱电气控制图

表 3-21　电气元件主要作用

符　号	元件名称	作　用	符　号	元件名称	作　用
KM1	接触器	降压启动控制	KT	时间继电器	降压启动时间控制
KM2	接触器	全压运行控制	KA	中间继电器	拓展触点数量
TM	自耦变压器	降压	TC	电源变压器	降压
KH	热继电器	过载保护	HL1	信号指示灯	电源指示
SB11、SB21	按钮	两地启动按钮	HL2	信号指示灯	降压启动指示
SB12、SB22	按钮	两地停止按钮	HL3	信号指示灯	全压运行指示

2. 工作原理

该自耦变压器降压启动控制线路工作原理如下（为便于读者理解，由变压器 TC、指示灯 HL1、HL2、HL3 等组成的信号指示电路工作原理未进行阐述，请读者自行分析）。

（1）先合上电源开关 QF。

（2）降压启动：

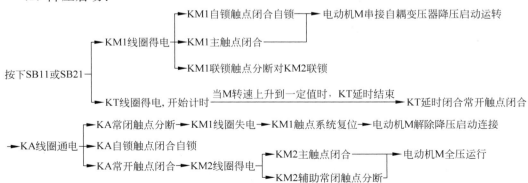

（3）停止：按下停止按钮 SB12 或 SB22→控制电路失电→KM1、KM2 触点系统复位→M 失电停转。

（4）停止使用时，断开电源开关 QF。

四、延边△降压启动控制线路

延边△降压启动是指电动机启动时，把定子绕组的一部分接成△，另一部分接成丫，使整个绕组接成延边△，如图 3-29(a)所示。待电动机启动后，再把定子绕组改接成△全压运行，如图 3-29(b)所示。延边△降压启动电气控制图如图 3-30 所示，适合定子绕组特别设计的电动机降压启动控制。

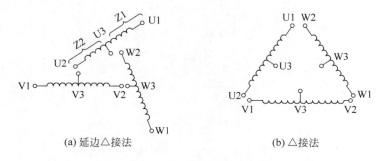

(a) 延边△接法　　　　　　(b) △接法

图 3-29　延边△降压启动电动机定子绕组连接方式

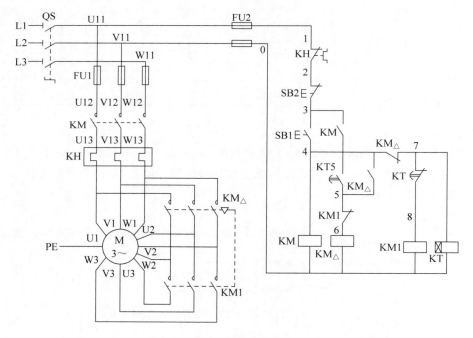

图 3-30　延边△降压启动电气控制图

1. 电气元件主要作用

延边△降压启动是在丫-△降压启动的基础上加以改进而形成的一种启动方式，其电气元件主要作用与丫-△降压启动相同,此处不再赘述。

2. 工作原理

延边△降压启动将丫和△两种接法结合起来,使电动机每相定子绕组承受的电压小于△接法时的相电压,而大于丫形接法时的相电压,并且每相绕组电压的大小可通过改变电动机绕组抽头(U3、V3、W3)的位置来调节,从而克服了丫-△降压启动时启动电压偏低、启动转矩偏小的缺点。

由图 3-29(a)可见,采用延边△降压启动的电动机需要有 9 个出线端,这样不用自耦变压器,通过调节定子绕组的抽头比 K,即可得到不同数值的启动电流和启动转矩,从而满足不同的使用要求。

延边△降压启动控制线路工作原理与丫-△降压启动控制线路相似,请读者参照自行进行分析,此处不再赘述。

实际应用时,常用的延边△降压启动方法是采用成品延边△降压启动控制箱。XJ1 系列降压启动控制箱电气控制图如图 3-31 所示。

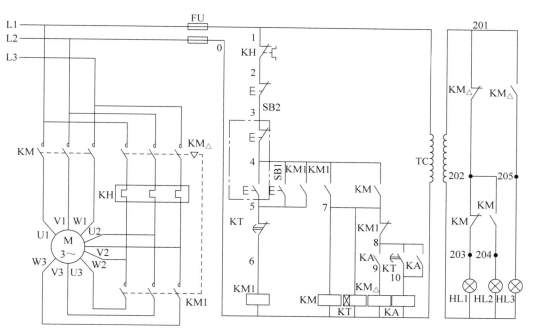

图 3-31　XJ1 系列降压启动控制箱电气控制图

技能训练 3-6　丫-△降压启动控制线路的安装与调试

[**训练材料**]

1. 工具与仪表选用

工具与仪表选用见表 3-22。

表 3-22   工具与仪表选用

工具	电工钳、尖嘴钳、斜口钳、剥线钳、电工刀、螺钉旋具、验电笔
仪表	万用表、钳形电流表、兆欧表

2. 材料选用

根据图 3-26 所示丫-△降压启动电气控制图选用元件、材料,见表 3-23。

表 3-23   元件、材料明细表

代 号	名 称	型 号	规 格	数量
M	三相异步电动机	Y132M-4	7.5kW、380V、△接法、1440r/min	1
QF	低压断路器	DZ47LEⅡ-50/3N	三极、400V、25A	1
FU1	熔断器	RL1-60/35	500V、60A、熔体额定电流 35A	3
FU2	熔断器	RL1-15/2	500V、15A、熔体额定电流 2A	2
KM	交流接触器	CJT1-20	20A、线圈电压 380V	3
KH	热继电器	JR36-20/3	三极、20A、整定电流 15.4A	1
SB	按钮	LA10-3H	按钮数 3	1
KT	时间继电器	JS20	工作电压 380V	1
XT	端子板	JX2-2020	20A、20 节、380V	1
	走线槽		18mm×25mm	若干
	主电路塑铜线	BVR 或 BV	1.5mm² (黑色)	若干
	控制线路塑铜线	BVR 或 BV	1mm² (红色)	若干
	按钮塑铜线	BVR	0.75mm² (红色)	若干
	接地塑铜线	BVR	1.5mm² (黄绿双色)	若干
	紧固件和编码套管			若干

[训练内容与步骤]

(1)安装元件。按图 3-26 所示电气控制图设计电气元件布置图,按布置图在控制板上安装电气元件,并贴上醒目的文字符号。

(2)布线。按图 3-26 所示电气控制图设计电气安装接线图,按照电气安装接线图进行板前线槽布线,并在导线端部套编码套管和冷压接线头。

(3)检查布线。根据图 3-26 所示电气控制图检查控制板布线的正确性。

(4)安装电动机。先连接电动机和按钮金属外壳的保护接地线,然后连接电源、电动机等控制板外部的导线。

(5)自检。

(6)交验。

(7)通电试车。

(8)检修训练。由指导教师在控制板上人为设置电气故障两处。自编检修流程图,经指导教师审查合格后开始检修。检修注意事项如下:

• 检修前,要先掌握电气控制图中各个环节的作用和原理。

• 在检修过程中,严禁扩大和产生新的故障,否则要立即停止检修。

• 检修思路和方法要正确。

[评分标准]

评分标准见附录 A。

思考与练习

1. 什么叫降压启动？常见的降压启动方法有哪几种？

2. 题图 3-4 所示为定子绕组串接电阻降压启动的两个主电路,试比较分析两个主电路的接线有何不同？在启动和工作过程中有何区别？

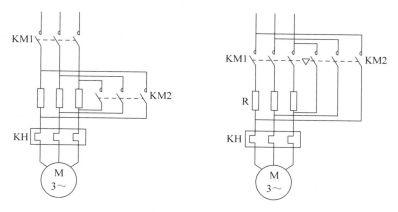

题图 3-4

3. 某台三相异步电动机功率为 22kW,额定电流为 44.3A,电压为 380V。各相应串联多大的启动电阻进行降压启动？

4. 题图 3-5 所示为丫-△降压启动电气控制图。请检查图中哪些地方画错了？把错处改正过来,并按改正后的电气控制图叙述工作原理。

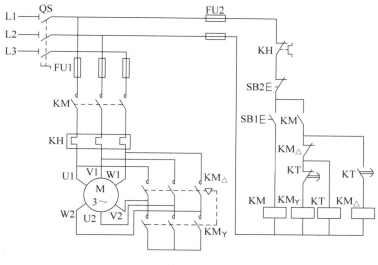

题图 3-5

5．题图 3-6 所示电气控制图可以实现以下控制要求。

（1）M1、M2 可以分别启动和停止；

（2）M1、M2 可以同时启动、同时停止；

（3）当一台电动机发生故障时，两台电动机能同时停止。

试分析叙述电气控制图的工作原理。

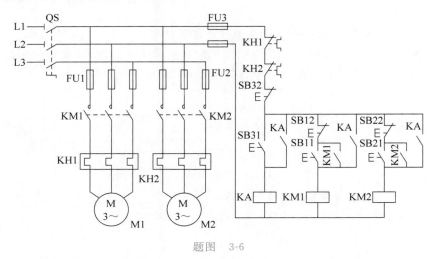

题图　3-6

课题七　三相异步电动机的制动控制线路

电动机断开电源后，由于惯性作用不会马上停止转动，而是需要继续转动一段时间才能完全停止转动。这种情况对于某些生产机械是不适宜的。例如起重机的吊钩需要准确定位、万能铣床要求立即停转等。为了满足生产机械的这种控制要求就需要对电动机进行制动控制。

三相异步电动机制动的方法一般有两类：机械制动和电气制动。

一、机械制动

机械制动是指利用机械装置使电动机断开电源后迅速停转的方法。机械制动常用的方法有电磁抱闸制动器制动和电磁离合器制动。

1．电磁抱闸制动器制动

电磁抱闸制动器制动分为断电制动型和通电制动型两种。断电制动型的工作原理如下：当制动电磁铁的线圈得电时，制动器的闸瓦与闸轮分开，无制动作用；当线圈失电时，闸瓦紧紧抱住抓轮制动。通电制动型的工作原理如下：当线圈得电时，闸瓦紧紧抱住闸轮制动；当线圈断电时，闸瓦与闸轮分开，无制动作用。

（1）电磁抱闸制动器断电制动控制线路。电磁抱闸制动器断电制动电气控制图如图 3-32 所示。

线路工作原理如下：先合上电源开关 QS。

启动运转：按下启动按钮 SB1，接触器 KM 线圈得电，其自锁触点和主触点闭合，电动

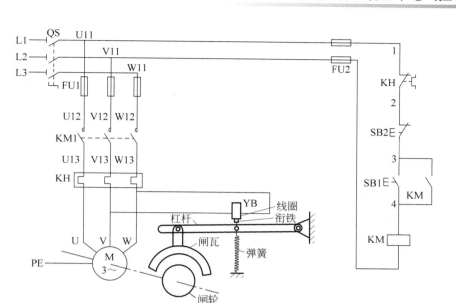

图 3-32　电磁抱闸制动器断电制动电气控制图

机 M 接通电源,同时电磁抱闸制动器 YB 线圈得电,衔铁与铁芯吸合,衔铁克服弹簧拉力,迫使制动杠杆向上移动,从而使制动器的闸瓦与闸轮分开,电动机正常运转。

制动停转:按下停止按钮 SB2,接触器 KM 线圈失电,其自锁触点和主触点分断,电动机 M 失电,同时电磁抱闸制动器 YB 线圈失电,衔铁与铁芯分开,在弹簧拉力的作用下,闸瓦紧紧抱住闸轮,使电动机被迅速制动而停转。

(2) 电磁抱闸制动器通电制动控制线路。电磁抱闸制动器通电制动电气控制图如图 3-33 所示。

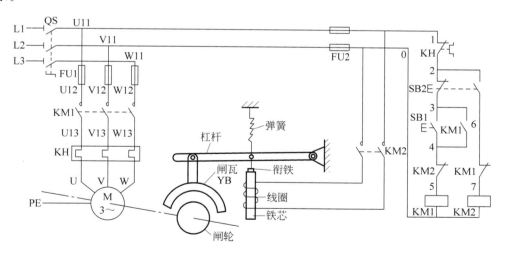

图 3-33　电磁抱闸制动器通电制动电气控制图

线路工作原理如下:先合上电源开关 QS。

启动运转:按下启动按钮 SB1,接触器 KM1 线圈得电,其自锁触点和主触点闭合,电动机 M 启动运转。由于接触器 KM1 联锁触点分断,接触器 KM2 不能得电工作,所以电磁抱闸制动器的线圈无电,衔铁与铁芯分开,在弹簧力的作用下,闸瓦与闸轮分开,电动机不受制动正常运转。

制动停转:按下停止按钮 SB2,其常闭触点先分断,使接触器 KM1 线圈失电,其触点系统复位,电动机 M 失电。待 SB2 常开触点闭合后,接触器 KM2 线圈得电,KM2 联锁触点分断实现对接触器 KM1 的联锁控制,KM2 主触点闭合,电磁抱闸制动器 YB 线圈得电,铁芯吸合衔铁,衔铁克服弹簧拉力,带动杠杆向下移动,使闸瓦紧紧抱住闸轮,电动机被迅速制动而停转。

2. 电磁离合器制动

电磁离合器制动的原理与电磁抱闸制动器制动原理相似。电动葫芦的绳轮常采用该方法进行制动。断电制动型电磁离合器的结构示意图如图 3-34 所示。

(a) 实物图　　　　　　　　　　　(b) 结构示意图

图 3-34　断电制动型电磁离合器结构示意图

由图 3-34 可见,断电制动型电磁离合器主要由制动电磁铁(包括动铁芯、静铁芯和激磁线圈等)、动摩擦片、静摩擦片以及制动弹簧等组成。基于电磁离合器的制动控制线路与图 3-32 所示线路基本相同,读者可自行画出并进行分析。

二、电气制动

电气制动是指在电动机切断电源停转的过程中,产生一个与实际旋转方向相反的电磁力矩(制动力矩),迫使电动机迅速停转的方法。电气制动常用的方法有:反接制动、能耗制动、电容制动和再生发电制动等。

1. 反接制动

依靠改变电动机定子绕组的电源相序形成制动力矩,迫使电动机迅速停转的方法叫反接制动。三相异步电动机单向启动反接制动电气控制图如图 3-35 所示。

1)电气元件主要作用

单向启动反接制动是在图 3-11 所示接触器联锁正反转电气控制图基础上加以改进而形成的一种制动方法。其中复合按钮 SB2 为制动按钮,速度继电器 KS 实现三相异步电动机制动控制功能,电阻器 R 实现限流功能,其他电气元件主要作用与接触器联锁正反转相同,此处不再赘述。

2)工作原理

该单向启动反接制动控制线路工作原理如下:

(1) 先合上电源开关 QS。

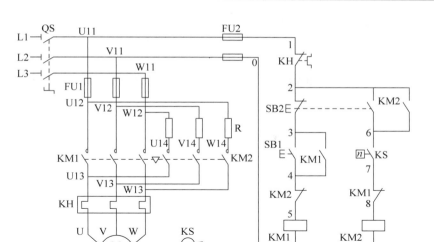

图 3-35 单向启动反接制动电气控制图

（2）单向启动：

（3）反接制动：

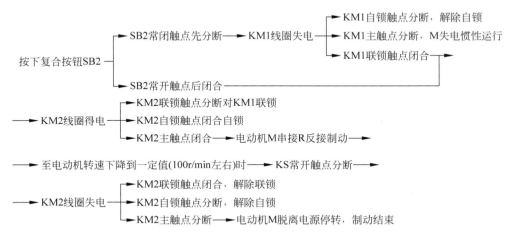

（4）停止使用时，断开电源开关 QS。

反接制动时，由于旋转磁场与转子的相对转速$(n_1 + n)$很高，故转子绕组中感生电流很大，致使定子绕组中的电流也很大，一般约为电动机额定电流的 10 倍。因此，反接制动适用于 10kW 以下小容量电动机的制动。对 4.5kW 以上的电动机进行反接制动时，需在定子回路中串入限流电阻 R，以限制反接制动电流。限流电阻 R 的大小可参考下述经验计算公式进行估算。

在电源电压为 380V 时，若要使反接制动电流等于电动机直接启动时启动电流的 1/2，

即 $1/2I_{st}$，则三相电路每相应串入的电阻 $R(\Omega)$ 值可取为：

$$R \approx 1.5 \times \frac{220}{I_{st}}$$

若要使反接制动电流等于启动电流 I_{st}，则每相应串入的电阻 $R'(\Omega)$ 值可取为：

$$R' \approx 1.3 \times \frac{220}{I_{st}}$$

如果反接制动时，只在电源两相中串接电阻，则电阻值应加大，分别取上述电阻值的 1.5 倍。

反接制动的优点是制动力强，制动迅速。缺点是制动准确性较差，制动过程中冲击强烈，易损坏传动零件，制动能量消耗大，不宜经常制动。因此，反接制动一般适用于制动要求迅速，系统惯性较大，不经常启动和制动的场合，如铣床、镗床、中型车床等主轴的制动控制。

知识拓展

双向启动反接制动控制线路赏析

图 3-36 所示为双向启动反接制动电气控制图，该电气控制图具有短路保护、过载保护、可逆运行和制动等功能，是一种比较完善的控制线路。其中接触器 KM1 既是正转运行接触器，又是反转运行时的反接制动接触器；接触器 KM2 既是反转运行接触器，又是正转运行时的反接制动接触器；接触器 KM3 实现短接限流电阻 R 功能；中间继电器 KA1、KA3

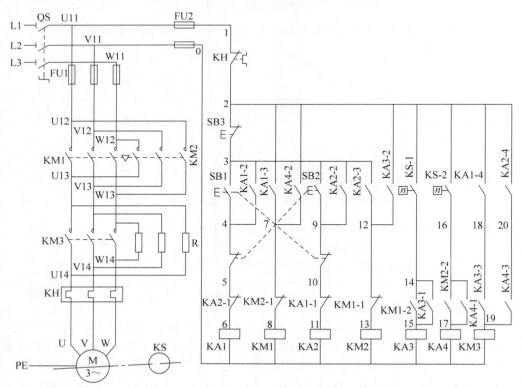

图 3-36 双向启动反接制动电气控制图

和接触器 KM1、KM3 配合完成电动机的正向启动、反接制动的控制功能；中间继电器 KA2、KA4 和接触器 KM2、KM3 配合完成电动机的反接启动、反接制动的控制功能；速度接触器 KS 两对常开触点 KS-1、KS-2 分别用于控制电动机正转、反转时反接制动的时间；R 既是反接制动限流电阻，又是正反向启动的限流电阻。对应电路结构及工作原理请读者参照前述内容自行分析。

2. 能耗制动

能耗制动是在电动机脱离交流电源后，迅速给定子绕组通入直流电源，产生恒定磁场，利用转子感应电流与恒定磁场的相互作用达到制动的目的。由于此制动方法是将电动机旋转的动能转变为电能，并消耗在制动电阻上，故称为能耗制动或动能制动。典型单相桥式整流能耗制动电气控制图如图 3-37 所示。

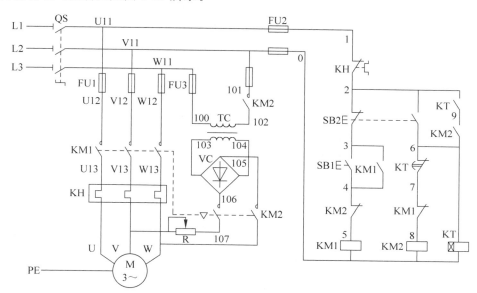

图 3-37　单相桥式整流能耗制动电气控制图

1）电气元件主要作用

图 3-37 中电气元件主要作用见表 3-24。

表 3-24　电气元件主要作用

符　号	元件名称	作　用	符　号	元件名称	作　用
KM1	接触器	电动机运行控制	R	可调电阻器	调节制动电流大小
KM2	接触器	电动机制动控制	KT	时间继电器	控制制动时间
KH	热继电器	过载保护	SB1	按钮	启动按钮
TC	电源变压器	降压	SB2	复合按钮	制动按钮
FU1～FU3	熔断器	短路保护	QS	组合开关	电源开关
VC	桥堆	桥式整流			

2）工作原理

该单相桥式整流能耗制动控制线路工作原理如下：

（1）先合上电源开关 QS。

（2）单向启动：

（3）能耗制动：

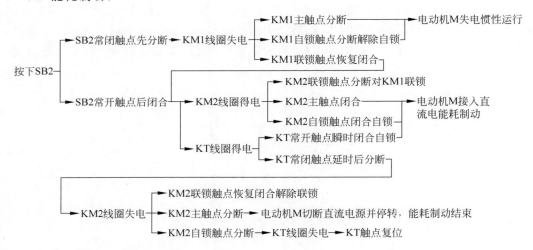

（4）停止使用时，断开电源开关 QS。

图 3-37 所示单相桥式整流能耗制动电气控制图常用于 10kW 以上容量的电动机。对于 10kW 以下的电动机，常采用图 3-38 所示单相半波整流能耗制动电气控制图，其中直流电源由整流二极管 VD、制动电阻器 R 供给。对照图 3-37 和图 3-38 可见，两者控制线路相同，故其工作原理也大致相同，读者可自行分析。

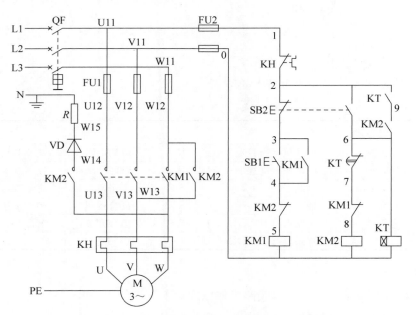

图 3-38　单相半波整流能耗制动电气控制图

　　能耗制动的优点是制动准确、平稳,且能量消耗较小。缺点是需附加直流电源装置,故设备费用较高,制动力较弱,在低速运转时制动力矩小。所以能耗制动适用于要求制动准确、平稳的场合,如磨床、立式铣床等控制领域。

　　在工程技术中,一般用以下方法估算能耗制动所需的直流电源,其具体操作步骤(以单相桥式整流电路为例)如下:

　　(1) 测量出电动机三根进线中任意两根之间的电阻 $R(\Omega)$。

　　(2) 测量出电动机的进线空载电流 $I_0(\text{A})$。

　　(3) 能耗制动所需的直流电流 $I_\text{L}(\text{A}) = KI_0$,所需的直流电压 $U_\text{L}(\text{V}) = I_\text{L}R$。其中系数 K 一般取 $3.4 \sim 4$。若考虑到电动机定子绕组的发热情况,且要使电动机达到比较满意的制动效果,对转速高、惯性大的传动装置可取其上限。

　　(4) 单相桥式整流电源变压器次级绕组电压和电流有效值为:

$$U_2 = \frac{U_\text{L}}{0.9}(\text{V})$$

$$I_2 = \frac{I_L}{0.9}(\text{A})$$

变压器计算容量为:

$$S = U_2 I_2 (\text{W})$$

如果制动不频繁,可取变压器实际容量为:

$$S' = \left(\frac{1}{3} \sim \frac{1}{4}\right)S(\text{W})$$

　　(5) 可变电阻器 $R \approx 2\Omega$,电阻功率 $P_\text{R} = I_\text{L}^2 R(\text{W})$,实际选用时,电阻功率也可选小些。

3. 电容制动

　　电容制动是指电动机脱离交流电源后,立即在电动机定子绕组的出线端接入电容器,利用电容器回路形成的感生电流迫使电动机迅速停转的制动方法。典型电容制动电气控制图如图 3-39 所示。

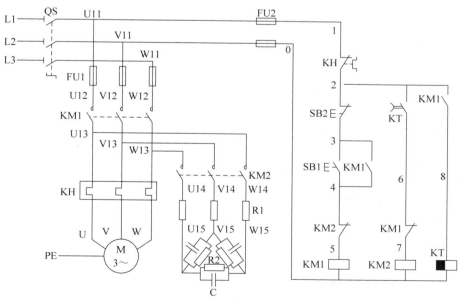

图 3-39　电容制动电气控制图

1）电气元件主要作用

图 3-39 中电阻器 R1 为调节电阻,用以调节制动力矩的大小;R2/C 阻容元件为电容制动装置,电阻器 R2 为放电电阻。其他低压电器作用于图 3-37 基本相同,请读者参照自行分析。

2）工作原理

该电容制动电气控制图工作原理如下:

（1）先合上电源开关 QS。

（2）单向启动:

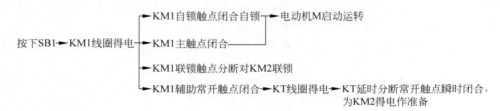

（3）电容制动:

（4）停止使用时,断开电源开关 QS。

电容制动具有制动迅速、能量损耗小和设备简单等特点,一般适用于 10kW 以下的小容量电动机,特别适用于存在机械摩擦和阻尼的生产机械和需要多台电动机同时制动的场合。控制线路中,电容器的耐压应不小于电动机的额定电压,其电容量也应满足要求。经验证明:对于 380V、50Hz 的笼型异步电动机,每千瓦每相约需要 150μF。

4. 再生发电制动

再生发电制动(又称回馈制动)主要用在起重机械和多速异步电动机上。下面以起重机械为例说明其制动原理。

当起重机在高处开始下放重物时,电动机转速 n 小于同步转速 n_1,这时电动机处于电动运行状态,其转子电流和电磁转矩的方向如图 3-40(a)所示。但由于重力的作用,在重物的下放过程中,会使电动机的转速 n 大于同步转速 n_1,此时电动机处于发电运行状态,转子相对于旋转磁场切割磁力线的运动方向发生了改变(沿顺时针方向),其转子电流和电磁转矩的方向都与电动运行时相反,如图 3-40(b)所示。可见电磁力矩变为制动力矩限制了重物的下降速度,保证了设备和人身安全。

对多速电动机变速时,如使电动机由 2 极变为 4 极,定子旋转磁场的同步转速 n_1 由

3000r/min 变为 1500r/min，而转子由于惯性仍以原来的转速 n（接近 3000r/min）旋转，此时 $n > n_1$，电动机处于发电制动状态。

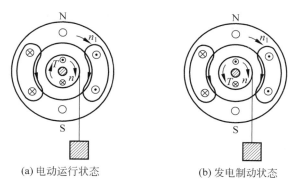

(a) 电动运行状态　　　　　　(b) 发电制动状态

图 3-40　发电制动原理图

　　再生发电制动是一种比较经济的制动方法，制动时不需要改变线路即可从电动运行状态自动地转入发电制动状态，把机械能转换成电能，再回馈到电网，节能效果显著。缺点是应用范围窄，仅当电动机转速大于同步转速时才能实现发电制动。所以常用于在位能负载作用下的起重机械和多速异步电动机由高速转为低速时的情况。

技能训练 3-7　单相半波整流能耗制动控制线路安装与调试

[训练材料]

1. 工具与仪表选用

工具与仪表选用见表 3-25。

表 3-25　工具与仪表选用

工具	电工钳、尖嘴钳、斜口钳、剥线钳、电工刀、螺钉旋具、验电笔
仪表	万用表、钳形电流表、兆欧表

2. 材料选用

根据图 3-38 所示单相半波整流能耗制动电气控制图选用元件、材料，见表 3-26。

表 3-26　元件、材料明细表

代　号	名　　称	型　号	规　格	数量
M	三相异步电动机	Y112M-4	4kW、380V、△接法、1440r/min	1
QF	低压断路器	DZ47LEⅡ-50/3N	三极、400V、25A	1
FU1	熔断器	RT18-32/15	500V、32A、熔体额定电流 15A	3
FU2	熔断器	RT18-32/2	500V、32A、熔体额定电流 2A	2
KM	交流接触器	CJT1-20	20A、线圈电压 380V	2
KH	热继电器	JRS1-09314	三极、10A、整定电流 8.8A	1

续表

代　号	名　称	型　号	规　格	数量
SB	按钮	LA4-3H	按钮数 3	1
KT	时间继电器	JS20	工作电压 380V	1
VD	整流二极管	2CZ30	30A、600V	1
R	制动电阻器		0.5Ω、50W（外接）	1
XT	端子板	JX2-2020	20A、20 节、380V	1
	走线槽		18mm×25mm	若干
	主电路塑铜线	BVR 或 BV	1.5mm²（黑色）	若干
	控制线路塑铜线	BVR 或 BV	1mm²（红色）	若干
	按钮塑铜线	BVR	0.75mm²（红色）	若干
	接地塑铜线	BVR	1.5mm²（黄绿双色）	若干
	紧固件和编码套管			若干

[训练内容与步骤]

（1）安装元件。按图 3-38 所示单相半波整流能耗制动电气控制图设计电气元件布置图，按照布置图在控制板上安装电气元件，并贴上醒目的文字符号。

（2）布线。按图 3-38 所示单相半波整流能耗制动电气控制图设计电气安装接线图，按照电气安装接线图进行板前线槽布线，并在导线端部套编码套管和冷压接线头。

（3）检查布线。根据图 3-38 所示单相半波整流能耗制动电气控制图检查控制板布线的正确性。

（4）安装电动机。先连接电动机和按钮金属外壳的保护接地线，然后连接电源、电动机等控制板外部的导线。

（5）自检。

（6）交验。

（7）通电试车。

（8）检修训练。由指导教师在控制板上人为设置电气故障两处。自编检修流程图，经指导教师审查合格后开始检修。检修注意事项如下：

• 检修前，要先掌握电气控制图中各个环节的作用和原理。

• 在检修过程中，严禁扩大和产生新的故障，否则要立即停止检修。

• 检修思路和方法要正确。

注意

（1）时间继电器的整定时间不要调得太长，以免制动时间过长引起定子绕组发热。

（2）整流二极管要配装散热器和固装散热器支架。

（3）制动电阻器要安装在控制板外面。

[评分标准]

评分标准见附录 A。

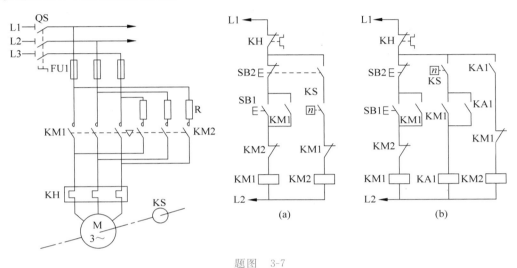

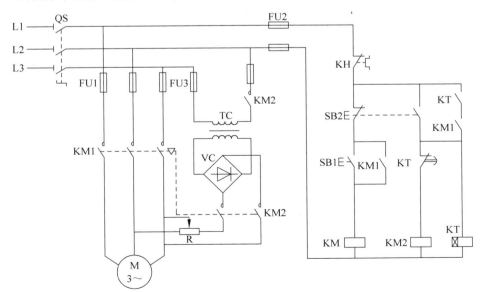

思考与练习

1. 什么叫制动？制动的方法有哪两类？

2. 什么叫机械制动？常用的机械制动有哪几类？

3. 什么叫电力制动？常用的电力制动有哪几类？

4. 试分析题图 3-7 所示两种单向启动反接制动电气控制图在控制线路上有什么不同，并叙述题图 3-7(b)的工作原理。

题图　3-7

5. 题图 3-8 所示为单相桥式整流能耗制动电气控制图。试分析哪些地方画错了，请改正后叙述其工作原理。

6. 试设计单相桥式整流双向启动能耗制动电气控制图，并叙述其工作原理。

题图　3-8

课题八　三相异步电动机的变速控制线路

由三相异步电动机的转速公式 $n=(1-S)\dfrac{60f_1}{p}$ 可知,异步电动机的调速方法有三种:一是改变电源频率 f_1;二是改变转差率 S;三是改变磁极对数 p。

改变异步电动机的磁极对数的调速称为变极调速。变极调速是通过改变电动机定子绕组的连接方式来实现的,属于有级调试,且只适用于笼型异步电动机。磁极对数可改变的电动机称为多速电动机,常见的多速电动机有双速、三速、四速等类型。本课题针对双速和三速异步电动机的启动及自动调速控制线路进行研究。

一、双速异步电动机控制线路

双速异步电动机是指通过定子绕组不同的连接方式可以得到两种不同转速,即低速和高速的异步电动机。双速异步电动机定子绕组的△/丫丫连接图如图 3-41 所示。图中,三相定子绕组接成△形,由 3 个连接点接出 3 个出线端 U1、V1、W1,从每相绕组的中点各接出一个出线端 U2、V2、W2,这样定子绕组共有 6 个出线端。通过改变这 6 个出线端与电源的连接方式,电动机就可以得到两种不同的运动转速。

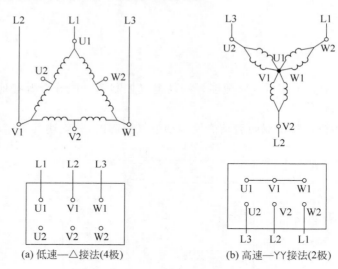

(a) 低速—△接法(4极)　　　　(b) 高速—YY接法(2极)

图 3-41　双速异步电动机定子绕组△/丫丫连接图

由图 3-41 可见,通过改变双速异步电动机定子绕组 6 个出线端的连接方式,就可以得到两种不同的转速。其中定子绕组△形连接时,电动机工作于低速状态,此时同步转速为 1500r/min;定子绕组丫丫形连接时,电动机工作于高速状态,此时同步转速为 3000r/min。基于时间继电器的双速异步电动机电气控制图如图 3-42 所示。

1. 电气元件主要作用

图 3-42 中电气元件主要作用见表 3-27。

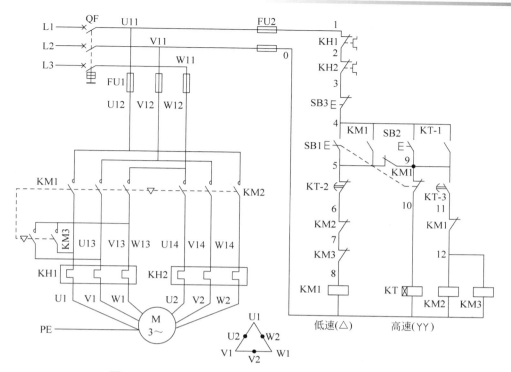

图 3-42　基于时间继电器的双速异步电动机电气控制图

表 3-27　电气元件主要作用

符　号	元件名称	作　用	符　号	元件名称	作　用
QS	组合开关	电源开关	SB1	按钮	低速启动按钮
FU1、FU2	熔断器	短路保护	SB2	按钮	高速启动按钮
KM1	接触器	电动机低速运行控制	SB3	按钮	停止按钮
KM2、KM3	接触器	电动机高速运行控制	KT	时间继电器	控制电动机△-丫丫自动换接时间
KH1、KH2	热继电器	过载保护			

2. 工作原理

该双速电动机电气控制图工作原理如下:

(1) 先合上电源开关 QS。

(2) △形低速启动运转:

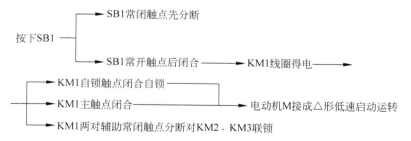

(3) 丫丫形高速启动运转:

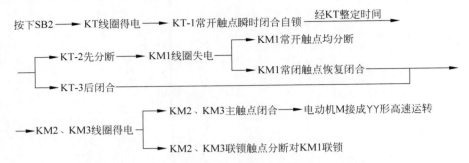

（4）停止：按下停止按钮 SB3→控制电路失电→KM1 或 KM2、KM3、KT 触点系统复位→M 失电停转。

（5）停止使用时，断开电源开关 QS。

注意

（1）双速电动机定子绕组从一种接法改变为另一种接法时，必须把电源相序反接，以保证电动机的旋转方向不变。

（2）若电动机只需高速运转时，可直接按下 SB2，则电动机△形低速启动后，ΥΥ形高速运转。

基于按钮和接触器的双速异步电动机电气控制图如图 3-43 所示。该电气控制图具有双速异步电动机调速控制与短路保护、过载保护等功能，适用于小容量电动机的控制。

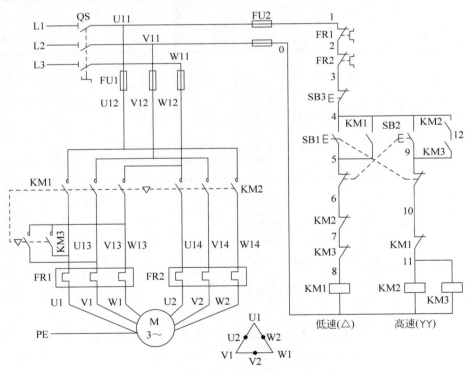

图 3-43　基于按钮、接触器的双速异步电动机电气控制图

对照图 3-42 与图 3-43 可见，图 3-43 不能自动实现两种转速的转换，故一般适用于要求不高的双速电动机控制。进行安装接线时，控制双速电动机△连接的接触器 KM1 和ΥΥ连

接的接触器 KM2 的主触点不能对换接线,否则不但无法实现双速控制要求,而且会在丫丫连接运行时造成电源短路事故。

图 3-43 所示双速电动机电气控制图工作原理与图 3-42 相似,请读者参照进行分析。

知识拓展

三相异步电动机多功能保护控制线路赏析

三相异步电动机在运行的过程中,除按生产机械的工艺要求完成各种正常运转外,还必须在线路出现短路、过载、过电流、欠电压、失压及弱磁等现象时,能自动切除电源停转,以防止和避免电气设备和机械设备的损坏事故,保证操作人员的人身安全。图 3-44 所示为具有过载、断相及堵转瞬动保护功能的多功能保护控制线路。

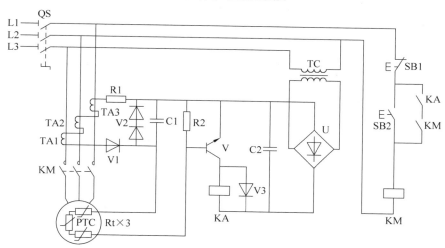

图 3-44　三相异步电动机多功能保护电气控制图

1) 电路结构及电气元件主要作用

由图 3-44 可知,该多功能保护控制线路由主电路、控制电路和保护电路组成。其中主电路由组合开关 QS、接触器 KM 主触点、三相异步电动机 M 组成。控制电路由按钮 SB1、SB2、中间继电器 KA 常开触点、接触器 KM 线圈及其辅助常开触点组成。保护电路由电流互感器 TA1~TA3、二极管 V1~V3、晶体管 V、中间继电器 KA 线圈、电源变压器 TC、整流桥堆 U 及热敏电阻器 R_t 组成。

2) 工作原理

电路通电后,组合开关 QS 将 380V 交流电压引入该三相异步电动机多功能保护控制线路。当电动机正常运行时,由于线电流基本平衡(即大小相等,相位互差 120°),所以在电流互感器二次侧绕组中的基波电动势合成为零,但三次谐波电动势合成后是每个电动势的 3倍。取得的三次谐波电动势经二极管 V1 整流、V2 稳压(利用二极管的正向特性)、电容器 C1 滤波,再经过 Rt 与 R2 分压后,加至晶体管 V 的基极,使 V 饱和导通。于是电流继电器 KA 得电吸合,其常开触点闭合。按下电动机 M 启动按钮 SB2,接触器 KM 得电闭合并自锁,电动机 M 得电正常启动运转。

当电动机出现电源断相时,其余两相中的线电流大小相等,方向相反,使电流互感器二次绕组中总电动势为零,即晶体管 V 的基极电压为零,V 处于截止状态。电流继电器 KA

失电释放,其常开触点复位断开切断接触器 KM 线圈回路电源,KM 失电释放,其主触点断开切断电动机 M 电源,M 断电停止运转。

当电动机 M 由于故障或其他原因使其绕组温度过高且超过允许值时,PTC 热敏电阻器 Rt 的阻值急剧上升,晶体管 V 的基极电压急剧降低至接近于零,V 处于截止状态,电流继电器 KA 失电释放,其常开触点断开,接触器 KM 失电释放,电动机 M 脱离电源停转。

二、三速异步电动机控制线路

1. 三速异步电动机定子绕组的连接

三速异步电动机是指通过不同的定子绕组连接方式可以得到三种不同转速,即低速、中速和高速的异步电动机。它有两套定子绕组,分两层安放在定子槽内。第一套绕组(双速)有 7 个出线端 U1、V1、W1、U3、U2、V2、W2,可作△形或丫丫形连接;第二套绕组(单速)有 3 个出线端 U4、V4、W4,只作丫形连接,如图 3-45(a)所示。当分别改变两套定子绕组的连接方式(即改变磁极对数)时,电动机就可以得到三种不同的运动转速。

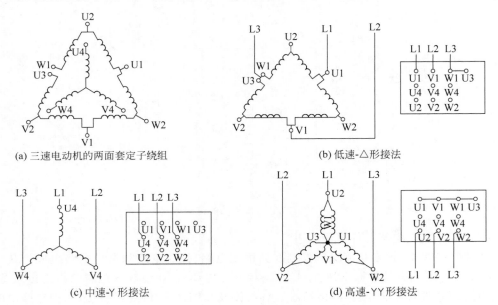

(a) 三速电动机的两面套定子绕组   (b) 低速-△形接法

(c) 中速-丫形接法   (d) 高速-丫丫形接法

图 3-45   三速异步电动机定子绕组连接图

三速异步电动机定子绕组连接图如图 3-45(b)、(c)、(d)所示。图中,W1 和 U3 出线端分开的目的是当电动机定子绕组连接成丫形中速运转时,避免在△接法的定子绕组中产生感生电流。三速异步电动机定子绕组接线方法见表 3-28。

表 3-28   三速异步电动机定子绕组的接线方法

转速	电源接线			并接端口	连接方式
	L1	L2	L3		
低速	U1	V1	W1	U3、W1	△
中速	U4	V4	W4	—	丫
高速	U2	V2	W2	U1、V1、W1、U3	丫丫

2. 三速异步电动机控制线路

与双速异步电动机控制类似,三速异步电动机的控制也可基于时间继电器和基于按钮、接触器等的控制线路进行设计。基于时间继电器的三速异步电动机电气控制图如图 3-46 所示。该电气控制图具有高速、中速和低速三挡调速功能,适用于不需要无级调速的生产机械,如金属切削机床、升降机、起重设备、风机、水泵等控制领域。

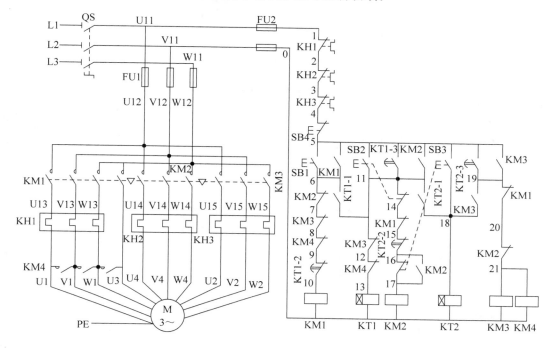

图 3-46　基于时间继电器的三速异步电动机电气控制图

1) 电气元件主要作用

图 3-46 中电气元件主要作用见表 3-29。

表 3-29　电气元件主要作用

符号	元件名称	作　　用	符号	元件名称	作　　用
QS	组合开关	电源开关	KT1	时间继电器	控制电动机△-丫自动换接时间
FU1、FU2	熔断器	短路保护	KT2	时间继电器	控制电动机△-丫丫自动换接时间
KH1～KH3	热继电器	过载保护	SB1	按钮	低速启动按钮
KM1	接触器	电动机低速运行控制	SB2	按钮	中速启动按钮
KM2	接触器	电动机中速运行控制	SB3	按钮	高速启动按钮
KM3、KM4	接触器	电动机高速运行控制	SB4	按钮	停止按钮

2) 工作原理

图 3-46 所示电气控制图工作原理如下:

（1）先合上电源开关 QS。

（2）△形低速启动运转：

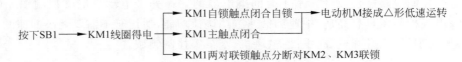

按下SB1 ─→ KM1线圈得电
- ─→ KM1自锁触点闭合自锁 ─→ 电动机M接成△形低速运转
- ─→ KM1主触点闭合
- ─→ KM1两对联锁触点分断对KM2、KM3联锁

（3）△形低速启动丫形中速运转：

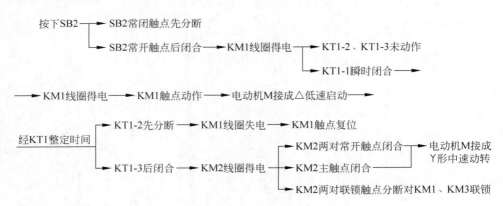

按下SB2
- ─→ SB2常闭触点先分断
- ─→ SB2常开触点后闭合 ─→ KM1线圈得电
  - ─→ KT1-2、KT1-3未动作
  - ─→ KT1-1瞬时闭合 ─→

─→ KM1线圈得电 ─→ KM1触点动作 ─→ 电动机M接成△低速启动 ─→

经KT1整定时间
- ─→ KT1-2先分断 ─→ KM1线圈失电 ─→ KM1触点复位
- ─→ KT1-3后闭合 ─→ KM2线圈得电
  - ─→ KM2两对常开触点闭合 ─→ 电动机M接成丫形中速动转
  - ─→ KM2主触点闭合
  - ─→ KM2两对联锁触点分断对KM1、KM3联锁

（4）△形低速启动丫形中速运转过渡丫丫形高速运转：

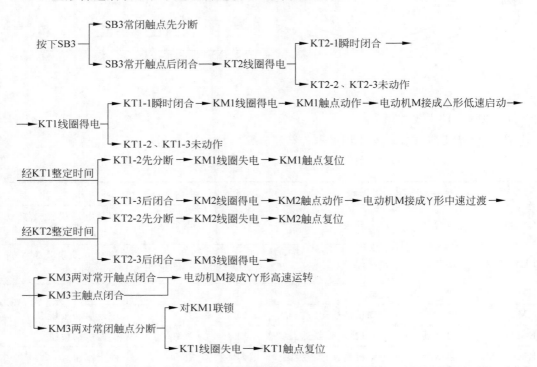

按下SB3
- ─→ SB3常闭触点先分断
- ─→ SB3常开触点后闭合 ─→ KT2线圈得电
  - ─→ KT2-1瞬时闭合 ─→
  - ─→ KT2-2、KT2-3未动作

─→ KT1线圈得电
- ─→ KT1-1瞬时闭合 ─→ KM1线圈得电 ─→ KM1触点动作 ─→ 电动机M接成△形低速启动 ─→
- ─→ KT1-2、KT1-3未动作

经KT1整定时间
- ─→ KT1-2先分断 ─→ KM1线圈失电 ─→ KM1触点复位
- ─→ KT1-3后闭合 ─→ KM2线圈得电 ─→ KM2触点动作 ─→ 电动机M接成丫形中速过渡 ─→

经KT2整定时间
- ─→ KT2-2先分断 ─→ KM2线圈失电 ─→ KM2触点复位
- ─→ KT2-3后闭合 ─→ KM3线圈得电

- ─→ KM3两对常开触点闭合 ─→ 电动机M接成丫丫形高速运转
- ─→ KM3主触点闭合
- ─→ KM3两对常闭触点分断
  - ─→ 对KM1联锁
  - ─→ KT1线圈失电 ─→ KT1触点复位

（5）停止：按下停止按钮 SB4 ─→控制电路失电 ─→KM1～KM4、KT1、KT2 触点系统复位 ─→M 失电停转。

（6）停止使用时，断开电源开关 QS。

图 3-46 所示三速异步电动机电气控制图具有机械特性稳定性良好，无转差损耗，效率高，且可与电磁转差离合器配合获得较高效率的平滑调速特性等特点。进行安装时，其接线要点为：△形低速时，U1、V1、W1 经接触器 KM3 接三相电源，W1、U3 并接；丫形中速时，U4、V4、W4 经接触器 KM2 接三相电源，W1、U3 必须断开，空着不装；丫丫形高速时，U2、V2、W2 经接触器 KM1 接三相电源，U1、V1、W1、U3 并接。

基于按钮、接触器的三速异步电动机电气控制图如图 3-47 所示，其中 SB1、KM1 控制电动机△接法下低速运转；SB2、KM2 控制电动机丫接法下中速运转；SB3、KM3 控制电动机丫丫接法下高速运转。该电气控制图工作原理与图 3-46 类似，请读者参照自行进行分析。该电气控制图的缺点是在进行速度转换时，必须先按下停止按钮 SB4 后，才能再按相应的启动按钮变速，故操作不便。

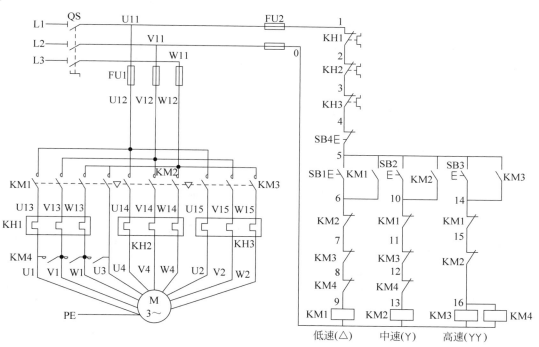

图 3-47　基于按钮、接触器的三速异步电动机电气控制图

技能训练 3-8　基于时间继电器的双速异步电动机控制线路安装与调试

[训练材料]

1. 工具与仪表选用

工具与仪表选用见表 3-30。

表 3-30　工具与仪表选用

工具	电工钳、尖嘴钳、斜口钳、剥线钳、电工刀、螺钉旋具、验电笔
仪表	万用表、钳形电流表、兆欧表

2. 材料选用

根据图 3-42 所示电气控制图选用元件、材料,见表 3-31。

表 3-31　元件、材料明细表

代　号	名　称	型　号	规　格	数量
M	三相异步电动机	YD112M-4/2	3.3kW/4kW、380V、7.4A/8.6A、△/丫丫接法	1
QF	低压断路器	DZ47LEⅡ-50/3N	三极、400V、25A	1
FU1	熔断器	RT18-32/15	500V、32A、熔体额定电流 15A	3
FU2	熔断器	RT18-32/2	500V、32A、熔体额定电流 2A	2
KM	交流接触器	CJT1-20	20A、线圈电压 380V	3
KH	热继电器	JRS1-09314	三极、10A、整定电流 8.8A	2
SB	按钮	LA4-3H	按钮数 3	1
KT	时间继电器	JS20	工作电压 380V	2
XT	端子板	JX2-2020	20A、20 节、380V	1
	走线槽		18mm×25mm	若干
	主电路塑铜线	BVR 或 BV	1.5mm²(黑色)	若干
	控制线路塑铜线	BVR 或 BV	1mm²(红色)	若干
	按钮塑铜线	BVR	0.75mm²(红色)	若干
	接地塑铜线	BVR	1.5mm²(黄绿双色)	若干
	紧固件和编码套管			若干

[训练内容与步骤]

(1)安装元件。按图 3-42 所示电气控制图设计电气元件布置图,并按照布置图在控制板上安装电气元件,并贴上醒目的文字符号。

(2)布线。按图 3-42 所示电气控制图设计电气安装接线图,按照电气安装接线图进行板前线槽布线,并在导线端部套编码套管和冷压接线头。

(3)检查布线。根据图 3-42 所示电气控制图检查控制板布线的正确性。

(4)安装电动机。先连接电动机和按钮金属外壳的保护接地线,然后连接电源、电动机等控制板外部的导线。

(5)自检。

(6)交验。

(7)通电试车。

（8）检修训练。由指导教师在控制板上人为设置电气故障两处。自编检修流程图,经指导教师审查合格后开始检修。检修注意事项如下:

- 检修前,要先掌握电气控制图中各个环节的作用和原理。
- 在检修过程中,严禁扩大和产生新的故障,否则要立即停止检修。
- 检修思路和方法要正确。

注意

（1）接线时,注意主电路中接触器 KM1、KM2 在两种不同转速下电源相序的改变,不能接错,否则,两种转速下电动机的转向相反,换向时将产生很大的冲击电流。

（2）控制双速电动机△形接法的接触器 KM1 和丫丫接法的接触器 KM2 的主触点不能对换接线,否则不但无法实现双速控制要求,而且会在丫丫形运转时造成电源短路事故。

（3）热继电器 KH1、KH2 的整定电流及其在主电路中的接线不要搞错。

［评分标准］

评分标准见附录 A。

思考与练习

1. 三相异步电动机的调速方法有哪 3 种?

2. 双速异步电动机的定子绕组共有几个出线端?分别画出双速异步电动机在低速、高速时定子绕组的接线图。

3. 三速异步电动机的定子绕组共有几套定子绕组?定子绕组共有几个出线端?分别画出三速异步电动机在低速、中速、高速时定子绕组的接线图。

4. 图 3-42 所示基于时间继电器的双速异步电动机电气控制图中按钮 SB1、SB2、SB3 可否用转换开关 SA 代替?若能,请画出电气控制图,并叙述其工作原理。

课题九　三相绕线型异步电动机启动控制线路

在实际生产中对要求启动转矩大、且能平滑调速的场合,常常采用三相绕线型异步电动机。此种异步电动机的优点是可以通过滑环在转子绕组中串接电阻来改善电动机的机械特性,从而达到减小启动电流、增大启动转矩以及平滑调速等目的。本课题针对三相绕线型异步电动机的启动方法进行研究。

一、转子绕组串接电阻器启动控制线路

基于时间继电器的三相绕线型异步电动机转子绕组串接电阻启动电气控制图如图 3-48 所示。

1）电气元件主要作用

图 3-48 中电气元件主要作用见表 3-32。

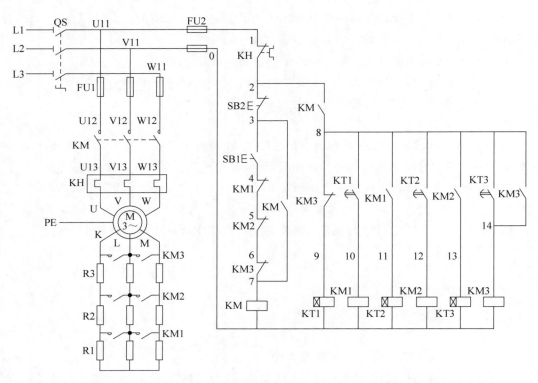

图 3-48　基于时间继电器的三相绕线型异步电动机串接电阻启动电气控制图

表 3-32　电气元件主要作用

符　　号	元件名称	作　　用	符　　号	元件名称	作　　用
QS	组合开关	电源开关	R1～R3	电阻器	三级降压启动
FU1、FU2	熔断器	短路保护	KT1～KT3	时间继电器	三级降压启动时间控制
KH	热继电器	过载保护	SB1	按钮	启动按钮
KM	接触器	电动机运行控制	SB2	按钮	停止按钮
KM1～KM3	接触器	三级降压启动控制			

2）工作原理

图 3-48 所示电气控制图工作原理如下：

（1）先合上电源开关 QS。

（2）启动：

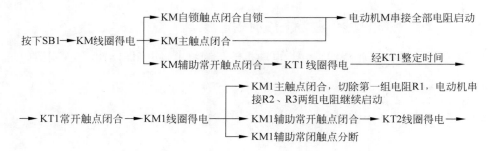

经KT2整定时间 ──→ KT2常开触点闭合 ──→ KM2线圈得电 ──┬──→ KM2主触点闭合，切除第二组电阻R2，电动机串接第三组电阻R3继续启动
    ├──→ KM2辅助常开触点闭合 ──→
    └──→ KM2辅助常闭触点分断

──→ KT3线圈得电 ──经KT3整定时间──→ KT3常开触点闭合 ──→ KM3线圈得电 ──┐

┬──→ KM3自锁触点闭合自锁
├──→ KM3主触点闭合，切除第三组电阻R3，电动机M启动结束，正常运转
├──→ KM3辅助常闭触点分断 ──→ KT1、KM1、KT2、KM2、KT3依次断电释放，触点复位
└──→ KM3辅助常闭触点分断

（3）停止：按下停止按钮 SB2→控制电路失电→KM 触点系统复位→M 失电停转。

（4）停止使用时，断开电源开关 QS。

注意

与启动按钮 SB1 串接的接触器 KM1、KM2 和 KM3 辅助常闭触点的作用是保证电动机在转子绕组接入全部外加电阻器的条件下才能启动。如果接触器 KM1、KM2 和 KM3 中任何一个触点因熔焊或机械故障而没有释放时，启动电阻就没有被全部接入转子绕组中，从而使启动电流超过规定值。若把 KM1、KM2 和 KM3 的辅助常闭触点与 SB1 串接在一起，即可避免这种现象发生。

基于按钮、接触器的三相绕线型异步电动机串接电阻启动电气控制图如图 3-49 所示。该电气控制图工作原理与图 3-48 类似，请读者参照自行进行分析。

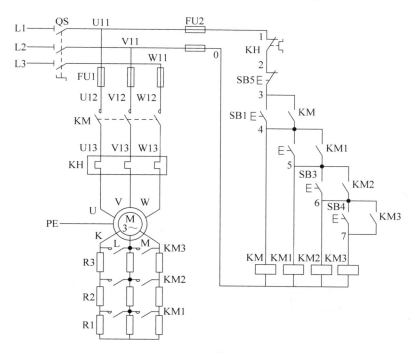

图 3-49　基于按钮、接触器的三相绕线型异步电动机串接电阻启动电气控制图

二、转子绕组串接频敏变阻器启动控制线路

绕线型异步电动机转子绕组串接电阻器的启动方法，要想获得良好的启动特性，一般需要较多的启动级数，所用电气元件较多，且控制电路复杂，同时由于逐级切除电阻也会产生一定的机械冲击力。因此，在工矿企业中对于不频繁启动的设备，广泛采用频敏变阻器代替启动电阻器，来控制绕线型异步电动机的启动。基于时间继电器的三相绕线型异步电动机串接频敏变阻器启动电气控制图如图 3-50 所示。

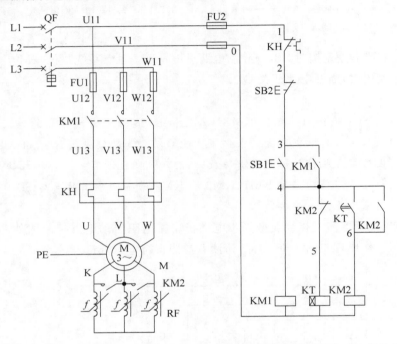

图 3-50 基于时间继电器的三相绕线型异步电动机串接频敏变阻器启动电气控制图

知识拓展

频敏变阻器简介

频敏变阻器是一种有独特结构的新型无触点元件。其外部结构与三相电抗器相似，即由三个铁芯柱和三个绕组组成，三个绕组接成星形，并通过滑环和电刷与绕线型电动机三相转子绕组相接。图 3-51 所示为频敏变阻器的实物图和图形、文字符号。

(a) 实物图   (b) 图形、文字符号

图 3-51 频敏变阻器实物图与图形、文字符号

　　频敏变阻器的阻抗会随电流频率的变化而产生明显变化,电流频率高时,阻抗值也高,电流频率低时,阻抗值也低。频敏变阻器的这一频率特性非常适合于控制异步电动机的启动过程。在电动机启动时,将频敏变阻器 RF 串接在转子绕组中,由于频敏变阻器阻抗值随转子电流频率的减小而减小,从而可达到自动变阻的目的。因此,只需用一级频敏变阻器即可平稳地实现电动机启动功能。启动完毕后,频敏变阻器应短接切除。

　　1) 电气元件主要作用

　　图 3-50 中,RF 为频敏变阻器,其他电气元件主要作用与图 3-48 类似,请读者参照自行进行分析。

　　2) 工作原理

　　图 3-50 所示的电气控制图工作原理如下:

　　(1) 先合上电源开关 QS。

　　(2) 启动:

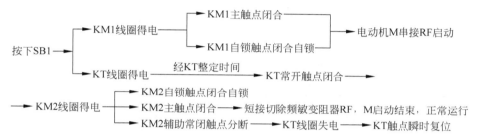

　　(3) 停止:按下停止按钮 SB2→控制电路失电→KM1 或 KM2、KT 触点系统复位→M 失电停转。

　　(4) 停止使用时,断开电源开关 QF。

　　图 3-50 所示的三相绕线型异步电动机串接频敏变阻器启动电气控制图具有启动电流小、启动转矩大、启动特性好、使用寿命长、维护方便等特点,且可根据电动机功率进行频敏变阻器串、并联连接。

技能训练 3-9　绕线型异步电动机转子绕组串接频敏变阻器启动控制线路安装与调试

[训练材料]

1. 工具与仪表选用

工具与仪表选用见表 3-33。

表 3-33　工具与仪表选用

工具	电工钳、尖嘴钳、斜口钳、剥线钳、电工刀、螺钉旋具、验电笔
仪表	万用表、钳形电流表、兆欧表

2. 材料选用

根据图 3-50 所示电气控制图选用元件、材料,见表 3-34。

表 3-34 元件、材料明细表

代　号	名　　称	型　号	规　格	数量
M	绕线型异步电动机	YZR-132MA-6	2.2kW、6A/11.2A、908r/min	1
QF	低压断路器	DZ47LEⅡ-50/3N	三极、400V、25A	1
FU1	熔断器	RT18-32/15	500V、32A、熔体额定电流 15A	3
FU2	熔断器	RT18-32/2	500V、32A、熔体额定电流 2A	2
KM1、KM2	交流接触器	CJT1-20	20A、线圈电压 380V	2
KH	热继电器	JRS1-09314	三极、10A、整定电流 8.8A	1
SB	按钮	LA4-3H	按钮数 3	1
KT	时间继电器	JS20	工作电压 380V	1
RF	频敏变阻器	BP1-004/10003		1
XT	端子板	JX2-2020	20A、20 节、380V	1
	走线槽		18mm×25mm	若干
	主电路塑铜线	BVR 或 BV	1.5mm²（黑色）	若干
	控制线路塑铜线	BVR 或 BV	1mm²（红色）	若干
	按钮塑铜线	BVR	0.75mm²（红色）	若干
	接地塑铜线	BVR	1.5mm²（黄绿双色）	若干
	紧固件和编码套管			若干

[训练内容与步骤]

（1）安装元件。按图 3-50 所示电气控制图设计电气元件布置图，并按照布置图在控制板上安装电气元件，并贴上醒目的文字符号。

（2）布线。按图 3-50 所示电气控制图设计电气安装接线图，按照电气安装接线图进行板前线槽布线，并在导线端部套编码套管和冷压接线头。

（3）检查布线。根据图 3-50 所示电气控制图检查控制板布线的正确性。

（4）安装电动机。先连接电动机和按钮金属外壳的保护接地线，然后连接电源、电动机等控制板外部的导线。

（5）自检。

（6）交验。

（7）通电试车。

（8）检修训练。由指导教师在控制板上人为设置电气故障两处。自编检修流程图，经指导教师审查合格后开始检修。检修注意事项如下：

• 检修前，要先掌握电气控制图中各个环节的作用和原理。

• 在检修过程中，严禁扩大和产生新的故障，否则要立即停止检修。

• 检修思路和方法要正确。

注意

（1）频敏变阻器要安装在箱体内，若置于箱体外时，必须采取遮护或隔离措施，以防止发生触电事故。

（2）调整频敏变阻器的匝数和气隙时，必须先切断电源，并按以下方法进行调整。

- 启动电流过大、启动太快时，应换接抽头，使匝数增加，直至使用全部匝数。匝数增加将使启动电流减小，启动转矩也同时减小。
- 启动电流过小、启动转矩太小、启动太慢时，应换接触点，使匝数减少。可使用 80% 或更少的匝数。匝数减少将使启动电流增大，启动转矩也同时增大。
- 如果刚启动时，启动转矩偏大，有机械冲击现象，而启动完毕后，稳定转速又偏低，这时可在上下铁芯间增加气隙。可拧开变阻器两面上的四个拉紧螺栓的螺母，在上、下铁芯之间增加非磁性垫片。增加气隙将使启动电流略微增加，启动转矩稍有减少，但启动完毕时转矩稍有增加，使稳定转速得以提高。

［评分标准］

评分标准见附录 A。

思考与练习

1. 绕线型异步电动机由哪些主要特点？适用于什么场合？

2. 题图 3-9 所示为绕线型异步电动机转子串接电阻启动电气控制图的主电路，试补画出基于时间继电器自动控制的控制线路，并叙述其工作原理。

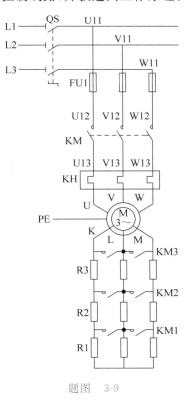

题图　3-9

3. 图 3-48 中时间继电器可否用电流继电器代替？若能，请画出电气控制图，并叙述其工作原理。

课题十 直流电动机基本控制线路

直流电动机具有启动转矩大、调速范围广、调速精度高、能够实现无极平滑调速以及可以频繁启动等一系列优点,对需要在大范围内实现无级平滑调速或需要大启动转矩的生产机械,常用直流电动机来拖动。如高精度金属切削机床、轧钢机、造纸机、龙门刨床、电气机车等生产机械都采用直流电动机拖动。

直流电动机按励磁方式划分为他励、并励、串励和复励 4 种。由于并励直流电动机在实际生产中应用较广泛,且在运行性能和控制线路上与他励直流电动机接近,所以本课题主要针对并励直流电动机的启动、正反转以及制动进行研究。

一、直流电动机启动控制线路

直流电动机由于电枢绕组阻值较小,直接启动会产生很大的冲击电流,一般可达额定电流的 10～20 倍,故不能采用直接启动。实际应用时,常在电枢绕组中串接电阻启动,待电动机转速达到一定值时,再切除串接电阻全压运行。并励直流电动机电枢绕组串接电阻启动电气控制图如图 3-52 所示。

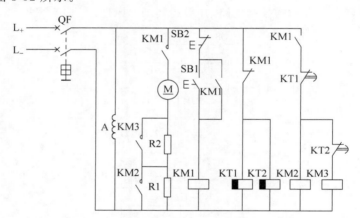

图 3-52 并励直流电动机电枢绕组串接电阻启动电气控制图(一)

1. 电气元件主要作用

图 3-52 中电气元件主要作用见表 3-35。

表 3-35 电气元件主要作用

符 号	元件名称	作 用	符 号	元件名称	作 用
QF	低压断路器	电源开关	KT1、KT2	时间继电器	二级降压启动时间控制
R1、R2	电阻器	二级降压启动	SB1	按钮	启动按钮
KM1	接触器	电动机运行控制	SB2	按钮	停止按钮
KM2、KM3	接触器	二级降压启动控制			

说明:时间继电器 KT1、KT2 用以设置电阻 R1、R2 在并励直流电动机启动时串接在电枢绕组中的时间,且时间继电器 KT1 的时间常数比时间继电器 KT2 的时间常数设置得要小。

2. 工作原理

图 3-52 所示电气控制图工作原理如下。

（1）先合上电源开关 QF。

（2）启动：

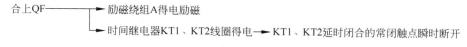

（3）停止：按下停止按钮 SB2→KM1 线圈失电→KM1、KM2、KM3 触点系统复位→M 失电停转。

（4）停止使用时，断开电源开关 QF。

并励直流电动机电枢绕组串接电阻启动更加完善的电气控制图如图 3-53 所示。其中 KA1 为欠电流继电器，作为励磁绕组的失磁保护，以免励磁绕组因断线或接触不良引起"飞车"事故；KA2 为过电流继电器，对电动机进行过载和短路保护；电阻 R 为电动机停转时励磁绕组的放电电阻；VD 为续流二极管，使励磁绕组正常工作时电阻 R 上没有电流流入。电气控制图工作原理请读者参照图 3-52 自行分析。

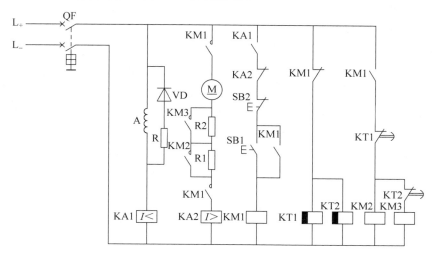

图 3-53 并励直流电动机电枢回路绕组串接电阻启动电气控制图（二）

二、直流电动机正反转控制线路

直流电动机正反转控制主要依靠改变通入直流电动机电枢绕组或励磁绕组电源的方向来

改变直流电动机的旋转方向。因此,改变直流电动机转向的方法有电枢绕组反接法和励磁绕组反接法两种。而在实际应用中,并励直流电动机的反转常采用电枢绕组反接法来实现。这是因为并励直流电动机励磁绕组的匝数多,电感大,当从电源上断开励磁绕组时,会产生较大的自感电动势,不但会在开关的刀刃上或接触器的主触点上产生电弧烧坏触点,而且也容易把励磁绕组的绝缘击穿。同时励磁绕组在断开时,由于失磁造成很大电枢电流,易引起"飞车"事故。

并励直流电动机正反转电气控制图如图 3-54 所示。

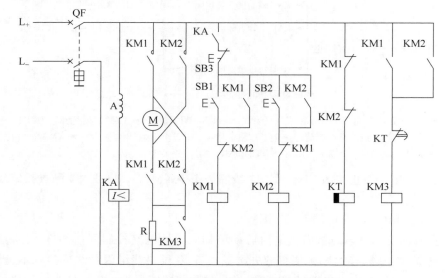

图 3-54　并励直流电动机正反转电气控制图

1. 电气元件主要作用

图 3-54 中电气元件主要作用见表 3-36。

表 3-36　电气元件主要作用

符号	元件名称	作　用	符号	元件名称	作　用
QF	低压断路器	电源开关	KA	欠电流继电器	失磁保护
R	电阻器	降压启动	KT	时间继电器	降压启动时间控制
KM1	接触器	电动机正转运行控制	SB1	按钮	正转启动按钮
KM2	接触器	电动机反转运行控制	SB2	按钮	反转启动按钮
KM3	接触器	降压启动控制	SB3	按钮	停止按钮

2. 工作原理

图 3-54 所示电气控制图工作原理如下。

(1) 先合上电源开关 QF。

(2) 启动:

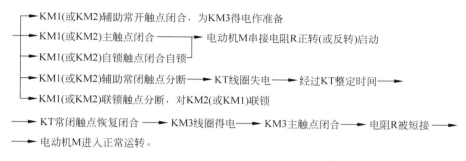

$\longrightarrow$ 接触器KM3处于失电状态 $\longrightarrow$ 电动机M串接电阻R启动

然后按下正转启动按钮SB1(或反转启动按钮SB2) $\longrightarrow$ 接触器KM1(或KM2)线圈得电 $\longrightarrow$

$\longrightarrow$ KM1(或KM2)辅助常开触点闭合，为KM3得电作准备

$\longrightarrow$ KM1(或KM2)主触点闭合 $\longrightarrow$ 电动机M串接电阻R正转(或反转)启动

$\longrightarrow$ KM1(或KM2)自锁触点闭合自锁

$\longrightarrow$ KM1(或KM2)辅助常闭触点分断 $\longrightarrow$ KT线圈失电 $\longrightarrow$ 经过KT整定时间 $\longrightarrow$

$\longrightarrow$ KM1(或KM2)联锁触点分断，对KM2(或KM1)联锁

$\longrightarrow$ KT常闭触点恢复闭合 $\longrightarrow$ KM3线圈得电 $\longrightarrow$ KM3主触点闭合 $\longrightarrow$ 电阻R被短接 $\longrightarrow$

$\longrightarrow$ 电动机M进入正常运转。

（3）停止：按下停止按钮 SB3→KM1 或 KM2 线圈失电→KM1、KM2、KM3 触点系统复位→M 失电停转。

（4）停止使用时，断开电源开关 QF。

注意

并励直流电动机从一种转向变为另一种转向时，必须先按下停止按钮 SB3，使电动机停转后，再按相应的启动按钮。

三、直流电动机制动控制线路

直流电动机的制动与三相异步电动机相似，制动方法也有机械制动和电力制动两大类。由于电力制动具有制动力矩大、操作简单、无噪声等优点，所以在直流电力拖动中应用较广。电力制动常用的有能耗制动、反接制动和再生发电制动三种。

1. 直流电动机能耗制动控制线路

能耗制动是指维持直流电动机的励磁电源不变，切断正在运转的电动机电枢绕组电源，再接入一个外加制动电阻组成回路，将机械动能变为热能消耗在电枢和制动电阻上，迫使电动机迅速停转的制动方法。

并励直流电动机单向启动能耗制动电气控制图如图 3-55 所示。该电气控制方式具有制动力矩大、操作方便、无噪声等特点，在直流电力拖动中应用较广。

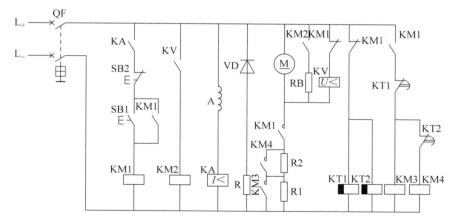

图 3-55　并励直流电动机单向启动能耗制动电气控制图

1）电气元件主要作用

图 3-55 中电气元件主要作用见表 3-37。

表 3-37　电气元件主要作用

符　　号	元件名称	作　　用	符　　号	元件名称	作　　用
QF	低压断路器	电源开关	KA	欠电流继电器	失磁保护
R1、R2	电阻器	二级降压启动	KV	欠电压继电器	电动机制动控制
KM1	接触器	电动机运行控制	KT1、KT2	时间继电器	二级降压启动时间控制
KM2	接触器	电动机制动控制	RB	电阻器	制动电阻
KM3、KM4	接触器	二级降压启动控制	SB1	按钮	启动按钮
VD	二极管	续流二极管	SB2	按钮	停止按钮
R	电阻器	励磁绕组放电电阻			

说明：（1）时间继电器 KT1、KT2 用以设置电阻 R1、R2 在并励直流电动机启动时串接在电枢绕组中的时间，且时间继电器 KT1 的时间常数比时间继电器 KT2 的时间常数设置得要小。

（2）制动电阻 RB 的值，可按下式估算：

$$RB = \frac{E_a}{I_N} - R_a \approx \frac{U_N}{I_N} - R_a$$

式中，U_N——电动机额定电压，V；

I_N——电动机额定电流，A；

R_a——电动机电枢绕组电阻，Ω。

2）工作原理

图 3-55 所示电气控制图工作原理如下：

（1）启动：合上电源开关 QF，按下启动按钮 SB1，电动机 M 接通电源串接电阻二级启动运转。其详细控制过程读者可参照前面讲述的并励直流电动机电枢绕组串接电阻二级启动自行分析。

（2）能耗制动：

（3）停止使用时，断开电源开关 QF。

2. 直流电动机反接制动控制线路

反接制动是利用改变电枢两端电压极性或改变励磁电流的方向，来改变电磁转矩方向，形成制动力矩，迫使直流电动机迅速停转的制动方法。并励直流电动机的反接制动是把正在运行的电动机的电枢绕组反接来实现的。并励直流电动机双向启动反接制动电气控制图如图 3-56 所示。

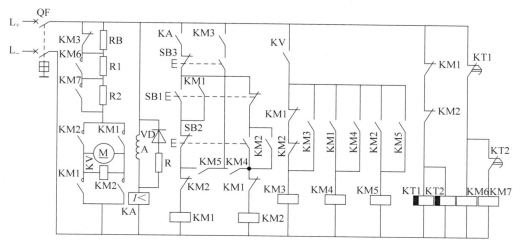

图 3-56　并励直流电动机双向启动反接制动电气控制图

1）电气元件主要作用

图 3-56 中 KV 是电压继电器；KA 是欠电流继电器；R1 和 R2 是二级启动电阻；RB 是制动电阻；R 是励磁绕组的放电电阻。其他电气元件主要作用与图 3-55 所示并励直流电动机单向起动能耗制动电气控制图相似，读者可参照自行分析。

2）工作原理

图 3-56 所示电气控制图工作原理如下。

（1）先合上电源开关 QF。

（2）正向启动。

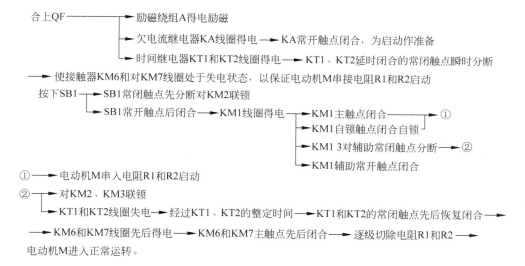

电动机 M 进入正常运转。

在电动机刚启动时，由于电枢中的反电动势 E_a 为零，电压继电器 KV 不动作，接触器 KM3、KM4、KM5 均处于失电状态；随着电动机转速升高，反电动机 E_a 建立后，电压继电器 KV 得电工作，其常开触点闭合，接触器 KM4 得电，其辅助常开触点均闭合，为电动机反接制动做好了准备。

（3）反接制动：

按下SB3 ──→ SB3常闭触点先分断 ──→ KM1线圈先失电 ──→ KM1触点复位。此时电动机M仍作惯性运转，反电动势E_a仍较高，电压继电器KV仍保持得电

　　　　 ──→ SB3常开触点后闭合 ──→ KM2和KM3线圈得电 ──→ KM2和KM3的触点动作 ──→

──→ 电动机的电枢绕组串入制动电阻RB进行反接制动 ──→ 待转速接近于零时，反电动势E_a也接近于零 ──→

──→ 电压继电器KV断电释放 ──→ 接触器KM3、KM4和KM2也断电释放，反接制动完毕。

（4）停止使用时，断开电源开关 QF。

反向启动及反接制动的工作原理读者可自行分析。

3．再生发电制动

再生发电制动只适用于当电动机的转速大于空载转速 n_0 的场合。这时电枢产生的反电动势 E_a 大于电源电压 U，电枢电流改变了方向，电动机处于发电制动状态，不仅将拖动系统中的机械能转化为电能反馈回电网，而且产生制动力矩以限制电动机的转速。串励直流电动机若采用再生发电制动时，必须先将串励改为他励，以保证电动机的磁通不变（不随 I_a 而变化）。

技能训练 3-10　并励直流电动机正反转控制线路安装与调试

［训练材料］

1．工具与仪表选用

工具与仪表选用见表 3-38。

表 3-38　工具与仪表选用

工具	电工钳、尖嘴钳、斜口钳、剥线钳、电工刀、螺钉旋具、验电笔
仪表	万用表、钳形电流表、兆欧表、转速表

2．材料选用

根据图 3-54 所示电气控制图选用元件、材料，见表 3-39。

表 3-39　元件、材料明细表

代　号	名　　称	型　号	规　格	数量
M	直流电动机	Z200/20-220	200W、220V、1.1A、2000r/min	1
QF	直流断路器	DZ5-20/200	2 极、220V、20A、整定电流 1.1A	1
KM1～KM3	直流继电器	CZ0-40/20	2 常开 2 常闭、线圈功率 $P=22$W	3
KT	时间继电器	JS7-3A	线圈电压 220V、延时范围 0.4～60s	1
KA	欠电流继电器	JL14-ZQ	$I_N=1.5$A	1
SB1～SB3	按钮	LA19-11A	按钮数 3	1

续表

代　号	名　　称	型　号	规　格	数量
R	启动变阻器	BQ3		1
XT	端子板	JX2-2020	20A、20 节、220V	1
	走线槽		18mm×25mm	若干
	导线	BVR	1.5mm²（黑色）	若干
	按钮塑铜线	BVR	0.75mm²（红色）	若干
	接地塑铜线	BVR	1.5mm²（黄绿双色）	若干
	紧固件和编码套管			

[训练内容与步骤]

（1）安装元件。按图 3-54 所示电气控制图设计电气元件布置图，并按照布置图在控制板上安装电气元件，并贴上醒目的文字符号。

（2）布线。按图 3-54 所示电气控制图设计电气安装接线图，按照电气安装接线图进行板前线槽布线，并在导线端部套编码套管和冷压接线头。

（3）检查布线。根据图 3-54 所示电气控制图检查控制板布线的正确性。

（4）安装电动机。先连接电动机和按钮金属外壳的保护接地线，然后连接电源、电动机等控制板外部的导线。

（5）自检。

（6）交验。

（7）通电试车。具体操作如下：

- 将启动变阻器 R 的阻值调到最大值，合上电源开关 QF，按下正转启动按钮 SB1，用钳形电流表测量电枢绕组和励磁绕组的电流，观察其大小的变化；同时观察并记下电动机的转向，待转速稳定后，用转速表测其转速。然后按下停止按钮 SB3 停车，并记下无制动停车所用的时间。

- 按下反转启动按钮 SB2，用钳形电流表测量电枢绕组和励磁绕组的电流，观察其大小的变化；同时观察并记下电动机的转向，与正转启动比较是否两者方向相反。如果二者方向相同应切断电源并检查接触器 KM1、KM2 主触点的接线正确与否，改正后重新通电试车。

（8）检修训练。由指导教师在控制板上人为设置电气故障两处。自编检修流程图，经指导教师审查合格后开始检修。检修注意事项如下：

- 检修前，要先掌握电气控制图中各个环节的作用和原理。
- 在检修过程中，严禁扩大和产生新的故障，否则要立即停止检修。
- 检修思路和方法要正确。

[评分标准]

评分标准见附录 A。

思考与练习

1. 直流电动机常用的启动方式有哪两种？并励直流电动机常采用哪种方式启动？

2. 直流电动机在启动和运行时，为什么不能将励磁绕组断开？

3. 直流电动机中"飞车"是什么意思？怎样防止"飞车"事故的发生？

4. 并励直流电动机反转常采用哪种方法？为什么？

5. 直流电动机的电力制动方法有哪些？如何实现能耗制动和反接制动？

6. 请查找文献资料，绘制出串励直流电动机启动、正反转以及制动控制典型电气控制图，并叙述其工作原理。

第四单元

UNIT 4

常用生产机械电气控制线路

知识目标

1. 了解典型生产机械主要结构和运动形式；
2. 了解典型生产机械电气原理图的识读方法；
3. 掌握典型生产机械电气原理图工作原理。

能力目标

1. 能熟练操作车床、磨床、铣床、钻床等典型生产机械；
2. 能检修、维护与保养典型生产机械电气控制线路。

课题一 CA6140 和 C650 型普通车床电气控制线路

普通车床是应用极为广泛的金属切削机床，主要用于车削外圆、内圆、端面螺纹和定型表面，并可通过尾架进行钻孔、铰孔和攻螺纹等切削加工。不同型号普通车床的主电动机工作要求不同，因而由不同的控制线路构成。主要类型有卧式车床、立式车床、精密高速车床等。本课题选取具有代表性的 CA6140、C650 型普通车床电气控制线路进行研究。

一、CA6140 型卧式车床电气控制线路

1. CA6140 型卧式车床主要结构及型号含义

CA6140 型卧式车床是我国自行设计制造的普通车床，主要由床身、主轴箱、进给箱、溜板箱、刀架、丝杠和尾架等几部分组成，如图 4-1 所示。

该车床型号的含义：

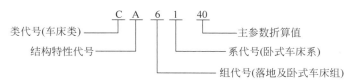

2. CA6140 型卧式车床主要运动形式与控制要求

CA6140 型卧式车床的主要运动形式及控制要求见表 4-1。

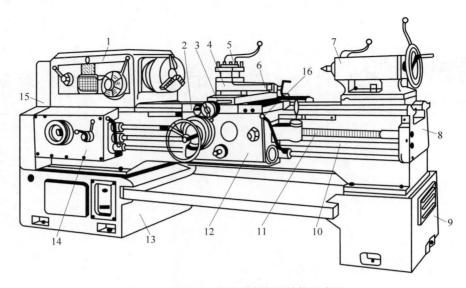

图 4-1 CA6140 型卧式车床的结构示意图

1—主轴箱 2—纵溜板 3—横溜板 4—转盘 5—方刀架 6—小溜板

7—尾架 8—床身 9—右床座 10—光杠 11—丝杠 12—溜板箱

13—左床座 14—进给箱 15—挂轮箱 16—操纵手柄

表 4-1 CA6140 型卧式车床的主要运动形式及控制要求

运动种类	运动形式	控制要求
主运动	主轴通过卡盘或顶尖带动工件的旋转运动	① 主轴电动机选用三相笼型异步电动机,不进行电气调速,主轴采用齿轮箱进行机械有级调速 ② 车削螺纹时要求主轴能正反转,一般由机械方法实现,主轴电动机只作单向旋转 ③ 主轴电动机的容量不大,可采用直接启动
进给运动	刀架带动刀具的直线运动	由主轴电动机拖动,主轴电动机的动力通过挂轮箱传递给进给箱来实现刀具的纵向和横向进给。加工螺纹时,要求刀具的移动和主轴的转动有固定的比例关系
辅助运动	刀架的快速移动	由刀架快速移动电动机拖动,该电动机可直接启动,不需要正反转和调速控制
	尾架的纵向运动	由手动操作控制
	工件的夹紧与放松	由手动操作控制
	加工过程的冷却	冷却泵电动机和主轴电动机要实现顺序控制,冷却泵电动机也不需要正反转和调速控制

3. 绘制和识读机床电气原理图的基本知识

CA6140 型卧式车床电气原理图如图 4-2 所示。

由图 4-2 可见,一般机床电气原理图所包含的电气元件和电气设备较多。因此,为便于绘制和识读机床电气原理图,除第三单元课题一所介绍的绘制和识读电气原理图的一般原则之外,还应明确以下几点:

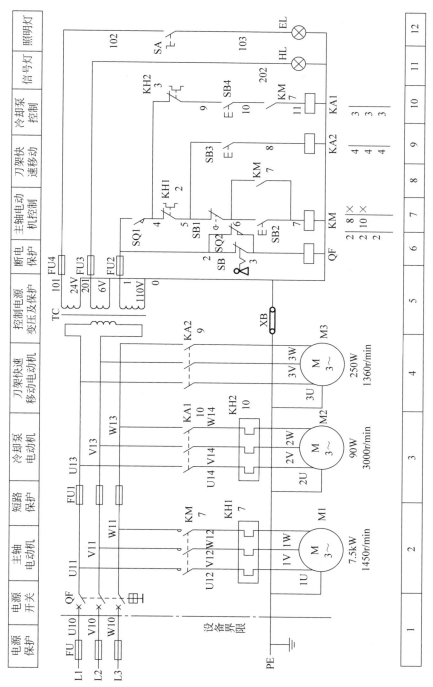

图 4-2　CA6140 型卧式车床电气原理图

（1）电气原理图按电路功能分为若干单元，并用文字将其功能标注在电路图上部的功能文字说明框内。例如，图 4-2 中按功能分为电源保护、电源开关、主轴电动机、短路保护等 13 个单元。

（2）在电路图下部（或上部）划分若干图区，并从左至右依次用阿拉伯数字编号标注在图区栏内。通常是一条回路或一条支路划分一个图区。例如，图 4-2 中根据电路回路或支路数，共划分了 12 个图区。

（3）电路图中触点文字符号下面用数字表示该电器线圈所处的图区号。例如，图 4-2 中，在图区 3 中有"KA1"，表示中间继电器 KA1 的线圈在图区 10 中。
$_{10}$

（4）电路图中，在每个接触器、继电器线圈下方绘制触点分布表。接触器触点分布表画出两条竖直线，分为左、中、右 3 栏；继电器触点分布表画出一条竖直线，分为左、右 2 栏。把受其线圈控制而动作的触点所处的图区号填入相应的栏内，对备而未用的触点，在相应的栏内用记号"×"或不标注任何符号。接触器、继电器的标记见表 4-2 和表 4-3。

表 4-2　接触器触点在电路图中位置的标记

栏　　目	左　　栏	中　　栏	右　　栏
触点类型	主触点	辅助常开触点	辅助常闭触点
举例 KM 2 | 8 | × 2 | 10 | × 2 | |	表示 3 对主触点均在图区 2	表示 1 对辅助常开触点在图区 8，另一对辅助常开触点在图区 10	表示 2 对辅助常闭触点未用（备而未用）

表 4-3　继电器触点在电路图中位置的标记

栏　　目	左　　栏	右　　栏
触点类型	常开触点	常闭触点
举例 KA1 3 3 3	表示 3 对常开触点均在图区 3	表示 3 对常闭触点未用（备而未用）

4．CA6140 型卧式车床电气原理图识读

1）图区划分、电气元件作用分析

图 4-2 中，主轴电动机 M1、冷却泵电动机 M2、刀架快速移动电动机 M3 对应的主电路图区、控制电路图区以及控制电气元件见表 4-4。电气元件主要作用见表 4-5。

表 4-4　M1、M2、M3 对应图区以及控制电气元件一览表

名称及代号	主电路图区	控制电路图区	控制电气元件	控制要求
主轴电动机 M1	2	7、8	KM	单向连续运转控制
冷却泵电动机 M2	3	10	KA1	单向连续运转控制
刀架快速移动电动机 M3	4	9	KA2	点动控制

表 4-5　电气元件主要作用

符　号	元件名称	作　用	符　号	元件名称	作　用
QF	低压断路器	电源开关	SB	钥匙开关	机床启动控制
FU、FU1～FU4	熔断器	短路保护	SB1	按钮	M1 停止按钮
KH1、KH2	热继电器	过载保护	SB2	按钮	M1 启动按钮
KM	接触器	M1 运行控制	SB3	按钮	M3 点动按钮
KA1	中间继电器	M2 运行控制	SB4	旋钮开关	M2 启/停控制
KA2	中间继电器	M3 运行控制	SA	转换开关	照明灯开关
TC	控制变压器	控制线路电源	HL	信号灯	电源指示
SQ1	行程开关	皮带罩限位开关	EL	照明灯	照明
SQ2	行程开关	配电壁龛门限位开关	XB	连接片	/

　　说明：机床启动前，关闭床头皮带罩和配电壁龛门，SQ1、SQ2 分别处于闭合、断开状态；机床正常工作时，打开床头皮带罩和配电壁龛门，SQ1、SQ2 分别处于断开、闭合状态，SQ1 断开使控制线路自动失电，SQ2 闭合使低压断路器 QF 自动断开，从而实现自动保护功能。

　　2）工作原理

　　（1）关闭床头皮带罩和配电壁龛门，将钥匙开关 SB 顺时针旋转，再扳动低压断路器 QF 将三相电源引入。

　　（2）主轴电动机 M1 控制。主轴电动机 M1 电气原理图由主电路第 2 区和控制电路第 7、8 区组合而成，属于单向连续运转单元电路结构。主轴电动机 M1 工作原理如下：

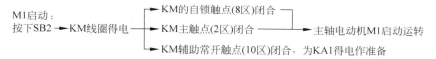

```
M1启动：
按下SB2 → KM线圈得电 →┬→ KM的自锁触点(8区)闭合 → 主轴电动机M1启动运转
                      ├→ KM主触点(2区)闭合 →
                      └→ KM辅助常开触点(10区)闭合，为KA1得电作准备
```

```
M1停止：
按下SB1 → KM线圈失电 → KM触点复位断开 → M1失电停转
```

　　（3）冷却泵电动机 M2 控制。冷却泵电动机 M2 电气原理图由主电路第 3 区和控制电路第 10 区组合而成，属于单向连续运转单元电路结构，且 M2 工作状态受主轴电动机 M1 控制接触器 KM（处于 10 号线与 11 号线之间）的辅助常开触点控制，只有当 KM 辅助常开触点闭合时，冷却泵电动机 M2 才可能得电工作，即实现 M1、M2 两者间的顺序控制。冷却泵电动机 M2 工作原理如下：

```
启动：
KM辅助常开触点闭合 ┐→ KA1线圈得电 → KA1常开触点闭合 → M2得电启动运转
将SB4扳至"接通"位置 ┘
停止：
将SB4扳至"断开"位置 → KA1线圈失电 → KA1常开触点分断 → M2失电停止工作
```

　　（4）刀架快速移动电动机 M3 控制。刀架快速移动电动机 M3 电气原理图由主电路第 4 区和控制电路第 9 区组合而成，属于点动控制单元电路结构。刀架快速移动电动机 M3 工作原理如下：

```
启动：
按下SB3 → KA2线圈得电 → KA2常开触点闭合 → M3得电启动运转
停止：
松开SB3 → KA2线圈失电 → KA2常开触点分断 → M3失电停止工作
```

（5）照明、信号电路。照明、信号电路由 11 区、12 区对应电气元件组成。控制变压器 TC 的二次侧分别输出 24V 和 6V 交流电压作为车床低压照明灯和信号灯的电源。EL 为车床低压照明灯，其工作状态由控制开关 SA 控制；HL 为电源信号灯；熔断器 FU4、FU3 分别实现照明、信号电路短路保护功能。

（6）停止使用时，断开电源开关 QF。

CA6140 型卧式车床的电气元件明细表见表 4-6。

表 4-6 元件、材料明细表

代 号	名 称	型 号	规 格	数量
M1	主轴电动机	Y132M-4-B3	7.5kW、1450r/min	1
M2	冷却泵电动机	AOB-25	90W、3000r/min	1
M3	快速移动电动机	AOS5634	250W、1360r/min	1
KH1	热继电器	JR36-20/3	整定电流 15.4A	1
KH2	热继电器	JR36-20/3	整定电流 0.32A	1
KM	交流接触器	CJ10-20	线圈电压 110V	1
KA1、KA2	中间继电器	JZ7-44	线圈电压 110V	2
SB1	按钮	LAY3-01ZS/1		1
SB2	按钮	LAY3-10/3.11		1
SB3	按钮	LA9		1
SB4	旋钮开关	LAY3-10X/20		1
SB	钥匙开关	LAY3-01Y/2		1
SQ1、SQ2	行程开关	JWM6-11		2
FU1	熔断器	BZ001	熔体 6A	3
FU2	熔断器	BZ001	熔体 1A	1
FU3	熔断器	BZ001	熔体 1A	1
FU4	熔断器	BZ001	熔体 2A	1
HL	信号灯	ZSD-0	6V	1
EL	照明灯	JC11	24V	1
QF	低压断路器	AM2-40	20A	1
TC	控制变压器	JBK2-100	380V/110V/24V/6V	1

想一想

（1）冷却泵电动机 M2 和刀架快速移动电动机 M3 为什么用中间继电器控制而不用接触器控制？

（2）刀架快速移动电动机 M3 为什么不设置过载保护环节？

知识拓展

CW6163B 型卧式车床电气控制线路赏析

CW6163B 型卧式车床电气原理图如图 4-3 所示，主要承担车削内外圆柱面、圆锥面及其他旋转体零件等工作，也可加工各种常用的公制、英制、模数和径节螺纹，并能拉削油沟和键槽。该型车床具有传动刚度较高、精度稳定、能进行强力切削、外形整齐美观、易于擦拭和维护等特点。

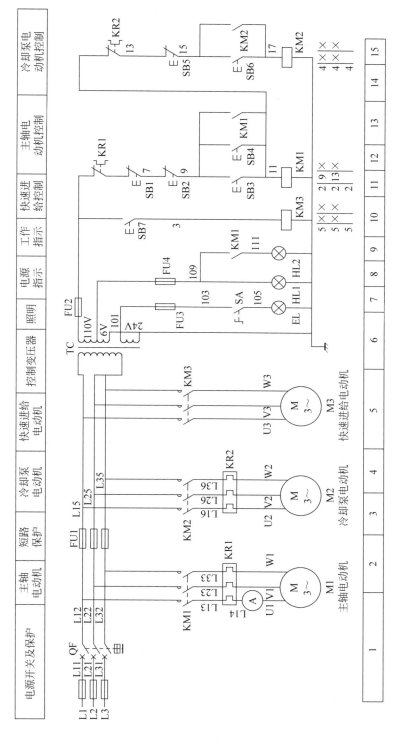

图 4-3　CW6163B 型卧式车床电气原理图

识图要点

（1）CW6163B 型卧式车床由主轴电动机 M1、冷却泵电动机 M2、快速进给电动机 M3 驱动相应机械部件实现工件车削加工。其主电路由 1 区～5 区组成，控制电路由 6 区～15 区组成。

（2）主轴电动机 M1、冷却泵电动机 M2 属于单向连续运转单元电路结构，快速进给电动机 M3 属于点动控制单元电路结构。

（3）控制电路 13 区中，接触器 KM1 自锁触点控制接触器 KM2 线圈电源通断，只有当接触器 KM1 得电吸合，主轴电动机 M1 启动运转后，接触器 KM2 线圈才能通电吸合，即 M1、M2 属于典型的顺序控制。

二、C650 型卧式车床电气控制线路

1. C650 型卧式车床主要结构及型号含义

C650 型卧式车床属于中型机床，它的主动力采用 30kW 的电动机进行拖动，所以主拖动电动机功率强劲，加工零件回转半径达 1020mm，工件长度可达 3000mm。其结构如图 4-4 所示，主要由床身、主轴变速箱、进给箱、溜板箱、刀架、尾架、丝杆和光杆等部分组成。

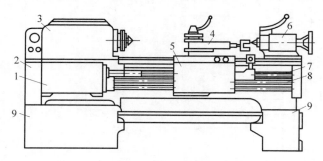

图 4-4　C650 型卧式车床的结构示意图

1—进给箱　2—挂轮箱　3—主轴变速箱　4—溜板与刀架
5—溜板箱　6—尾架　7—丝杆　8—光杆　9—床身

该车床的型号含义：

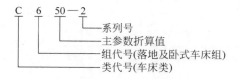

2. C650 型卧式车床主要运动形式与控制要求

1）C650 型卧式车床主要运动形式

C650 型卧式车床的主运动为工件的旋转运动，它由主轴通过卡盘带动工件旋转。车削工件时，应根据工件材料、刀具、工件加工工艺要求等来选择不同的切削速度，所以主轴要求有变速功能。普通车床一般采用机械变速。车削加工时，一般不要求反转，但在加工螺纹时，为避免乱扣，要求反转退刀，再以正向进刀继续进行加工，所以要求主轴能够实现正反转。

C650 型卧式车床的进给运动是溜板带动刀具(架)的横向或纵向的直线运动。其运动方式有手动和机动两种。加工螺纹时,要求工件的切削速度与刀架横向进给速度之间有严格的比例关系。所以,车床的主运动与进给运动由一台电动机拖动并通过各自的变速箱来改变主轴转速与进给速度。

为提高生产效率,减轻劳动强度,C650 车床的溜板还能快速移动,这种运动形式称为辅助运动。

2) C650 型卧式车床控制要求

根据 C650 车床的运动情况及加工需要,共采用三台三相笼型异步电动机拖动,即主轴与进给电动机 M1、冷却泵电动机 M2 和溜板箱快速移动电动机 M3。从车削加工工艺出发,对各台电动机的控制要求如下:

(1) 主轴与进给电动机(简称主电动机)M1。一般情况下,拥有中型车床的机械厂往往电力变压器容量较大,允许在空载情况下直接启动。主电动机要求实现正、反转,从而经主轴变速箱实现主轴正、反转,或通过挂轮箱传给溜板箱来拖动刀架,实现刀架的左、右横向移动。

为便于进行车削加工前的对刀,要求主轴拖动工件做调整点动,所以要求主电动机能实现单向运转的低速点动控制。

主电动机停车时,由于加工工件转动惯量较大,故需设置反接制动单元电路。

主电动机除具有短路保护和过载保护外,在主电路中还应设有电流监视环节。

(2) 冷却泵电动机 M2,功率为 0.15kW,用以在车削加工时供给冷却液,对工件与刀具进行冷却。采用直接启动,单向旋转,连续工作。具有短路保护与过载保护。

(3) 快速移动电动机 M3,功率为 2.2kW,只要求单向点动、短时运转,无须过载保护。

(4) 电路设有必要的联锁保护和安全可靠的照明电路。

3. C650 型卧式车床电气原理图的绘制与识读

C650 型卧式车床电电气原理图如图 4-5 所示。

由图 4-5 可见,C650 型卧式车床电气原理图所包含的电气元件和电气设备较多,要正确绘制和识读该电气原理图,需遵循第三单元及本单元课题一所讲述的一般原则,此处不再赘述。

4. C650 型卧式车床电气原理图识读

1) 图区划分、电气元件作用分析

图 4-5 中,主轴电动机 M1、冷却泵电动机 M2、快速移动电动机 M3 对应的主电路图区、控制电路图区以及控制电气元件见表 4-7。电气元件主要作用见表 4-8。

2) 工作原理

(1) 先合上电源开关 QS。

(2) 主轴电动机 M1 控制。主轴电动机 M1 电气原理图由主电路第 2、3 区和控制电路第 7～14 区组合而成,具有正、反转控制、点动控制和双向反接串电阻 R 制动等功能。主轴电动机 M1 工作原理如下:

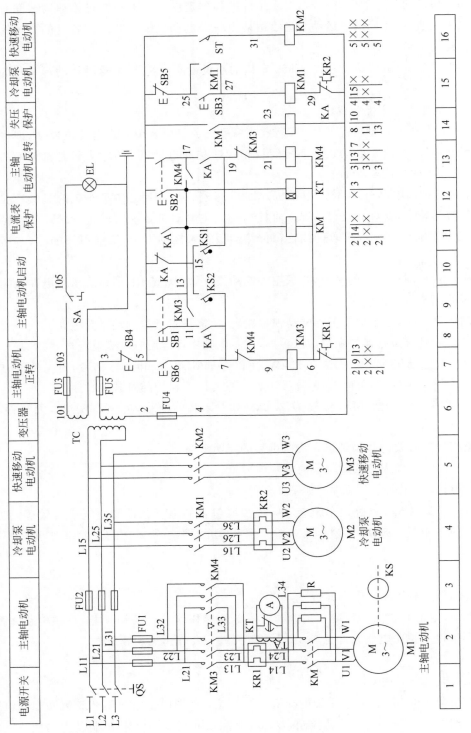

图 4-5 C650 型卧式车床电气原理图

表 4-7 M1、M2、M3 对应图区以及控制电气元件一览表

名称及代号	主电路图区	控制电路图区	控制电气元件	控制要求
主轴电动机 M1	2、3	7～14	KM、KM3、KM4	正反转控制、点动控制、双向反接串电阻制动
冷却泵电动机 M2	4	15	KM1	单向连续运转控制
快速移动电动机 M3	5	16	KM2	点动控制

表 4-8 电气元件主要作用

符号	元件名称	作用	符号	元件名称	作用
QS	组合开关	电源开关	KS	速度继电器	M1 制动控制
FU1～FU5	熔断器	短路保护	KA	中间继电器	拓展 KM 触点数量
KR1、KR2	热继电器	过载保护	ST	行程开关	M3 点动控制
KM	接触器	M1 全压运行控制	SB1	按钮	M1 正转启动按钮
KM1	接触器	M2 运行控制	SB2	按钮	M1 反转启动按钮
KM2	接触器	M3 运行控制	SB3	按钮	M2 启动按钮
KM3	接触器	M1 正转运行控制	SB4	按钮	机床总停止按钮/M1 制动按钮
KM4	接触器	M1 反转运行控制	SB5	按钮	M2 停止按钮
TA	电流互感器	检测电流	SB6	按钮	M1 点动按钮
KT	时间继电器	控制安培表接入时间	TC	控制变压器	降压
A	安培表	M1 工作电流监控	SA	转换开关	照明灯开关
R	电阻器	反接制动电阻	EL	照明灯	照明

正、反转控制。当需要主轴电动机 M1 正向运转时,按下其正转启动按钮 SB1,接触器 KM 和时间继电器 KT 得电闭合,接触器 KM 在 5 号线与 23 号线间的常开触点闭合,接通中间继电器 KA 线圈的电源,使中间继电器 KA 通电吸合。中间继电器 KA 在 11 号线与 7 号线间、5 号线与 13 号线间、17 号线与 19 号线间的常开触点闭合,在 5 号线与 15 号线间的常闭触点断开,使接触器 KM3 得电吸合并自锁。主轴电动机 M1 主电路中接触器 KM 和接触器 KM3 主触点先后闭合,主轴电动机 M1 正向启动运转。同时,时间继电器 KT 通电吸合,为 3 区中电流表 A 监视主轴电动机 M1 的工作运行电流做好了准备。值得注意的是,为了防止主轴电动机 M1 启动电流损坏电流表 A,时间继电器 KT 在 2 区中的通电延时断开触点在主轴电动机 M1 启动的过程中暂时不会断开,而是短接启动电流在电流互感器 TA 中产生的大电流,待主轴电动机 M1 启动完毕后,时间继电器 KT 通电延时断开触点才断开,电流表 A 开始对主轴电动机 M1 实行运行电流监视,这样有效地保护了电流表 A 不会受到损坏。在图 4-5 中,接触器 KM3 和接触器 KM4 各自在对方的线圈回路中串接了联锁触点,以达到各自联锁的目的。

当需要主轴电动机 M1 反向运转时,按下其反转启动按钮 SB2,接触器 KM 和时间继电器 KT 得电闭合,然后中间继电器 KA 线圈和接触器 KM4 线圈得电,主轴电动机 M1 反向启动运转。具体控制过程同正向启动相同,请读者自行分析。

点动控制。机床在运行中,有时需要调整工件的位置,需要主轴电动机 M1 作点动运行。当需要主轴电动机 M1 点动控制时,按下点动按钮 SB6,接触器 KM3 通电吸合,接触器

KM3 主触点闭合,接通主轴电动机 M1 的正转电源,此时主轴电动机 M1 串接电阻 R 减压启动。限流电阻 R 的串入,降低了主轴电动机 M1 由于频繁点动造成过大的启动电流,且主轴电动机 M1 能在较低的转速下启动运行,操作人员能较好地掌握调整工件的位置。

双向反接制动控制。当主轴电动机 M1 正向运行时,与主轴电动机 M1 同轴连接的速度继电器 KS 与其同步旋转。当主轴电动机 M1 正向运转速度达到 120r/min 时,速度继电器 KS 在 11 区中 15 号线与 19 号线间的常开触点 KS1 闭合,为主轴电动机 M1 正向运转停止时接通接触器 KM4 线圈的电源作反向运转做好了准备。当需要主轴电动机 M1 正向运转制动停止时,按下停止按钮 SB4,SB4 在 3 号线与 5 号线间的常闭触点断开,接触器 KM3、接触器 KM、中间继电器 KA 失电释放,它们的常开、常闭触点复位,主轴电动机 M1 失电但由于惯性的作用继续正向旋转,此时正向旋转速度依然很大(大于 120r/min,KS1 仍然闭合)。当松开停止按钮 SB4 时,SB4 在 3 号线与 5 号线间的常闭触点复位闭合,此时由于中间继电器 KA 在 5 号线与 15 号线间的常闭触点复位闭合,接触器 KM4 通电吸合。接触器 KM4 在 3 区的主触点闭合,反转电源经过串接限流电阻 R 进入主轴电动机 M1 绕组中,产生一个与正向旋转相反的旋转转矩,主轴电动机 M1 正向旋转速度急剧下降。当主轴电动机 M1 正向旋转速度下降至 100r/min 时,11 区速度继电器 KS 在 15 号线与 19 号线间正转反接制动触点 KS1 断开,切断接触器 KM4 线圈的电源,KM4 失电释放,主轴电动机 M1 完成制动停止,从而实现主轴电动机 M1 正向运行反接制动控制过程。

主轴电动机 M1 的反向运行反接制动的控制过程与主轴电动机 M1 的正向运转反接制动控制过程相同,请读者根据正向运转反接制动的控制过程自行分析。

(3)冷却泵电动机 M2 控制。冷却泵电动机 M2 电气原理图由主电路第 4 区和控制电路第 15 区组合而成,属于单向连续运转单元电路。冷却泵电动机 M2 工作原理如下:

当需要冷却泵电动机 M2 工作时,按下其启动按钮 SB3,接触器 KM1 通电吸合并自锁,接触器 KM1 主触点闭合接通冷却泵电动机 M2 工作电源,冷却泵电动机 M2 得电启动运转。如在冷却泵电动机 M2 运转过程中按下停止按钮 SB5,则接触器 KM1 失电释放,冷却泵电动机 M2 断电停转。

(4)快速移动电动机 M3 控制。快速移动电动机 M3 电气原理图由主电路第 5 区和控制电路第 16 区组合而成,属于点动控制单元电路。快速移动电动机 M3 工作原理如下:

当需要快速移动电动机 M3 运转时,转动机床上刀架手柄压下行程开关 ST,行程开关 ST 在 5 号线与 31 号线间常开触点闭合,接通接触器 KM2 线圈电源,接触器 KM2 通电吸合,其 5 区的主触点接通 M3 的电源,M3 启动运转。松开刀架手柄后,行程开关 ST 的常开触点复位断开,切断接触器 KM2 线圈电源,接触器 KM2 失电释放,M3 断电停转。

(5)照明电路识读。C650 型卧式车床照明电路由控制变压器 TC 二次侧(输出 24V 交流电压)、熔断器 FU3、单极转换开关 SA 和机床工作照明灯 EL 组成。实际应用时,FU3 为机床工作照明灯短路保护,SA 为机床工作照明灯控制开关。

(6)停止使用时,断开电源开关 QS。

知识拓展

电气设备的维护保养周期

对设置在电气柜(配电箱)内的电气元件,一般不需要经常进行开门监护,主要靠定期的维护保养来实现电气设备较长时间的安全、稳定地运行。维护保养周期应根据电气设备的构造、使用情况及环境条件等来确定。一般可配合生产机械的一、二级保养同时进行其电气设备的维护保养工作。保养的周期及内容见表 4-9。

表 4-9　电气设备的维护保养周期及内容

保养级别	保养周期	保养作业时间	电气设备保养内容
一级保养	一季度左右	6～12h	（1）清扫电气柜（配电箱）内的积灰和异物 （2）修复或更换即将损坏的电气元件 （3）整理内部接线，使之整齐美观。特别是在平时应急修理处，应尽量复原成正规状态 （4）紧固熔断器的可动部分，使之接触良好 （5）紧固接线端子和电气元件上的压线螺钉，使所有压接线头牢固可靠，以减小接触电阻 （6）对电动机进行小修和中修检查 （7）通电试车，使电气元件的动作程序正确、可靠
二级保养	一年左右	3～6d	（1）机床一级保养时，对机床电气设备所进行的各项维护保养工作 （2）检修动作频繁且电流较大的接触器、继电器触点 （3）检修有明显噪声的接触器和继电器 （4）校验热继电器，看其能否正常工作，校验结果应符合热继电器的动作特性 （5）校验时间继电器，看其延时时间是否符合要求

技能训练 4-1　CA6140 型卧式车床电气控制线路的检修

［工具与仪表］

1. 工具与仪表选用

工具与仪表选用见表 4-10。

表 4-10　工具与仪表选用

工具	电工钳、尖嘴钳、斜口钳、剥线钳、电工刀、螺钉旋具、验电笔
仪表	万用表、钳形电流表、兆欧表

2. 工业生产机械电气设备检修的一般要求和方法

1）工业生产机械电气设备检修的一般要求

（1）采取的检修步骤和方法必须正确、切实可行。

（2）不可损坏完好的电气元件。

（3）不可随意更换电气元件及连接导线的型号规格。

（4）不可擅自改动线路。

（5）损坏的电气装置应尽量修复使用，但不能降低其固有性能。

(6) 电气设备的各种保护性能必须满足使用要求。

(7) 绝缘电阻合格,通电试车能实现电路的各种功能,控制环节的动作程序符合要求。

(8) 修理后的电气装置必须满足其质量标准要求。电气装置的检修质量标准是:

• 外观整洁,无破损和碳化现象。

• 所有的触点均应完整、光洁、接触良好。

• 压力弹簧和反作用力弹簧应具有足够的弹力。

• 操纵、复位机构都必须灵活可靠。

• 各种衔铁运动灵活,无卡阻现象。

• 灭弧罩完整、清洁,安装牢固。

• 整定数值大小应符合电路使用要求。

• 指示装置能正常发出信号。

2) 电气故障检修的一般步骤和方法

(1) 检修前的故障调查。当电气设备发生故障后,切忌盲目动手检修。在检修前,应通过问、看、听、摸、闻来了解故障前后的操作情况和故障发生后出现的异常现象,根据故障现象判断出故障发生的部位,进而准确地排除故障。

(2) 确定故障范围。对简单的线路,可采取每个电气元件、每根连接导线逐一检查的方法找到故障点;对复杂的线路,应根据电气设备的工作原理和故障现象,采用逻辑分析法结合外观检查法、通电实验法等来确定故障可能发生的范围。

(3) 查找故障点。选择适合的检修方法查找故障点。常用的检修方法有:直观法、电压测量法、电阻测量法、短接法、试灯法、波形测试法、替换法等。查找故障必须在确定的故障范围内,顺着检修思路逐点检查,直到找出故障点。

(4) 排除故障。针对不同故障情况和部位采取正确的方法修复故障。对更换的新元件要注意尽量使用相同规格、型号,并进行性能检测,确认性能完好后方可替换。在故障排除中,还要注意避免损坏周围的元件、导线等,防止故障扩大。

(5) 通电试车。故障修复后,应重新通电试车,检查生产机械的各项技术指标是否符合技术要求。

注意

(1) 用短接法检测是用手拿着绝缘导线带电操作,所以一定要注意用电安全。

(2) 短接法一般只适用检查控制线路,不能在主电路中使用,且绝对不能短接负载或压降较大的电气元件,如电阻、线圈、绕组等,否则将发生短路故障。

(3) 对于生产机械的某些要害部位,必须保证电气设备或机械部件不会出现事故的情况下,才能使用短接法。

[训练内容与步骤]

(1) 在教师指导下对车床进行操作,熟悉车床的主要结构和运动形式,了解车床的各种工作状态和操作方法。

(2) 参照图 4-6、图 4-7 所示 CA6140 型卧式车床电气元件位置图和电气安装接线图,熟悉车床电气元件的实际位置和走线情况,并通过测量等方法找出实际走线路径。

(3) 学生观摩检修。在 CA6140 型卧式车床上人为设置自然故障点,由教师示范检修,

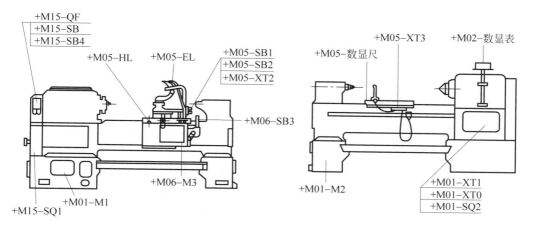

图 4-6　CA6140 型卧式车床电气元件位置图

边分析边检查,直至故障排除。故障点设置时应注意以下几点:

- 人为设置的故障必须是模拟车床在使用过程中出现的自然故障。
- 切忌通过更改线路或更换电气元件来设置故障。
- 设置的故障必须与学生应该具有的检修水平相适应。当设置一个以上故障点时,故障现象尽可能不要相互掩盖。
- 尽量设置不容易造成人身或设备事故的故障点。

教师示范检修时,应将下述检修步骤及要求贯穿其中,边操作边讲解:

- 通电实验,引导学生观察故障现象。
- 根据故障现象,依据电气原理图用逻辑分析法初步确定故障范围,并在电气原理图中标出最小故障范围。
- 采取适当的检查方法查出故障点,并正确地排除故障。
- 检修完毕进行通电试车,并做好维修记录。

（4）由教师设置让学生知道的故障点,指导学生如何从故障现象着手进行分析,逐步引导学生采用正确的检查步骤和检修方法进行检修。

（5）教师在线路中设置两处人为的自然故障点,由学生按照检查步骤和检修方法进行检修。

注意

（1）检修前要认真阅读分析电气原理图,熟练掌握各个控制环节的原理和作用,并认真观摩教师的示范检修。

（2）检修时,严禁扩大故障范围或产生新的故障点。

（3）停电要验电。带电检修时,必须有指导教师在现场监护,以确保用电安全。同时要做好训练记录。

[考核内容与要求]

（1）根据故障现象,在电气原理图上分析故障可能产生的原因,简单编写故障检修计划,确定故障发生的范围和故障点,排除故障后需进行试车。

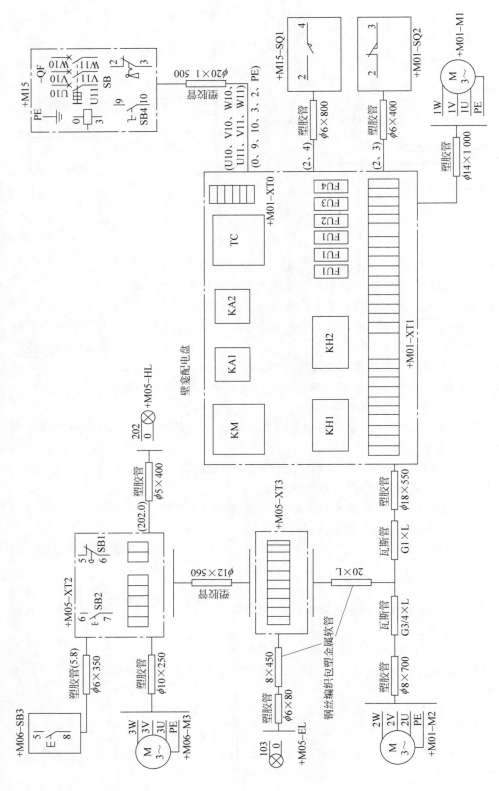

图 4-7 CA6140 型卧式车床电气安装接线图

（2）在考核过程中，学生须完成普通机床电气控制线路检修报告。普通机床电气控制线路检修报告见附录 B。

（3）考核过程中，注意"6S 管理"要求。

[评分标准]

评分标准见附录 C。

思考与练习

1. CA6140、C650 型卧式车床各有几台电动机？它们的作用分别是什么？

2. C650 型卧式车床中，为什么要设置主轴电动机 M1 工作电流监视装置？请叙述 M1 工作电流监视装置的工作原理。

3. CA6140 型卧式车床中，若主轴电动机 M1 只能点动，则可能的故障原因是什么？在此情况下，冷却泵电动机能否正常工作？

课题二 M7130 和 M1432 型普通磨床电气控制线路

磨床是采用磨具的周边或端面进行磨削加工的精密机床，主要用于加工工件淬硬表面。通常，磨床以磨具旋转为主运动，工件或磨具的移动为进给运动，具有应用广泛、加工精度高、表面粗糙度 R_a 值小等特点。磨床的主要类型有平面磨床、外圆磨床、内圆磨床、无心磨床、工具磨床等。本课题选取具有代表性的 M7130、M1432 型普通磨床电气控制线路进行研究。

一、M7130 型平面磨床电气控制线路

1. M7130 型平面磨床主要结构及型号含义

M7130 型平面磨床适用于采用砂轮的周边或端面磨削钢料、铸铁、有色金属等材料平面、沟槽，其工件可吸附于电磁工作台或直接固定在工作台上进行磨削，具有磨削精度及光洁度高、操作方便等特点。

M7130 型平面磨床是卧轴矩形工作台式，主要由床身、工作台、电磁吸盘、砂轮架、滑座和立柱等部分组成。其外形及结构如图 4-8 所示。

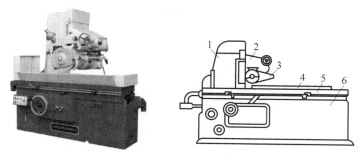

图 4-8 M7130 型平面磨床的结构示意图

1—立柱 2—滑座 3—砂轮架 4—电磁吸盘 5—工作台 6—床身

该磨床的型号含义：

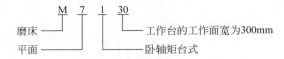

2. M7130 型平面磨床主要运动形式与控制要求

M7130 型平面磨床的主要运动形式及控制要求见表 4-11。

表 4-11   M7130 型平面磨床的主要运动形式及控制要求

运动种类	运动形式	控 制 要 求
主运动	砂轮的高速旋转	(1) 为保证磨削加工质量,要求砂轮有较高的转速,通常采用两极笼型异步电动机拖动 (2) 为提高主轴的刚度,简化机械结构,采用装入式电动机,将砂轮直接安装在电动机轴上 (3) 砂轮电动机只要求单向旋转,可直接启动,无调速和制动要求
进给运动	工作台往复(纵向)运动	(1) 液压传动。液压泵电动机拖动液压泵,工作台在液压作用下作纵向运动 (2) 由装在工作台前侧的换向挡铁碰撞床身上的液压换向开关控制工作台进给方向
进给运动	砂轮架横向(前后)进给	(1) 在磨削过程中,工作台换向一次,砂轮架横向进给一次 (2) 在修正砂轮或调整砂轮前后位置时,可连续横向移动 (3) 砂轮架的横向进给运动可由液压传动控制,也可用手轮进行操作
进给运动	砂轮架垂直(升降)进给	(1) 滑座沿立柱的导轨垂直上下移动,以调整砂轮架的上下位置,或使砂轮磨入工件,以控制磨削平面时工件的尺寸 (2) 垂直进给运动是通过操作手轮由机械传动装置实现的
辅助运动	工件的夹紧	(1) 工件可以用螺钉或压板直接固定在工作台上 (2) 在工作台上也可以装电磁吸盘,将工件吸附在电磁吸盘上。此时要有充磁和退磁控制环节。为保证安全,电磁吸盘与 3 台电动机之间有电气联锁装置,即电磁吸盘吸合后,电动机才能启动;电磁吸盘不工作或发生故障时,3 台电动机均不能启动
辅助运动	工作台的快速移动	工作台能在纵向、横向和垂直 3 个方向快速移动,由液压传动机构实现
辅助运动	工件的夹紧与放松	由人力操作
辅助运动	工件冷却	冷却泵电动机拖动冷却泵旋转供给冷却液;要求砂轮电动机和冷却泵电动机要实现顺序控制

3. M7130 型平面磨床电气原理图识读

M7130 型平面磨床电气原理图如图 4-9 所示。

1) 图区划分、电气元件作用分析

图 4-9 中,砂轮电动机 M1、冷却泵电动机 M2、液压泵电动机 M3 对应主电路图区、控制电路图区以及控制电气元件见表 4-12。电气元件主要作用见表 4-13。

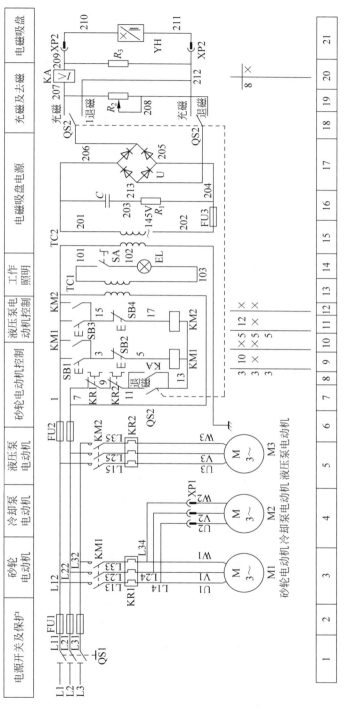

图 4-9　M7130 型平面磨床电气原理图

表 4-12 M1、M2、M3 对应图区以及控制电气元件一览表

名称及代号	主电路图区	控制电路图区	控制电气元件	控 制 要 求
砂轮电动机 M1	3	7～10	KM1	单向连续运转控制
冷却泵电动机 M2	4	/	XP1	单向连续运转控制
液压泵电动机 M3	5	11、12	KM2	单向连续运转控制
电磁吸盘	/	15～17	QS2	/

表 4-13 电气元件主要作用

符 号	元件名称	作 用	符 号	元件名称	作 用
QS1	组合开关	电源开关	SA	转换开关	照明开关
FU1～FU3	熔断器	短路保护	EL	照明灯	照明
KH1、KH2	热继电器	过载保护	C/R1	阻尼电路	过电压保护
KM1	接触器	M1 运行控制	U	桥堆	桥式整流
KM2	接触器	M3 运行控制	QS2	转换开关	充磁/退磁控制
SB1	按钮	M1 启动按钮	KA	欠电流继电器	欠电流保护
SB2	按钮	M1 停止按钮	R2	电阻器	退磁电阻
SB3	按钮	M3 启动按钮	R3	电阻器	放电保护
SB4	按钮	M3 停止按钮	YH	电磁吸盘	充磁/退磁
TC1	控制变压器	照明电源	XP1	插头	M2 运行控制
TC2	控制变压器	电磁吸盘电源	XP2	插头	YH 连接

2）工作原理

（1）先合上电源开关 QS1。

（2）砂轮电动机 M1 控制。砂轮电动机 M1 电气原理图由主电路第 3 区和控制电路第 7～10 区组合而成（7 区、8 区电气元件组成的电路为砂轮电动机 M1 控制电路和液压泵电动机 M2 控制电路公共部分），属于单向连续运转单元电路。

当需要砂轮电动机 M1 启动运转时，按下其启动按钮 SB1，接触器 KM1 得电吸合并自锁，其在 3 区中的主触点闭合，接通砂轮电动机 M1 的工作电源，砂轮电动机 M1 得电启动运转。当需要砂轮电动机 M1 停止运转时，按下其停止按钮 SB2，接触器 KM1 失电释放，其主触点复位断开，砂轮电动机 M1 失电停止运转。

（3）冷却泵电动机 M2 控制。冷却泵电动机 M2 电气原理图由主电路第 4 区对应电气元件组成。由于冷却泵电动机 M2 与砂轮电动机 M1 并联后串接接触器 KM1 主触点，故只有当接触器 KM1 主触点闭合，砂轮电动机 M1 启动运转后，冷却泵电动机 M2 才能启动运转。XP1 为冷却泵电动机 M2 的插头，当砂轮电动机 M1 启动运转后，若将插头 XP1 接通，则冷却泵电动机 M2 得电启动运转，若拔掉插头 XP1，则冷却泵电动机 M2 失电停止运转。

（4）液压泵电动机 M3 控制。液压泵电动机 M3 电气原理图由主电路第 5 区和控制电路第 11、12 区组合而成，属于单向连续运转单元电路。其工作原理与砂轮电动机 M1 相同，请读者参照进行分析。

（5）电磁吸盘充、退磁控制。为了防止磨床在加工过程中砂轮离心力将工件抛出而造

成人身伤亡或设备事故,故进行磨床电气控制线路工程设计时,常设置电磁吸盘充、退磁控制装置。由图 4-9 中功能文字说明框部分可知,电磁吸盘充、退磁控制电路由 15～21 区组成。电磁吸盘 YH 如图 4-10 所示。

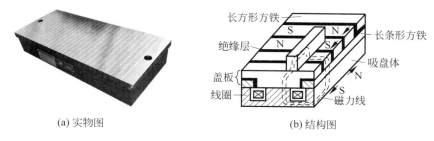

(a) 实物图　　　　　　　(b) 结构图

图 4-10　电磁吸盘外形与结构图

机床正常工作时,220V 交流电压加至控制变压器 TC2 一次绕组两端,经过降压后在 TC2 二次绕组中输出约 145V 的交流电压,经整流器 U 整流输出约 130V 的直流电压作为电磁吸盘 YH 线圈的电源。当需要对加工工件进行磨削加工时,将充、退磁转换开关 QS2 扳至“充磁”位置,电磁吸盘 YH 正向充磁将加工工件牢固吸合,机床可进行正常的磨削加工。当工件加工完毕需将工件取下时,将充、退磁转换开关 QS2 扳至“退磁”位置,此时电磁吸盘反向充磁,经过一定的时间后,即可将加工工件取下。

在磨削加工过程中,若出现 17 区中桥式整流器 U 损坏或电磁吸盘 YH 线圈断路等故障,则流过 20 区中欠电流继电器 KA 线圈电流迅速降低,欠电流继电器 KA 由于欠电流不能吸合,8 区中的常开触点断开,从而实现电磁吸盘 YH 欠电流保护功能。

(6) 照明电路。照明电路由 13 区和 14 区对应电气元件组成。其中控制变压器 TC1 一次侧电压为 380V,二次侧电压为 36V,工作照明灯 EL 受照明灯控制开关 SA 控制。

(7) 停止使用时,断开电源开关 QS1。

M7130 型平面磨床的电气元件明细表见表 4-14。

表 4-14　元器件、材料明细表

代　号	名　称	型　号	规　格	数量
M1	砂轮电动机	W451-4	4.5kW、380V、1440r/min	1
M2	冷却泵电动机	JCB-22	125W、380V、2790r/min	1
M3	液压泵电动机	JO42-4	2.8kW、380V、1450r/min	1
QS1	组合开关	HZ1-25/3		1
QS2	转换开关	HZ1-10P/3		1
SA	照明灯开关			1
FU1	熔断器	RL1-60/30	60A、熔体 30A	3
FU2	熔断器	RL1-15/5	15A、熔体 5A	2
FU3	熔断器	BLX-1	1A	1
FU4	熔断器	RL1-15/2	15A、熔体 2A	1
KM1	交流接触器	CJ10-10	线圈电压 380V	1
KM2	交流接触器	CJ10-10	线圈电压 380V	1

代 号	名 称	型 号	规 格	数量
KH1	热继电器	JR10-10	整定电流9.5A	1
KH2	热继电器	JR10-10	整定电流6.1A	1
TC1	控制变压器	BK-400	50W、380V/36V	1
TC2	控制变压器	BK-50	400W、220V/145V	1
VC	硅整流器	GZH	1A、200V	1
YH	电磁吸盘		1.2A、110V	1
KA	欠电流继电器	JT3-11L	1.5A	1
SB1	按钮	LA2	绿色	1
SB2	按钮	LA2	红色	1
SB3	按钮	LA2	绿色	1
SB4	按钮	LA2	红色	1
R1	电阻器	GF	6W、125Ω	1
R2	电阻器	GF	50W、1000Ω	1
R3	电阻器	GF	50W、500Ω	1
C	电容器		600V、5μF	1
EL	照明灯	JD3	36V、40W	1
XP1	冷却泵电动机插头	CY0-36		1
XP2	电磁吸盘插头	CY0-36		1

知识拓展

类似磨床——M7120型平面磨床电气控制线路赏析

M7120型卧轴矩台平面磨床主要由床身、主轴变速箱、尾座进给箱、丝杠、光杠、刀架和溜板箱等部件组成,适用于各种平面和复杂成型面且不需机动进刀的磨削加工,具有防水防尘性能好、轻便灵活和刚性好等特点。M7120型卧轴矩台平面磨床电气原理图如图 4-11 所示。

识图要点

(1) M7120型平面磨床由液压泵电动机 M1、砂轮电动机 M2、冷却泵电动机 M3、砂轮升降电动机 M4 驱动相应机械部件实现工件磨削加工。其主电路由 1~7 区组成,控制电路由 8~28 区组成。

(2) 砂轮电动机 M2、液压泵电动机 M1 采用单向运转单元控制结构,砂轮升降电动机 M4 采用正、反转点动单元控制结构。

(3) 冷却泵电动机 M3 与砂轮电动机 M2 并联后串接接触器 KM2 主触点,故只有接触器 KM2 主触点闭合,砂轮电动机 M2 启动运转后,冷却泵电动机 M3 才能启动运转。

(4) 控制电路中 13~22 区为电磁吸盘充磁、去磁控制电路;23~28 区为机床工作信号灯控制及照明电路。

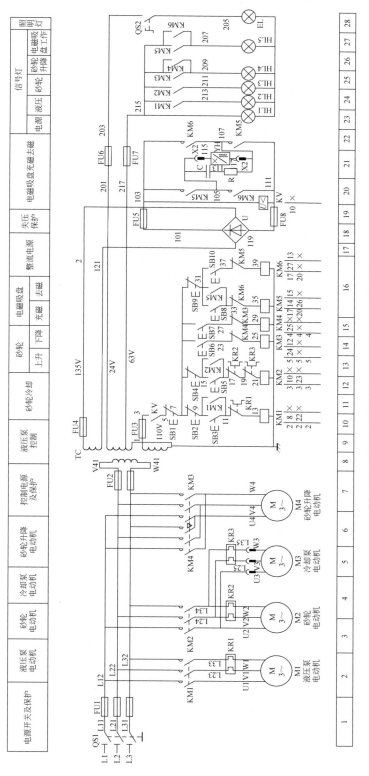

图 4-11　M7120 型卧轴矩合平面磨床电气原理图

二、M1432 型万能外圆磨床电气控制线路

1. M1432 型万能外圆磨床主要结构及型号含义

M1432 型万能外圆磨床适用于磨削圆柱形和圆锥形的工件。其工件转动、外圆砂轮、内圆砂轮、油泵和冷却均由独立电机传动,头架电机采用永磁直流电机通过电动机调速板实现工件的无级调速。

M1432 型万能外圆磨床主要由床身、工件头架、工作台、控制箱、砂轮架、尾架和内圆模具等部分组成。其外形及结构如图 4-12 所示。

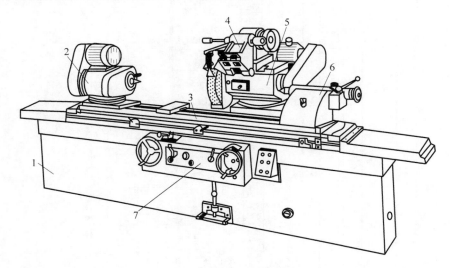

图 4-12　M1432 型万能外圆磨床的结构示意图

1—床身　2—工件头架　3—工作台　4—内圆磨具　5—砂轮架　6—尾架　7—控制箱

该磨床的型号含义:

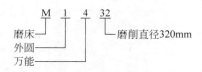

2. M1432 型万能外圆磨床主要运动形式与控制要求

M1432 型万能外圆磨床的主要运动形式及控制要求如下:

(1) M1432 型万能外圆磨床用于磨削圆柱形和圆锥形零件的外圆和内孔;

(2) 机床的外磨砂轮、内磨砂轮、工件、油泵及冷却泵,均以单独的电机驱动;

(3) 机床的工作台纵向进给,可由液压驱动,也可用手轮实现;

(4) 砂轮架横向快速进退由液压驱动,其进给运动由手轮机构实现;

(5) 需设置过载保护、欠压保护等完善的保护装置。

3. M1432 型万能外圆磨床电气原理图识读

M1432 型万能外圆磨床电气原理图如图 4-13 所示。

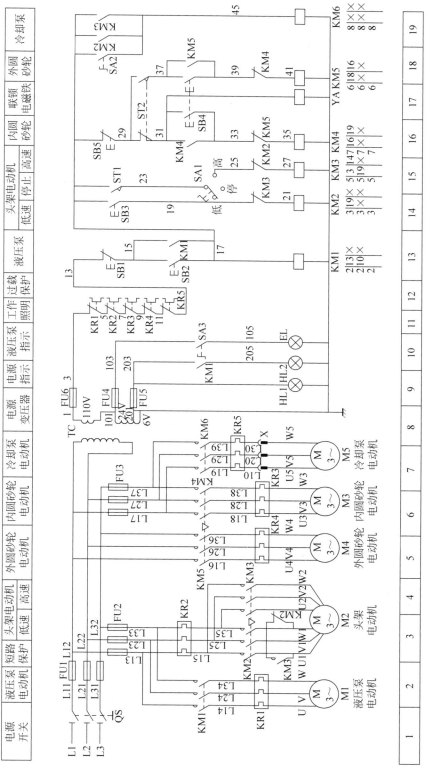

图 4-13 M1432 型万能外圆磨床电气原理图

1）图区划分、电气元件作用分析

图 4-13 中，液压泵电动机 M1、头架电动机 M2、内圆砂轮电动机 M3、外圆砂轮电动机 M4、冷却泵电动机 M5 对应主电路图区、控制电路图区以及控制电气元件见表 4-15。电气元件主要作用见表 4-16。

表 4-15　M1、M2、M3、M4、M5 对应图区以及控制电气元件一览表

名称及代号	主电路图区	控制电路图区	控制电气元件	控 制 要 求
液压泵电动机 M1	2	13	KM1	单向连续运转控制
头架电动机 M2	3、4	14、15	KM2、KM3	双速电动机控制
外圆砂轮电动机 M4	5	18	KM5	单向连续运转控制
内圆砂轮电动机 M3	6	16、17	KM4	单向连续运转控制
冷却泵电动机 M5	7	19	KM6	单向连续运转控制

表 4-16　电气元件主要作用

符　号	元件名称	作　用	符　号	元件名称	作　用
QS	组合开关	电源开关	SB5	按钮	M3、M4 停止按钮
FU1～FU5	熔断器	短路保护	SA1	转换开关	M2 高、低速转换开关
KR1～KR5	热继电器	过载保护	SA2	转换开关	M5 运行控制
KM1	接触器	M1 运行控制	SA3	转换开关	照明灯开关
KM2、KM3	接触器	M2 低/高速运行控制	ST1	行程开关	砂轮架限位开关
KM4	接触器	M3 运行控制	ST2	行程开关	磨具行程开关
KM5	接触器	M4 运行控制	YA	电磁铁	联锁控制
KM6	接触器	M5 运行控制	TC	控制变压器	控制线路电源
SB1	按钮	机床停止按钮	HL1	信号灯	电源指示
SB2	按钮	M1 启动按钮	HL2	信号灯	液压泵指示
SB3	按钮	M2 点动按钮	EL	照明灯	照明
SB4	按钮	M3、M4 启动按钮			

2）工作原理

（1）先合上电源开关 QS。

（2）液压泵电动机 M1 控制。液压泵电动机 M1 电气原理图由主电路第 2 区和控制电路第 13 区组合而成，属于单向连续运转单元电路。

当需要液压泵电动机 M1 启动运转时，按下其启动按钮 SB2，接触器 KM1 得电吸合并自锁，其主触点闭合接通液压泵电动机 M1 的工作电源，液压泵电动机 M1 启动运转。当需要液压泵电动机 M1 停止运转时，按下其停止按钮 SB1，使接触器 KM1 失电释放即可。

注意

接触器 KM1 在 15 号线与 17 号线间的辅助常开触点实现自锁和控制后级控制线路接通与断开的双重功能，故只有当接触器 KM1 得电吸合，液压泵电动机 M1 启动运转后，其他电动机才能启动运转。

（3）头架电动机 M2 控制。头架电动机 M2 电气原理图由主电路第 3、4 区和控制电路第 14、15 区组合而成，属于双速电动机单元电路结构。

当需要头架电动机 M2 低速运转时,将其高、低速转换开关 SA1 扳至"低速"挡位置,然后按下液压泵电动机 M1 的启动按钮 SB2,液压泵电动机 M1 启动运转,供给机床液压系统液压油。扳动砂轮架快速移动操作手柄至"快速"位置,此时液压油通过砂轮架快速移动操作手柄控制的液压阀进入砂轮架快进移动液压缸,驱动砂轮架快进移动。当砂轮架接近工件时,压合 14 区中的行程开关 ST1,行程开关 ST1 在 14 区中 17 号线与 23 号线间的常开触点被压下闭合,接通接触器 KM2 线圈的电源,接触器 KM2 通电吸合,其在 3 区的主触点将头架电动机 M2 的定子绕组接成△连接低速启动运转。当加工完毕后,扳动砂轮架快速移动操作手柄至"快退"位置,此时液压油通过砂轮架快速移动操作手柄控制的液压阀进入砂轮架快退移动油缸,驱动砂轮架快退移动。快退移动至适当位置,将砂轮架快速移动操作手柄扳至"停止"位置,砂轮架停止移动。头架电动机 M2 高速运转控制过程与其低速运转控制过程相同,请读者自行分析。

当需要头架电动机 M2 停止运转时,只需将其高、低速转换开关 SA1 扳至"停止"挡位置,使接触器 KM2 或 KM3 失电释放,头架电动机 M2 停止高速或低速运行。

(4) 外圆砂轮电动机 M4 控制。外圆砂轮电动机 M4 电气原理图由主电路第 5 区和控制电路第 18 区组合而成,属于单向连续运转单元电路结构。

当需要外圆砂轮电动机 M4 启动运转时,将砂轮架上的内圆磨具往上翻,行程开关 ST2 被压下,其在 18 区中 29 号线与 37 号线间的常开触点被压下闭合,为接通接触器 KM5 线圈电源做好了准备。按下内、外圆砂轮电动机启动按钮 SB4,接触器 KM5 通电吸合并自锁,其 6 区中的主触点接通外圆砂轮电动机 M4 的电源,外圆砂轮电动机 M4 启动运转。若按下停止按钮 SB5,则外圆电动机 M4 失电停止运行。

由于 ST2 动合触点与动断触点互为联锁,故在任何时候,在内圆砂轮电动机 M3 和外圆砂轮电动机 M4 中只能选择一种工作状态。

(5) 内圆砂轮电动机 M3 控制。内圆砂轮电动机 M3 电气原理图由主电路第 6 区和控制电路第 16、17 区组合而成,也属于单向连续运转单元电路结构。为了避免内、外砂轮电动机 M3、M4 同时得电启动运转,造成设备损坏等重大安全事故,在图 4-13 中 17 区设置了联锁电磁铁 YA。

当需要内圆砂轮电动机 M3 启动运转时,将砂轮架上的内圆磨具往下翻,行程开关 ST2 被松开复位,其在 16 区中 29 号线与 31 号线间的常闭触点复位闭合,为接通接触器 KM4 线圈电源做好了准备。按下内、外圆电动机启动按钮 SB4,接触器 KM4 通电吸合并自锁,其 7 区中的主触点接通内圆砂轮电动机 M3 的电源,内圆砂轮电动机 M3 启动运转。若按下停止按钮 SB5,则内圆砂轮电动机 M3 失电停止运行。

(6) 冷却泵电动机 M5 控制。冷却泵电动机 M5 电气原理图由主电路第 7 区和控制电路第 19 区组合而成,也属于单向连续运转单元电路结构。

当接触器 KM2 或接触器 KM3 得电闭合时,19 区中对应辅助常开触点闭合,接通接触器 KM6 线圈回路电源,接触器 KM6 得电吸合,其主触点闭合接通冷却泵电动机 M5 工作电源,冷却泵电动机 M5 得电启动运转,即当头架电动机 M2 高速或低速启动运转时,冷却泵电动机 M5 均会启动运转。当头架电动机 M2 未启动运转时,若修整砂轮,则需要冷却泵电动机 M5 启动运转供给切削液,此时,只需将手动转换开关 SA2 扳至接通位置,冷却泵电动机 M5 即可启动运转,供给修整砂轮时的切削液。

（7）照明、信号电路。M1432 型万能外圆磨床照明、信号电路由控制电路中 9 区～11 区对应电气元件组成。控制变压器 TC 的二次侧分别输出 24V 和 6V 交流电压,作为车床低压照明灯和信号灯的电源。EL 作为车床的低压照明灯,由控制开关 SA3 控制;HL1 为机床电源指示灯;HL2 为液压泵电动机 M1 启动运转信号指示灯,由接触器 KM1 辅助常开触点控制。熔断器 FU4、FU5 实现照明灯和信号灯短路保护功能。

（8）停止使用时,断开电源开关 QS。

技能训练 4-2　M7130 型平面磨床电气控制线路的检修

[工具与仪器]

工具与仪表选用见表 4-17。

表 4-17　工具与仪表选用

工具	电工钳、尖嘴钳、斜口钳、剥线钳、电工刀、螺钉旋具、验电笔
仪表	万用表、钳形电流表、兆欧表

[训练内容与步骤]

（1）在教师指导下对磨床进行操作,熟悉磨床的主要结构和运动形式,了解磨床的各种工作状态和操作方法。

（2）参照图 4-14、图 4-15 所示 M7130 型平面磨床电气元件位置图和电气安装接线图,熟悉磨床电气元件的实际位置和走线情况,并通过测量等方法找出实际走线路径。

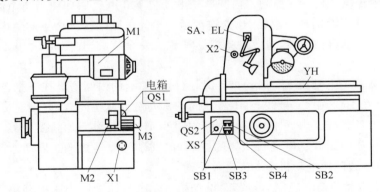

图 4-14　M7130 型平面磨床电气元件位置图

（3）学生观摩检修。在 M7130 型平面磨床上人为设置自然故障点,由教师示范检修,边分析边检查,直至故障排除。教师示范检修时,应将检修步骤及要求贯穿其中,边操作边讲解。

（4）教师在线路中设置两处人为的自然故障点,由学生按照检查步骤和检修方法进行检修。

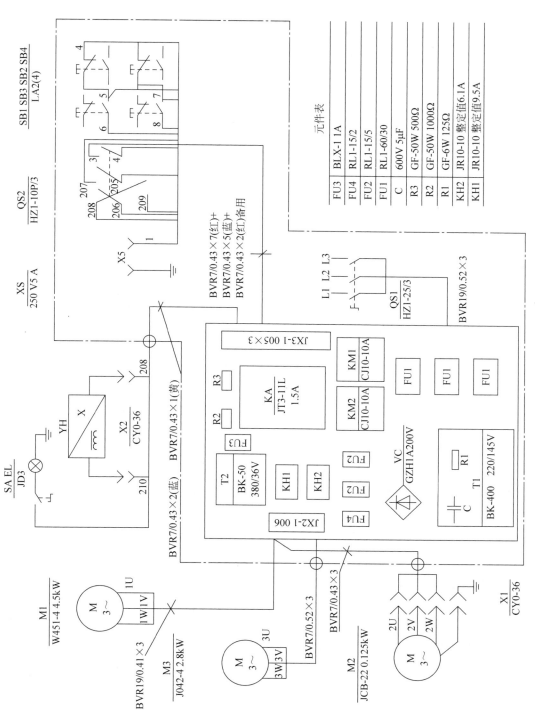

图 4-15 M7130 型平面磨床电气安装接线图

注意

(1) 检修前要认真阅读分析电气原理图,熟练掌握各个控制环节的原理和作用,并认真观摩教师的示范检修。

(2) 电磁吸盘的工作环境恶劣,容易发生故障,检修时应特别注意。

(3) 停电要验电。带电检修时,必须有指导教师在现场监护,以确保用电安全。同时要做好训练记录。

[考核内容与要求]

(1) 根据故障现象,在电气原理图上分析故障可能产生的原因,简单编写故障检修计划,确定故障发生的范围和故障点,排除故障后需进行试车。

(2) 在考核过程中,学生须完成普通机床电气控制线路检修报告,普通机床电气控制线路检修报告见附录 B。

(3) 考核过程中,注意"6S 管理"要求。

[评分标准]

评分标准见附录 C。

思考与练习

1. M7130 型平面磨床、M1432 型万能外圆磨床各有几台电动机?它们的作用分别是什么?

2. M7130 型平面磨床电磁吸盘吸力不足会造成什么后果?如何防止出现这种现象?

3. M7130 型平面磨床砂轮电动机的热继电器 KH1 经常动作的原因有哪些?

课题三　Z3050 型普通钻床电气控制线路

钻床是一种用途广泛的孔加工机床。它主要用钻头钻削精度要求不太高的孔,另外还可以进行扩孔、铰孔和攻丝等加工。钻床具有结构简单、加工精度相对较低等特点,其主要类型有台式钻床、立式钻床、摇臂钻床、卧式钻床等。本课题选取 Z3050 型摇臂钻床电气控制线路进行研究。

一、Z3050 型摇臂钻床主要结构及型号意义

Z3050 型摇臂钻床是具有广泛用途的万能型钻床,适用于中、大型零件的钻孔、扩孔、铰孔及攻螺纹等加工,且在具有工艺装备的条件下可以进行镗孔。具有机床精度稳定性好、使用寿命长和保护装置完善等特点。

Z3050 型摇臂钻床的外形及结构如图 4-16 所示,主要由底座、内立柱、外立柱、摇臂、主轴及主轴箱、工作台等部分组成。

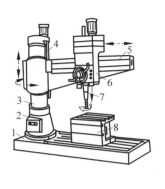

图 4-16　Z3050 型摇臂钻床的结构示意图

1—底座　2—外立柱　3—内立柱　4—摇臂升降丝杠　5—摇臂　6—主轴箱　7—主轴　8—工作台

Z3050 型摇臂钻床型号含义：

$$
\underset{\substack{\text{摇臂钻床组}}}{\underset{\text{钻床}}{Z}\ 3}\ 0\ \underset{\substack{\text{摇臂钻床型}}}{50}\ \text{最大钻孔直径为50mm}
$$

二、Z3050 型摇臂钻床主要运动形式与控制要求

根据 Z3050 型摇臂钻床运动情况及加工需要，共采用四台三相笼型异步电动机拖动，即主轴电动机 M1、摇臂升降电动机 M2、液压泵电动机 M3 和冷却泵电动机 M4。该钻床主要运动形式与控制要求如下：

（1）由于摇臂钻床的相对运动部件较多，故采用多台电动机拖动，以简化传动装置。主轴电动机 M1 承担钻削及进给任务，只要求单向旋转。主轴的正、反转一般通过正反转摩擦离合器实现，主轴转速和进刀量通过变速机构调节。摇臂的升降和立柱的夹紧、放松由电动机 M2、M3 拖动，要求双向旋转。

（2）摇臂的升降要求设置限位保护装置。

（3）摇臂的夹紧与放松由机械和电气联合控制。外立柱和主轴箱的夹紧与放松由电动机配合液压装置完成。

（4）钻削加工时，需要对刀具及工件进行冷却。由电动机 M4 拖动冷却泵输送冷却液。

三、Z3050 型摇臂钻床电气原理图识读

Z3050 型摇臂钻床电气原理图如图 4-17 所示。

1. 图区划分、电气元件作用分析

图 4-17 中，主轴电动机 M1、摇臂升降电动机 M2、液压泵电动机 M3、冷却泵电动机 M4 对应主电路图区、控制电路图区以及控制电气元件见表 4-18。电气元件主要作用见表 4-19。

2. 工作原理

（1）先合上电源开关 QF1。

（2）主轴电动机 M1 控制。主轴电动机 M1 电气原理图由主电路第 4 区和控制电路第 13 区组合而成，属于单向连续运转单元电路。

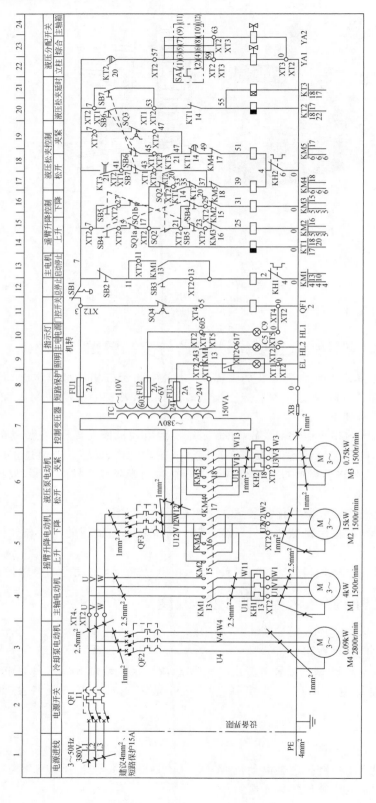

图 4-17　Z3050 型摇臂钻床电气原理图

表 4-18　M1、M2、M3、M4 对应图区以及控制电气元件一览表

名称及代号	主电路图区	控制电路图区	控制电气元件	控 制 要 求
主轴电动机 M1	4	12、13	KM1	单向连续运转控制
摇臂升降电动机 M2	5	14～16	KM2、KM3	正反转点动控制
液压泵电动机 M3	6	17～21	KM4、KM5	正反转控制
冷却泵电动机 M4	3		QF2	单向连续运转控制

表 4-19　电气元件主要作用

符　号	元件名称	作　用	符　号	元件名称	作　用
QF1、QF3	低压断路器	电源开关	SB1	按钮	M1 停止按钮
QF2	低压断路器	M4 运行控制	SB2	按钮	M1 启动按钮
FU1～FU3	熔断器	短路保护	SB3	按钮	M2 正向点动按钮
KH1、KH2	热继电器	过载保护	SB4	按钮	M2 反向点动按钮
KM1	接触器	M1 运行控制	SB5	按钮	M3 正向点动按钮
KM2、KM3	接触器	M2 正反转控制	SB6	按钮	M3 反向点动按钮
KM4、KM5	接触器	M3 正反转控制	TC	控制变压器	控制线路电源
SQ1a、SQ1b	行程开关	摇臂上、下限位行程开关	SA	转换开关	照明灯开关
SQ2	行程开关	M2 和 M3 启动运转转换行程开关	EL	照明灯	照明
SQ3	行程开关	摇臂放松夹紧行程开关	HL1	信号灯	摇臂夹紧指示
SQ4	行程开关	门控限位行程开关	HL2	信号灯	摇臂放松指示
KT1	时间继电器	摇臂升降时间控制	HL3	信号灯	M1 运行指示
YA	电磁铁	二位六通阀控制			

说明：行程开关 ST3 在机床未启动时常闭触点由机械装置压下断开。

当需要主轴电动机 M1 启动运转时,按下其启动按钮 SB3,接触器 KM1 通电吸合并自锁,其 4 区中的主触点闭合接通主轴电动机 M1 电源,主轴电动机 M1 通电启动运转;若按下停止按钮 SB2,则接触器 KM1 失电释放,其主触点处于断开状态,即主轴电动机 M1 失电停止运转。

(3) 摇臂升降控制。摇臂通常夹紧在外立柱上,以免升降丝杠承担吊挂载荷。因此 Z3050 型摇臂钻床摇臂的升降是由摇臂升降电动机 M2、摇臂夹紧机构和液压系统协调配合,自动完成摇臂松开→摇臂上升(下降)→摇臂夹紧的控制过程。摇臂升降控制电气原理图由主电路 5 区和 6 区和控制电路 14～24 区组成。下面以摇臂上升为例分析其控制过程。

当需要摇臂上升时,按下摇臂上升点动按钮 SB4,SB4 在 15 区中 21 号线与 29 号线间的常闭触点断开,切断接触器 KM3 线圈回路的电源;同时 SB4 在 14 区中 7 号线与 15 号线间的常开触点闭合,使时间继电器 KT 得电闭合,KT1 在 18 区 27 号线与 29 号线间的瞬时常开触点闭合,在 19 区中 33 号线与 35 号线间的瞬时断开延时闭合触点断开,在 20 区 9 号线与 39 号线间的瞬时闭合延时断开触点闭合。时间继电器 KT 在 18 区 27 号线与 29 号线间的瞬时常开触点闭合,接通了接触器 KM4 线圈的电源,接触器 KM4 得电闭合,其主触点接通液压泵电动机 M3 的正转电源,液压泵电动机 M3 正向启动运转,驱动液压泵供给机床

正向液压油。由于时间继电器 KT 在 20 区中 9 号线与 39 号线间的瞬时闭合延时断开触点的闭合,接通了电磁铁 YA 线圈的电源,所以电磁铁 YA 与接触器 KM4 同时闭合。正向液压油经二位六通阀进入摇臂松开液压缸,驱动摇臂放松。摇臂放松后,液压缸活塞杆通过弹簧片压下行程开关 ST2,并放松行程开关 ST3,使行程开关 ST3 在 20 区中 9 号线与 33 号线间的常闭触点复位闭合,为摇臂夹紧做好准备。由于行程式开关 ST2 被压下,ST2 在 18 区13 号线与 27 号线间的常闭触点断开,接触器 KM4 失电释放,液压泵电动机 M3 停止正转。ST2 在 16 区中 13 号线与 15 号线间的常开触点闭合,接通了接触器 KM2 线圈的电源,接触器 KM2 通电吸合,其主触点接通了摇臂升降电动机 M2 的正转电源,摇臂升降电动机 M2带动摇臂上升。当摇臂上升到要求高度时,松开上升点动按钮 SB4,时间继电器 KT1、接触器 KM2 均失电释放,摇臂升降电动机 M2 停止正转。由于时间继电器 KT1 为断电延时型,故 KT 线圈失电后,时间继电器 KT1 在 18 区中 27 号线与 29 号线间的瞬时常开触点断开,在 19 区中 33 号线与 35 号线间的瞬时断开延时闭合触点在时间继电器 KT1 线圈断电经过一定时间后复位闭合,在 20 区中 9 线与 39 号线间的瞬时闭合延时断开触点在时间继电器KT1 线圈断电经过一定的时间后复位断开。19 区 KT1 瞬时断开延时闭合触点延时复位闭合后接通了接触器 KM5 线圈的电源,接触器 KM5 得电闭合,接触器 KM5 在 20 区中 43 号线与 39 号线与间的常开触点闭合,仍然保持电磁铁 YA 线圈通电吸合,而接触器 KM5 主触点接通液压泵电动机 M3 的反转电源,液压泵电动机 M3 驱动液压泵反转,供给机床反向液压油。反向液压油经二位六通阀进入摇臂夹紧液压缸,驱动摇臂夹紧。摇臂夹紧后,行程开关ST3 在 20 区中 9 号线与 33 号线间的常闭触点压开,接触器 KM5 失电释放,切断电磁铁YA 线圈电源,行程开关 ST2 复位,为下一次摇臂升降作准备。完成摇臂的上升控制过程。

摇臂下降的控制过程与摇臂上升的控制过程相同。当需要摇臂下降时,按下摇臂下降点动按钮 SB4,其他控制过程请读者自行分析。

(4) 立柱和主轴箱松开及夹紧控制。立柱和主轴箱的夹紧和松开由液压和电气控制系统协调完成。立柱和主轴箱松开及夹紧电气原理图由控制电路中 17~19 区对应电气元件组成。

当需要立柱和主轴箱松开时,按下液压泵电动机 M3 的正转点动按钮 SB5,接触器KM4 通电吸合,KM4 在 7 区中的主触点接通液压泵电动机 M3 的正转电源,液压泵电动机M3 正转,驱动液压泵供给机床正向液压油,液压油经二位六通阀进入立柱和主轴箱松开液压缸,松开立柱和主轴箱。当立柱和主轴箱松开后,压下 12 区中行程开关 ST4,12 区中放松指示灯亮。同理,当需要立柱和主轴箱夹紧时,按下液压泵电动机 M3 的反转点动按钮SB6,接触器 KM5 通电吸合,KM5 在 8 区中的主触点接通液压泵电动机 M3 的反转电源,液压泵电动机 M3 反转,驱动液压泵供给机床反向液压油,液压油经二位六通阀进入立柱和主轴箱夹紧液压缸,夹紧立柱和主轴箱。当立柱和主轴箱夹紧后,放松行程开关 ST4,ST4在 11 区中 203 号线与 204 号线间的常闭触点复位闭合,接通立柱和主轴夹紧信号指示灯HL1 电源,11 区中夹紧指示灯 HL1 发亮。

(5) 冷却泵电动机 M4 控制。冷却泵电动机 M4 电气原理图由主电路第 3 区组成,也属于单向连续运转单元电路。M4 工作状态仅由低压断路器 QF2 控制,即将低压断路器 QF2扳至接通位置时,冷却泵电动机 M4 得电启动运转;当低压断路器 QF2 扳至断开位置时,冷却泵电动机 M4 失电停止运转。

(6) 照明、信号电路。照明、信号电路由 9~11 区对应电气元件组成。其中控制变压器TC 二次侧输出的 24V、6.3V 交流电压分别为机床工作照明灯和信号灯电源。EL 为机床

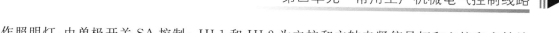

工作照明灯,由单极开关 SA 控制;HL1 和 HL2 为立柱和主轴夹紧信号灯和立柱和主轴放松信号灯,由行程开关 ST4 复合触点控制;HL3 为主轴电动机 M1 的运行信号灯,由接触器 KM1 辅助常开触点控制。

(7)停止使用时,断开电源开关 QF1。

Z3050 型摇臂钻床的电气元件明细表见表 4-20。

表 4-20 元件、材料明细表

代　号	名　　称	型　号	规　格	数量
M1	主轴电动机	Y112M-4	4kW、1440r/min	1
M2	摇臂升降电动机	Y90L-4	1.5kW、1400r/min	1
M3	液压泵电动机	Y802-4	0.75kW、1390r/min	1
M4	冷却泵电动机	AOB-25	90W、2800r/min	1
KM1	交流接触器	CJ0-20B	线圈电压 110V	1
KM2～KM5	交流接触器	CJ0-10B	线圈电压 110V	4
FU1～FU3	熔断器	BZ-001A	2A	3
KT1、KT2	时间继电器	JJSK2-4	线圈电压 110V	2
KT3	时间继电器	JJSK2-2	线圈电压 110V	1
KH1	热继电器	JR0-20/3D	6.8～11A	1
KH2	热继电器	JR0-20/3D	1.5～2.4A	1
QF1	低压断路器	DZ5-20/330FSH	10A	1
QF2	低压断路器	DZ5-20/330H	0.3～0.45A	1
QF3	低压断路器	DZ5-20/330H	6.5A	1
YA1、YA2	交流电磁铁	MFJ1-3	线圈电压 110V	2
TC	控制变压器	BK-150	380V/110-24-6V	1
SB1	按钮	LAY3-11ZS/1	红色	1
SB2	按钮	LAY3-11		1
SB3	按钮	LAY3-11D	绿色	1
SB4	按钮	LAY3-11		1
SB5	按钮	LAY3-11		1
SB6	按钮	LAY3-11		1
SB7	按钮	LAY3-11		1
SQ1	组合开关	HZ4-22		1
SQ2、SQ3	行程开关	LX5-11		2
SQ4	门控开关	JWM6-11		1
SA1	转换开关	LW6-2/8071		1
HL1	电源信号指示灯	XD1	6V、白色	1
HL2	主轴信号指示灯	XD1	6V	1
EL	照明灯	JC-25	40W、24V	1

知识拓展

类似磨床——Z37 型摇臂钻床电气控制线路赏析

Z37 摇臂钻床主要由底座、外立柱、内立柱、主轴箱、摇臂、工作台等部分组成,适用于单件或批量生产中多孔大型零件的孔加工。Z37 型摇臂钻床电气原理图如图 4-18 所示。

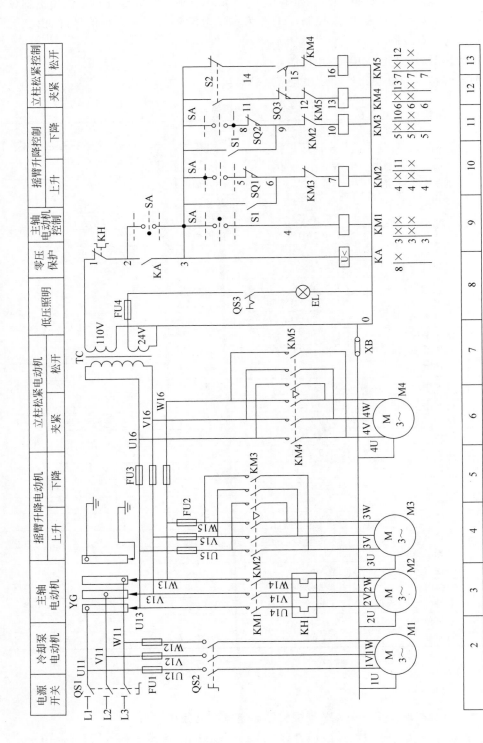

图 4-18 Z37 型摇臂钻床电气原理图

识图要点

(1) Z37 型摇臂钻床由冷却泵电动机 M1、主轴电动机 M2、摇臂升降电动机 M3、立柱松紧电动机 M4 驱动相应机械部件实现工件钻孔加工。故其主电路由 1 区～7 区组成，控制电路由 8 区～13 区组成。

(2) 主轴电动机 M2 采用单向运转单元控制结构；摇臂升降电动机 M3 和立柱松紧电动机 M4 采用正、反转单元控制结构。

(3) 8 区控制线路为欠压保护电路，其作用是当机床在运行过程中突然停电或因某种原因导致电源电压降低，机床不能正常运行时，自动切断机床控制线路电源，从而实现保护电路的目的。

(4) 十字开关 SA 操作说明见表 4-21。

表 4-21　十字开关 SA 操作说明

手柄位置	接通微动开关的触点	工作情况
中	均不通	控制线路断电
左	SA(2-3)	KA 得电自锁
右	SA(3-4)	KM1 得电，主轴旋转
上	SA(3-5)	KM2 得电，摇臂上升
下	SA(3-8)	KM3 得电，摇臂下降

技能训练 4-3　Z3050 型摇臂钻床电气控制线路的检修

[工具与仪器]

工具与仪表选用见表 4-22。

表 4-22　工具与仪表选用

工具	电工钳、尖嘴钳、斜口钳、剥线钳、电工刀、螺钉旋具、验电笔
仪表	万用表、钳形电流表、兆欧表

[训练内容与步骤]

(1) 在教师指导下对钻床进行操作，熟悉钻床的主要结构和运动形式，了解钻床的各种工作状态和操作方法。

(2) 参照图 4-19、图 4-20、图 4-21 所示 Z3050 型摇臂钻床电器位置图、电气安装接线图和配电盘接线图熟悉钻床电气元件的实际位置和走线情况，并通过测量等方法找出实际走线路径。

(3) 学生观摩检修。在 Z3050 型摇臂钻床上人为设置自然故障点，由教师示范检修，边分析边检查，直至故障排除。教师示范检修时，应将检修步骤及要求贯穿其中，边操作边讲解。

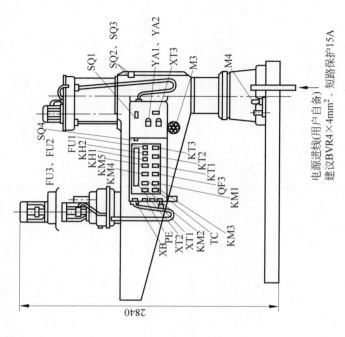

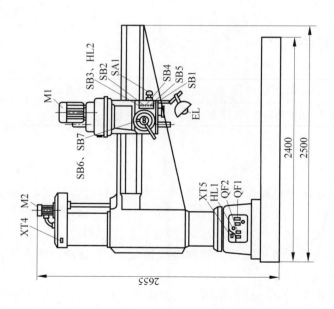

图 4-19 Z3050 型摇臂钻床电气位置图

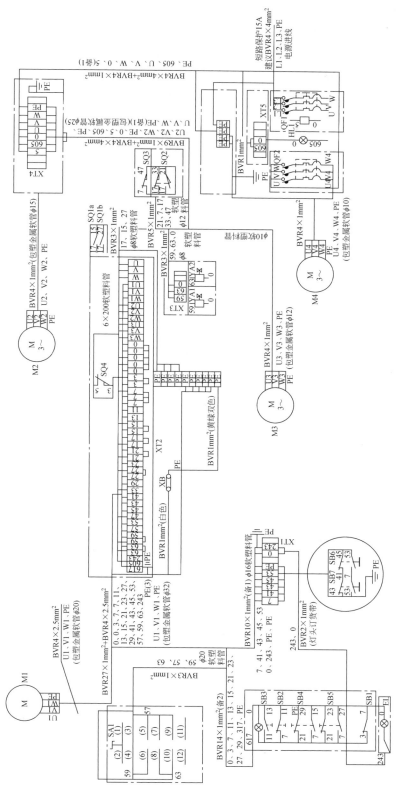

图 4-20 Z3050 型摇臂钻床电气安装接线图

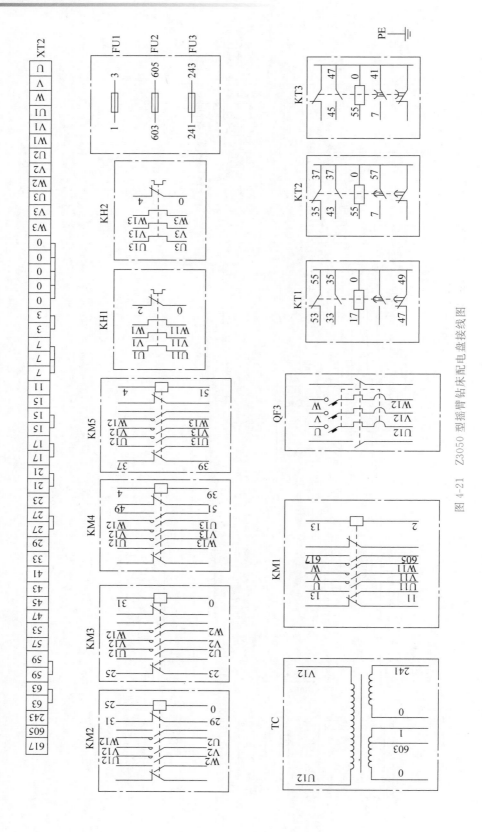

图 4-21 Z3050 型摇臂钻床配电盘接线图

（4）教师在线路中设置两处人为的自然故障点，由学生按照检查步骤和检修方法进行检修。

注意

（1）检修前要认真阅读分析电气原理图，熟练掌握各个控制环节的原理和作用，并认真观摩教师的示范检修。

（2）摇臂的升降是一个由机械和电气配合实现的半自动控制过程，检修时要特别注意机械与电气之间的配合。

（3）检修时，不能改变升降电动机原来的电源相序，以免使摇臂升降发向，造成事故。

（4）停电要验电。带电检修时，必须有指导教师在现场监护，以确保用电安全。同时要做好训练记录。

[考核内容与要求]

（1）根据故障现象，在电气原理图上分析故障可能产生的原因，简单编写故障检修计划，确定故障发生的范围和故障点，排除故障后需进行试车。

（2）在考核过程中，学生须完成普通机床电气控制线路检修报告，普通机床电气控制线路检修报告见附录 B。

（3）考核过程中，注意"6S 管理"要求。

[评分标准]

评分标准见附录 C。

思考与练习

1. Z3050 型摇臂钻床有几台电动机？它们的作用分别是什么？
2. 如何保证 Z3050 型摇臂钻床的摇臂上升或下降不能超过允许的极限位置？
3. 简述 Z3050 型摇臂钻床摇臂下降的控制过程。
4. Z3050 型摇臂钻床大修后，若摇臂升降电动机 M2 的三相电源相序接反会发生什么事故？

课题四　X62W 型万能铣床电气控制线路

铣床是利用铣刀旋转对工件进行铣削加工的实用型机床，主要用于机械变速箱齿轮、蜗轮、蜗杆及机械曲面等复杂机械零件加工，铣床具有加工范围广，适合批量加工，效率高等特点，其主要类型有卧式铣床、立式铣床、龙门铣床和万能铣床等。

一、X62W 型万能铣床主要结构及型号意义

万能铣床是一种通用的多用途机床，它可以用圆柱铣刀、圆片铣刀、角度铣刀、成型铣刀及端面铣刀等刀具对各种零件进行平面、斜面、螺旋面及成型表面的加工，还可以加装万能铣刀、分度头和圆工作台等机床附件来扩大加工范围。

常用的万能铣床有两种，一种是卧式万能铣床，代表产品有 X62W 等，其铣头水平方向放置；另一种是立式万能铣床，代表产品有 X52K 等，其铣头垂直方向放置。本课题选取

X62W 型万能铣床电气控制线路进行研究。

X62W 型万能铣床的外形及结构如图 4-22 所示。主要由底座、床身、悬梁、主轴、刀杆支架、工作台、转动工作台、溜板和升降台等部分组成。

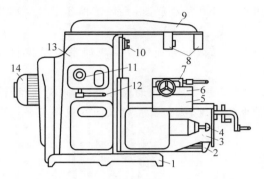

图 4-22   X62W 型万能铣床的结构示意图

1—底座 2—进给电机 3—升降台 4—进给变速手柄 5—溜板 6—转动工作台 7—工作台
8—刀杆支架 9—悬梁 10—主轴 11—主轴变速盘 12—主轴变速手柄 13—床身 14—主电动机

X62W 型万能铣床型号含义:

二、X62W 型万能铣床主要运动形式与控制要求

1. 主运动

X62W 型万能铣床的主运动是主轴带动铣刀的旋转运动。

铣削加工有顺铣和逆铣两种加工方式,所以要求主轴电动机能正转和反转,但考虑到大多数情况下一批或多批工件只用一个方向铣削,在加工过程中不需要变换主轴旋转的方向,因此用组合开关实现主轴电动机正转和反转控制功能。

铣削加工是一种不连续的切削加工方式,为减小振动,主轴上装有惯性轮,但这样会造成主轴停车困难,为此主轴电动机采用电磁离合器制动以实现准确停车。

铣削加工过程中需要主轴调速,采用改变变速箱的齿轮传动比来实现,故主轴电动机不需要电气调速。

2. 进给运动

进给运动是指工件随工作台在前后、左右和上下六个方向上的运动以及椭圆形工作台的旋转运动。

铣床的工作台要求有前后、左右和上下六个方向上的进给运动和快速移动,所以要求进给电动机能正反转。为了扩大加工能力,在工作台上可加装圆形工作台,圆形工作台的回转运动由进给电动机经传动机构驱动。

为保证机床和刀具的安全,在铣削加工时,任何时刻工件都只能有一个方向的进给运动,因此采用机械操作手柄和行程开关相配合的方式实现六个运动方向的联锁。

为防止刀具和机床的损坏,要求只有主轴旋转后,才允许有进给运动;同时为减小加工工件表面粗糙度,要求进给停止后,主轴才能停止或同时停止。

进给变速采用机械方式实现,故进给电动机不需要电气调速。

3. 辅助运动

辅助运动包括工作台的快速运动及主轴和进给的变速冲动。

工作台的快速运动是指工作台在前后、左右和上下六个方向之一上的快速移动。它是通过快速移动电磁离合器的吸合,改变机械传动链的传动比实现的。

为保证变速后齿轮能良好啮合,主轴和进给变速后,都要求电动机做瞬时点动,即变速冲动。

三、X62W 型万能铣床电气原理图识读

X62W 型万能铣床电气原理图如图 4-23 所示。

1. 图区划分、电气元件作用分析

图 4-23 中,主轴电动机 M1、进给电动机 M2、冷却泵电动机 M3 对应主电路图区、控制电路图区以及主要控制电气元件见表 4-23。电气元件主要作用见表 4-24。

2. 工作原理

(1)先合上电源开关 QS1。

(2)主轴电动机 M1 控制。主轴电动机 M1 电气原理图由主电路第 2 区和控制电路第 13、14 区组合而成,属于单向连续运转单元电路。

为方便操作,主轴电动机 M1 采用两地控制方式,一组启动按钮 SB1 和停止按钮 SB5 安装在工作台上,另一组启动按钮 SB2 和停止按钮 SB6 安装在床身上。主轴电动机 M1 的控制包括启动控制、制动控制、换刀控制和变速冲动控制,具体见表 4-25。

(3)进给电动机 M2 的控制。进给电动机 M2 电气原理图由主电路第 4 区、5 区和控制电路第 17 区和 18 区组合而成,属于正反转控制单元电路。进给电动机 M2 的控制包括工作台前后、左右、上下六个方向上的进给控制,左右进给与上下、前后进给联锁控制,进给变速瞬时点动控制,工作台的快速移动控制以及圆形工作台控制。

• 工作台前后、左右和上下六个方向上的进给运动

工作台的前后和上下进给运动由一个手柄控制,左右进给运动由另一个手柄控制。控制手柄位置与工作台运动方向的关系见表 4-26。

下面以工作台的左右移动为例分析工作台的进给控制。左右进给操作手柄与行程开关 SQ5 和 SQ6 联动,有左、中、右三个位置,其控制关系见表 4-26。当手柄扳向中间位置时,行程开关 SQ5 和 SQ6 均未被压合,进给控制线路处于断开状态;当手柄扳向左(或右)位置时,手柄压下行程开关 SQ5(或 SQ6),同时将电动机的传动链和左右进给丝杠相连。控制过程如下:

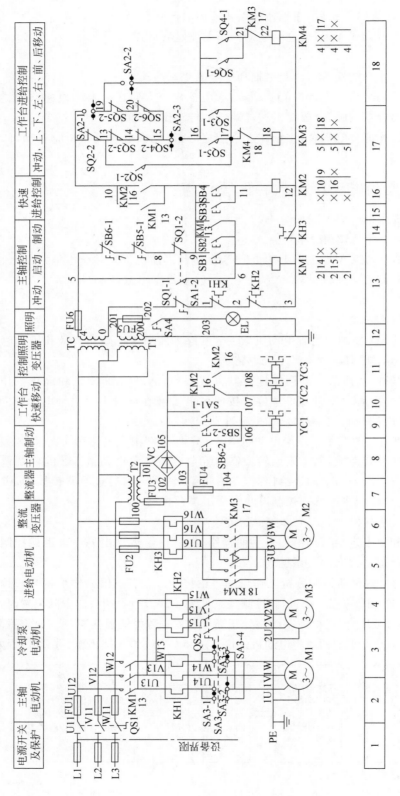

图 4-23 X62W 型万能铣床电气原理图

表 4-23　M1、M2、M3 对应图区以及主要控制电气元件一览表

名称及代号	主电路图区	控制线路图区	控制电气元件	控 制 要 求
主轴电动机 M1	2	13、14	KM1、SA3	正反转控制
进给电动机 M2	4、5	17、18	KM3、KM4	正反转控制
冷却泵电动机 M3	3		QS2	单向连续运转控制

表 4-24　电气元件主要作用

符　号	元件名称	作　用	符　号	元件名称	作　用
QS1	组合开关	电源开关	T2	电源变压器	整流电源
QS2	组合开关	M3 运行控制	VC	整流器	桥式整流
FU1～FU6	熔断器	短路保护	YC1	电磁离合器	主轴制动控制
KH1～KH3	热继电器	过载保护	YC2	电磁离合器	正常进给控制
SA1	转换开关	主轴换刀控制	YC3	电磁离合器	快速进给控制
SA2	转换开关	圆形工作台控制	SQ1	行程开关	主轴变速冲动控制
SA3	转换开关	M1 正反转控制	SQ2	行程开关	进给变速冲动控制
SA4	转换开关	照明灯开关	SQ3～SQ6	行程开关	工作台进给限位
KM1	接触器	M1、M3 运行控制	SB1、SB2	按钮	M1 两地启动按钮
KM2	接触器	工作台快速进给控制	SB3、SB4	按钮	快速进给点动控制
KM3、KM4	接触器	M2 正反转控制	SB5、SB6	按钮	M1 两地停止按钮
TC	控制变压器	控制线路电源	EL	照明灯	照明
T1	电源变压器	照明电路电源			

表 4-25　主轴电动机 M1 的控制

控制要求	控 制 作 用	控 制 过 程
启动控制	启动主轴电动机 M1	选择好主轴的转速和转向,按下启动按钮 SB1 或 SB2,接触器 KM1 得电吸合并自锁,M1 启动运转,同时 KM1 的辅助常开触点(9-10)闭合,为工作台进给电路提供电源
制动控制	停车时使主轴迅速停转	按下停止按钮 SB5 或 SB6,其常闭触点 SB5-1 或 SB6-1 断开,接触器 KM1 线圈断电,其主触点分断,电动机 M1 断电惯性运行;常开触点 SB5-2 或 SB6-2 闭合,电磁离合器 YC1 通电,M1 制动停转
换刀控制	更换铣刀时将主轴制动,以方便换刀	将转换开关 SA1 扳向换刀位置,其常开触点 SA1-1(9 区)闭合,电磁离合器 YC1 得电将主轴制动;同时常闭触点 SA1-2(13 区)断开,切断控制线路,铣床不能通电运转,确保人身安全
变速冲动控制	保证变速后齿轮能良好啮合	变速时先将变速手柄向下压并向外拉出,转动变速盘选定所需转速后,将手柄推回。此时冲动开关 SQ1(13 区)短时受压,主轴电动机 M1 点动,手柄推回原位后,SQ1 复位,M1 断电,变速冲动结束

表 4-26　控制手柄位置与工作台运动方向的关系

控 制 要 求	手柄位置	行程开关	接触器	电动机 M2 转向	传动链丝杠	工作台运动方向
左右进给	左	SQ5	KM3	正转	左右进给丝杠	向左
	中	—	—	停止	—	停止
	右	SQ6	KM4	反转	左右进给丝杠	向右
上下和前后进给	上	SQ4	KM4	反转	上下进给丝杠	向上
	下	SQ3	KM3	正转	上下进给丝杠	向下
	中	—	—	停止	—	停止
	前	SQ3	KM3	正转	前后进给丝杠	向前
	后	SQ4	KM4	反转	前后进给丝杠	向后

工作台的上下和前后进给由上下和前后进给手柄控制,其控制过程与左右进给相似,这里不再一一分析。

注意

两个操作手柄被置定于某一方向时,只能压下四个行程开关 SQ3、SQ4、SQ5、SQ6 中的一个开关,接通电动机 M2 正转或反转电路,同时通过机械机构将电动机的传动链与三根丝杠(左右丝杠、上下丝杠、前后丝杠)中的一根(只能是一根)丝杠相搭合,拖动工作台沿选定的进给方向运动,而不会沿其他方向运动。

• 左右进给与上下前后进给的联锁控制

在控制进给的两个手柄中,当其中的一个操作手柄被置定在某一进给方向后,另一个操作手柄必须置于中间位置,否则将无法实现任何进给运动。这是因为在控制电路中对两者实现了联锁保护。如当把左右进给手柄扳至向左进给时,若又将另一个进给手柄扳至向下进给方向,则行程开关 SQ5 和 SQ3 均被压下,常闭触点 SQ5-2 和 SQ3-2 均分断,断开了接触器 KM3 和 KM4 的通路,从而使电动机 M2 停转,保证了操作安全。

• 进给变速时的瞬时点动

和主轴变速时一样,进给变速时,为使齿轮进入良好的啮合状态,也要进行变速后的瞬时点动。进给变速时,必须先把进给操作手柄放在中间位置,然后将进给变速盘(在升降台前面)向外拉出,选择好速度后,再将变速盘推进去。在推进的过程中,挡块压下行程开关 SQ2,使触点 SQ2-2 分断,SQ2-1 闭合,接触器 KM3 经 10-9-20-15-14-13-17-18 路径得电动作,电动机 M2 启动;但随着变速盘复位,行程开关 SQ2 随之复位,使 KM3 断电释放,M2 失电停转。这样使电动机 M2 瞬时点动一下,齿轮系统产生一次抖动,齿轮便顺利啮合了。

• 工作台的快速移动控制

快速移动是通过两个进给操作手柄和快速移动按钮 SB3 或 SB4 配合实现的。控制过程如下:

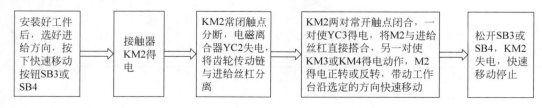

• 圆形工作台的控制

圆形工作台由转换开关 SA2 进行控制。当需要圆形工作台旋转时，将开关 SA2 扳至接通位置，此时：

电动机 M2 启动，通过一根专用轴带动圆形工作台做旋转运动

当不需要圆形工作台旋转时，将转换开关 SA2 扳至断开位置，这时触点 SA2-1 和 SA2-3 闭合，触点 SA2-2 断开，工作台可在六个方向上正常进给，圆形工作台不能工作。

圆形工作台转动时其余进给一律不准冲动，两个进给手柄必须置于零位。若出现误操作，扳动两个进给手柄中的任意一个，则必须压合行程开关 SQ3～SQ6 中的一个，使电动机停止转动。圆形工作台加工不需要调速，也不要求正反转。

（4）冷却泵及照明电路控制。主轴电动机 M1 和冷却泵电动机 M3 采用的是顺序控制，即只有在主轴电动机 M1 启动后，冷却泵电动机 M3 才能启动。冷却泵电动机 M3 由组合开关 QS2 控制。

机床照明由变压器 T1 供给 24V 的安全电压，由开关 SA4 控制。熔断器 FU5 作为照明电路的短路保护。

（5）停止使用时，断开电源开关 QS1。

X62W 型万能铣床的电气元件明细表见表 4-27。

表 4-27 元件、材料明细表

代 号	名 称	型 号	规 格	数量
M1	主轴电动机	Y132M-4-B3	7.5kW、380V、1450r/min	1
M2	进给电动机	Y90L-4	1.5kW、380V、1400r/min	1
M3	冷却泵电动机	JCB-22	125W、380V、2790r/min	1
QS1	组合开关	HZ10-60/3J	60A、380V	1
QS2	组合开关	HZ10-10/3J	10A、380V	1
SA1	转换开关	LS2-3A		1
SA2	转换开关	HZ10-10/3J	10A、380V	1
SA3	转换开关	HZ3-133	10A、500V	1
FU1	熔断器	RL1-60	60A、熔体 50A	3
FU2	熔断器	RL1-15	15A、熔体 10A	3
FU3、FU6	熔断器	RL1-15	15A、熔体 4A	2
FU4、FU5	熔断器	RL1-15	15A、熔体 2A	2
KH1	热继电器	JR0-40	整定电流 16A	1
KH2	热继电器	JR10-10	整定电流 0.43A	1
KH3	热继电器	JR10-10	整定电流 3.4A	1

代　号	名　　称	型　　号	规　　格	数量
T2	变压器	BK-100	380V/36V	1
TC	变压器	BK-150	380V/110V	1
T1	变压器	BK-50	50VA、380V/24V	1
VC	整流器	2CZ×4	5A、50V	1
KM1	接触器	CJ10-20	20A、线圈电压 110V	1
KM2	接触器	CJ10-10	10A、线圈电压 110V	1
KM3	接触器	CJ10-10	10A、线圈电压 110V	1
KM4	接触器	CJ10-10	10A、线圈电压 110V	1
SB1、SB2	按钮	LA2	绿色	1
SB3、SB4	按钮	LA2	黑色	2
SB5、SB62	按钮	LA2	红色	2
YC1	电磁离合器	B1DL-Ⅲ		1
YC2	电磁离合器	B1DL-Ⅱ		1
YC3	电磁离合器	B1DL-Ⅱ		1
SQ1	行程开关	LX3-11K	开启式	1
SQ2	行程开关	LX3-11K	开启式	1
SQ3	行程开关	LX3-131	单轮自动复位	1
SQ4	行程开关	LX3-131	单轮自动复位	1
SQ5	行程开关	LX3-11K	开启式	1
SQ6	行程开关	LX3-11K	开启式	1

知识拓展

类似铣床——X5032 型立式万能铣床电气控制线路赏析

X5032 型立式万能铣床的主轴中心线与工作台面垂直,且能根据加工需要,使主轴向左右倾斜一定角度,以便铣削倾斜面,适用于铣削平面、斜面或沟槽以及齿轮等零件。X5032型立式万能铣床电气原理图如图 4-24 所示。

识图要点

(1) X5032 型立式万能铣床由主轴电动机 M1、进给电动机 M2、冷却泵电动机 M3 驱动相应机械部件实现工件铣削加工。主电路由 1 区~6 区组成,控制电路由 7 区~21 区组成。

(2) 主轴电动机 M1 采用正、反转单元控制结构;进给电动机 M3 采用正、反转点动单元控制结构。

(3) 由于冷却泵电动机 M3 与主轴电动机 M1 并联后串接接触器 KM1 主触点,故只有当接触器 KM1 主触点闭合,主轴电动机 M1 启动运转后,冷却泵电动机 M3 才能启动运转。

(4) 转换开关 SA1 操作说明见表 4-28。

(5) X5032 型立式万能铣床关键电气元件见表 4-29。

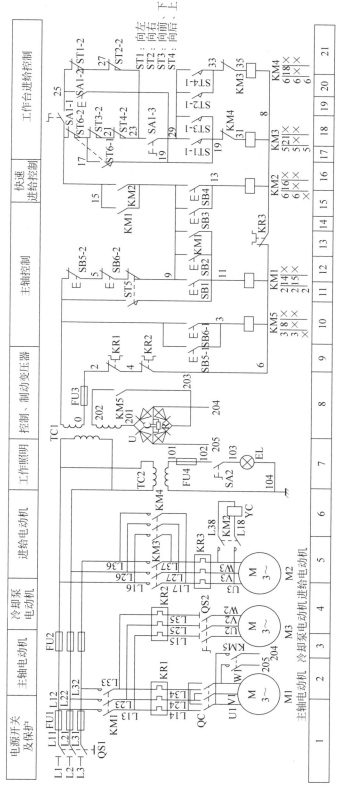

图 4-24　X5032 型立式万能铣床电气控制线路

表 4-28　转换开关 SA1 的操作说明

手柄位置	接通微动开关的触点	工作情况
接通	SA1-1、SA1-3 断开,SA1-2 闭合	圆工作台工作
断开	SA1-2 断开,SA1-1、SA1-3 闭合	圆工作台不工作

表 4-29　X5032 型立式万能铣床关键电气元件

序号	代号	名称	功能
1	KM1	接触器	主轴电动机 M1 控制
2	KM2	接触器	控制电磁离合器 YC 电源通断
3	KM3、KM4	接触器	进给电动机 M2 正反转控制
4	KM5	接触器	主轴电动机 M1 直流制动电源控制
5	QC	限位型转换开关	主轴电动机 M1 正反转控制
6	QS2	转换开关	冷却泵电动机 M3 控制
7	SB1、SB2	按钮	主轴电动机 M1 两地启动按钮
8	SB3、SB4	按钮	进给电动机 M2 两地快速点动按钮
9	SB5-1、SB6-1	按钮	主轴电动机 M1 两地制动停止按钮
10	ST1	行程开关	工作台向左进给运动行程开关
11	ST2	行程开关	工作台向右进给运动行程开关
12	ST3	行程开关	工作台向前、向下进给运动行程开关
13	ST4	行程开关	工作台向后、向上进给运动行程开关
14	ST5、ST6	行程开关	进给电动机 M2 变速冲动触点
15	SA1	转换开关	圆工作台控制开关
16	KR1～KR3	热继电器	M1～M3 过载保护

技能训练 4-4　X62W 型万能铣床电气控制线路的检修

[工具与仪器]

工具与仪表选用见表 4-30。

表 4-30　工具与仪表选用

工具	电工钳、尖嘴钳、斜口钳、剥线钳、电工刀、螺钉旋具、验电笔
仪表	万用表、钳形电流表、兆欧表

[训练内容与步骤]

(1) 在教师指导下对铣床进行操作,熟悉铣床的主要结构和运动形式,了解铣床的各种工作状态和操作方法。

(2) 参照图 4-25、图 4-26 所示 X62W 型万能铣床电气位置图和电箱内电气布置图,熟悉铣床电气元件的实际位置和走线情况,并通过测量等方法找出实际走线路径。

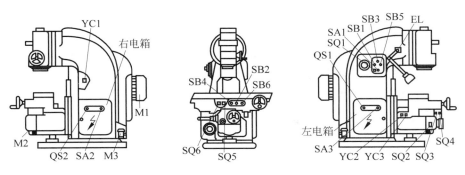

图 4-25　X62W 型万能铣床电气位置图

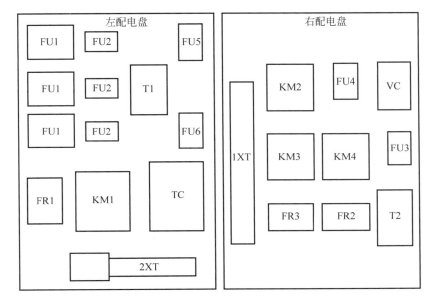

图 4-26　X62W 型万能铣床电箱内电气布置图

（3）学生观摩检修。在 X62W 型万能铣床上人为设置自然故障点，由教师示范检修，边分析边检查，直至故障排除。教师示范检修时，应将检修步骤及要求贯穿其中，边操作边讲解。

（4）教师在线路中设置两处人为的自然故障点，由学生按照检查步骤和检修方法进行检修。

注意

（1）检修前要认真阅读分析电气原理图，熟练掌握各个控制环节的原理和作用，并认真观摩教师的示范检修。

（2）由于该机床的电气控制与机械结构的配合十分密切，故在出现故障时，应首先判明是机械故障还是电气故障。

（3）停电要验电。带电检修时，必须有指导教师在现场监护，以确保用电安全。同时要做好训练记录。

[考核内容与要求]

（1）根据故障现象，在电气原理图上分析故障可能产生的原因，简单编写故障检修计划，确定故障发生的范围和故障点，排除故障后需进行试车。

（2）在考核过程中，学生须完成普通机床电气控制线路检修报告，普通机床电气控制线路检修报告见附录 B。

（3）考核过程中，注意"6S 管理"要求。

[评分标准]

评分标准见附录 C。

思考与练习

1. X62W 型万能铣床有几台电动机？它们的作用分别是什么？

2. X62W 型万能铣床的工作台可以在哪些方向上进给？

3. X62W 型万能铣床电气控制线路中三个电磁离合器的作用分别是什么？电磁离合器为什么要采用直流电源供电？

4. X62W 型万能铣床电气控制线路中为什么要设置变速冲动？

课题五　T68 型卧式镗床电气控制线路

镗床是利用镗刀对工件进行镗削的精密加工型机床，主要用于镗削工件上的各种孔和孔系、平面、沟槽，特别适合多孔的箱体类零件的加工。镗床具有加工范围广、加工精度高和功能拓展性好等特点，其主要类型有卧式镗床、坐标镗床、深孔镗床和落地镗床等。本课题选取 T68 型卧式镗床电气控制线路进行研究。

一、T68 型卧式镗床主要结构及型号意义

T68 型卧式镗床适用于镗孔、钻孔、铰孔及工件端平面加工。其外形及结构如图 4-27 所示，主要由床身、镗头架、镗轴、工作台和带尾座的后立柱等部分组成。

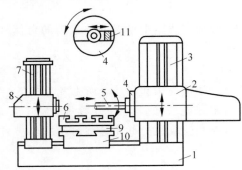

图 4-27　T68 型卧式镗床的结构示意图

1—床身　2—镗头架　3—前立柱　4—平旋盘　5—镗轴　6—工作台

7—后立柱　8—尾座　9—上溜板　10—下溜板　11—刀具溜板

T68 型卧式镗床的型号含义：

镗床 ┬ T　6　8 ─ 镗轴直径为85mm
　　　└─── 卧式

二、T68 型卧式镗床主要运动形式与控制要求

1. T68 型卧式镗床的主要运动形式

T68 型卧式镗床的主要运动形式包括主运动、进给运动和辅助运动。

（1）主运动包括镗轴的旋转运动与花盘的旋转运动。

（2）进给运动包括镗轴的轴向进给、花盘刀具溜板的径向进给、镗头架的垂直进给、工作台的横向进给、工作台的纵向进给。

（3）辅助运动包括工作台的旋转、后立柱的水平移动及尾架的垂直移动。

2. T68 型卧式镗床电力控制要求

为满足各种工件的加工工艺要求，T68 型卧式镗床的工艺范围广、调速范围大、控制要求高，因而电气控制线路较复杂。

（1）为适应各种工件加工工艺的要求，主轴应能在大范围内调速，多采用交流电动机驱动的滑移齿轮变速系统，由于镗床主拖动要求恒功率拖动，所以采用"△-ΥΥ"双速电动机。

（2）由于采用滑移齿轮变速，为防止顶齿现象，要求主轴系统变速时作低速断续冲动。

（3）为适应加工过程中调整的需要，要求主轴可以正、反转点动调整，这是通过主轴电动机低速点动来实现的。同时还要求主轴可以正、反向旋转，这是通过主轴电动机的正、反转来实现的。

（4）主轴电动机低速时可以直接启动，在高速时控制线路要保证先接通低速，经延时再接通高速以减小启动电流。

（5）主轴要求快速而准确地制动，所以必须采用效果好的停车制动控制。

（6）由于进给部件多，快速进给用另一台电动机拖动。

三、T68 型卧式镗床电气原理图识读

T68 型卧式镗床电气原理图如图 4-28 所示。

1. 图区划分、电气元件作用分析

图 4-28 中，主轴电动机 M1、进给电动机 M2 对应主电路图区、控制电路图区以及控制电气元件见表 4-31，电气元件主要作用见表 4-32。

2. 工作原理

（1）先合上电源开关 QS。

（2）主轴电动机 M1 控制。主轴电动机 M1 电气原理图由主电路第 2、3 区和控制电路第 8～23 区组合而成，属于正反转双速控制单元主电路结构。

正反转控制。按下正转启动按钮 SB2，中间继电器 KA1 线圈得电吸合，常开触点 KA1（12 区）闭合，接触器 KM3 线圈得电（此时行程开关 ST3 和 ST4 已被操作手柄压合），KM3 主触点闭合，将制动电阻 R 短接，同时 KM3 辅助常开触点（19 区）闭合，接触器 KM1 线圈得电吸合，KM1 主触点闭合，接通电源，KM1 的辅助常开触点（22 区）闭合，接触器 KM4 线圈得电吸合，KM4 主触点闭合，电动机 M1 定子绕组连接成△正向启动。

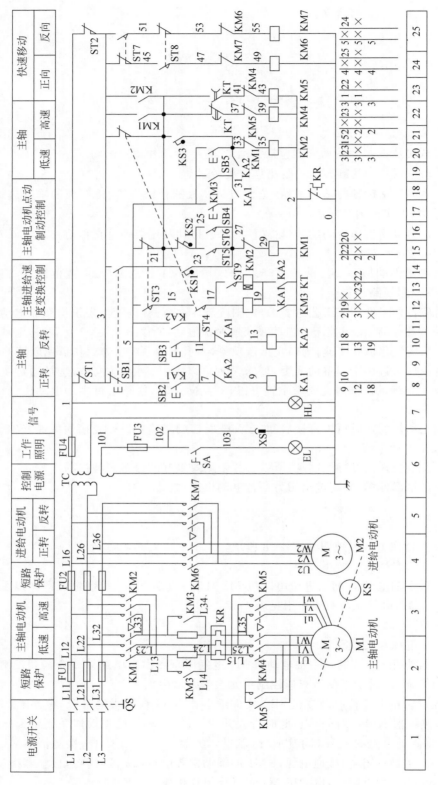

图 4-28 T68 型卧式镗床电气原理图

表 4-31　M1、M2 对应图区以及控制电气元件一览表

名称及代号	主电路图区	控制电路图区	控制电气元件	控 制 要 求
主轴电动机 M1	2、3	8～23	KM1～KM5	正反转双速控制等
进给电动机 M2	4、5	24、25	KM6、KM7	正反转点动控制

表 4-32　电气元件主要作用

符号	元件名称	作 用	符号	元件名称	作 用
QS	组合开关	电源开关	KA1、KA2	中间继电器	拓展触点系统
FU1～FU4	熔断器	短路保护	ST1、ST2	行程开关	联锁保护
KR	热继电器	M1 过载保护	ST3	行程开关	主轴变速控制
KM1、KM2	接触器	M1 正反转控制	ST4	行程开关	进给变速控制
KM3	接触器	M1 全压运行控制	ST5	行程开关	进给变速冲动控制
KM5、KM4	接触器	M1 高、低速控制	ST6	行程开关	M1 变速冲动控制
KM6、KM7	接触器	M2 正反转控制	ST8、ST7	行程开关	进给正反向快速移动控制
KS	速度继电器	M1 反接制动控制	TC	变压器	降压
R	电阻器	制动电阻	SA	转换开关	照明灯开关
SB1	按钮	M1 制动停止按钮	EL	照明灯	照明
SB2、SB3	按钮	M1 正反转启动按钮	HL	信号灯	电源指示
SB4、SB5	按钮	M1 正反转点动按钮	ST9	行程开关	高低速转换控制

反转时只需按下反转启动按钮 SB3，工作原理与正转控制相同，所不同的是中间继电器 KA2 和接触器 KM2 得电吸合。

点动控制。主轴电动机 M1 的点动控制包括正转点动控制和反转点动控制。当需要主轴电动机 M1 正转点动时，按下 17 区中的正转点动按钮 SB4，接触器 KM1 通电闭合，KM1 在 22 区中的常开触点闭合，接通接触器 KM4 线圈的电源，接触器 KM4 通电闭合。接触器 KM1 与接触器 KM4 的主触点将主轴电动机 M1 的绕组接成△连接且串入电阻 R 正向低速点动运转。松开按钮 SB4，主轴电动机 M1 停止正转。同理，当需要主轴电动机 M1 反转点动时，按下或松开 20 区中反转点动按钮 SB5，即可实现主轴电动机 M1 反转点动控制。

高低速控制。主轴电动机 M1 高低速控制包括高速正转控制、高速反转控制、低速正转控制和低速反转控制。此处以主轴电动机 M1 高速正转控制为例进行介绍，其他三种控制请读者参照高速正转控制自行分析。

当需要主轴电动机 M1 高速正转时，将机床高、低速变速手柄扳至"高速"挡，行程开关 ST9 被手柄压合，其在 13 区中的常开触点闭合。然后按下 8 区中主轴电动机 M1 的正转启动按钮 SB2，中间继电器 KA1 通电闭合且自锁。由于此时 12 区中行程开关 ST3、ST4 的常开触点在正常情况下处于压合状态，故接触器 KM3 和时间继电器 KT 通电闭合。其中接触器 KM3 在 2 区的主触点闭合，短接限流电阻 R；KM3 在 19 区的常开触点闭合，接触器 KM1 通电闭合，KM1 在 2 区中的主触点接通主轴电动机 M1 的正转电源；同时，KM1 的辅助常闭触点断开，切断接触器 KM2 线圈回路的电源通路；KM1 的辅助常开触点闭合，使接触器 KM4 通电闭合，KM4 的辅助常闭触点断开，切断接触器 KM5 线圈回路的电源通路；同时 KM4 在 2 区中的主触点闭合，连同接触器 KM1 的主触点将主轴电动机 M1 绕组接成△连接并低速正转启动。经过一段时间后，时间继电器 KT 在 23 区中的通电延时断开常闭

触点断开,切断接触器 KM4 线圈电源,KM4 失电释放,其主触点断开。而时间继电器 KT 在 23 区中的通电延时闭合常开触点闭合,接通接触器 KM5 线圈的电源,KM5 通电闭合,其在 2 区和 3 区中的主触点闭合,连同接触器 KM1 的主触点将主轴电动机 M1 绕组接成丫丫连接并高速正转运行。

停车制动控制。当主轴电动机 M1 处于正向高速或低速运转,且正转速度达到 120r/min 时,速度继电器 KS 速度限制触点 KS2 闭合,为接触器 KM1 释放时接通接触器 KM2 线圈电源使主轴电动机 M1 停车进行正转反接制动做好了准备。

当需要主轴电动机 M1 正向运转制动停止时,按下主轴电动机 M1 的制动停止按钮 SB1,按钮 SB1 在 8 区中的常闭触点首先断开,切断中间继电器 KA1 线圈的电源,KA1 失电释放,KA1 在 10 区的常开触点复位断开,使接触器 KM3 和时间继电器 KT 失电释放,KT 在 22 区中的通电延时断开触点复位闭合。而中间继电器 KA1 在 18 区中的常开触点复位断开,切断接触器 KM1 线圈的电源,接触器 KM1 失电释放,其主触点断开主轴电动机 M1 的正转电源。接触器 KM1 在 20 区中的常开触点复位闭合,为主轴电动机 M1 正转反接制动做好了准备。继而 SB1 在 14 区中的常开触点被压下闭合,接通接触器 KM2 线圈的电源,接触器 KM2 通电闭合并自锁,KM2 在 3 区中的主触点闭合,连同接触器 KM4 主触点将主轴电动机 M1 绕组接成△连接并串入电阻 R 反向启动运转,主轴电动机 M1 的正转速度迅速下降。当主轴电动机 M1 的正转速度下降至 100r/min 时,速度继电器 KS 的速度限制触点 KS2 复位断开,接触器 KM2、KM4 失电释放,完成主轴电动机 M1 正转反接制动控制过程。

主轴电动机 M1 的反转停车制动控制与主轴电动机 M1 的正转停车制动控制相同,请读者自行分析,在此不再赘述。

主轴变速及进给变速控制。主轴的各种速度是通过变速操纵盘改变传动链的传动比来实现的。当主轴在工作过程中,欲要变速,可不必按停止按钮,而可直接进行变速。设 M1 原来运行在正转状态,速度继电器 KS 速度限制触点 KS3(21 区)闭合。将主轴变速操纵盘的操作手柄拉出,与变速手柄有机械联系的行程开关 ST3 不再受压而断开,KM3 和 KM4 线圈先后断电释放,电动机 M1 断电;由于行程开关 ST3 常开触点(15 区)闭合,KM3 和 KM4 线圈获电吸合,电动机 M1 串入电阻 R 反接制动。等速度继电器 KS(21 区)常开触点断开,M1 停车,便可转动变速操纵盘进行变速。变速后,将变速手柄推回原位,ST3 重新压合,接触器 KM3、KM1 和 KM4 线圈获电吸合,电动机 M1 启动,主轴以新选定的速度运转。

变速时,若因齿轮卡住手柄推不上时,此时变速冲动行程开关 ST6 被压合,速度继电器的常闭触点 KS2(15 区)已恢复闭合,接触器 KM1 线圈获电吸合,电动机 M1 启动;当速度高于 120r/min 时,常闭触点 KS2(15 区)又断开,KM1 线圈断电释放,电动机 M1 又断电;当速度降到 100r/min 时,常闭触点 KS2 又闭合了,从而又接通低速旋转电路而重复上述工程。这样,主轴电动机就被间歇地启动和制动而低速旋转,以便齿轮顺利啮合。直到齿轮啮合好,手柄推上后,压下行程开关 ST3,松开 ST6,将冲动电路切断。同时,由于 ST3 的常开触点(12 区)闭合,主轴电动机启动旋转,主轴从而获得所选定的转速。

进给变速的操作和控制与主轴变速的操作和控制相同,只是在进给变速时,拉出的操作手柄是进给变速操纵盘的手柄,与该手柄有机械联系的是行程开关 ST4,进给变速冲动的行程开关是 ST5。

（3）进给电动机 M2 控制。进给电动机 M2 电气原理图由主电路第 4、5 区和控制电路第 24、25 区组合而成，属于正反转单元电路结构。

正反转控制。进给电动机 M2 由快速进给操作手柄控制的行程开关 ST7 和 ST8 控制其正转和反转。当操作手柄扳至"正向"位置时，行程开关 ST8 被压合，接触器 KM6 通电闭合，其在 4 区的主触点接通进给电动机 M2 的正转电源，M2 正向启动运转。当操作手柄扳至"反向"位置时，行程开关 ST7 被压合，接触器 KM7 通电闭合，其在 5 区的主触点接通进给电动机 M2 的反转电源，M2 反向启动运转。将操作手柄扳至"中间"位置时，进给电动机 M2 停转。

进给变速控制。进给变速控制的原理与主轴变速的原理相同，它是通过将进给变速手柄拉出，选择合适的转速进行变速的。下面以主轴电动机 M1 运行于反转状态，速度继电器在 14 区中的常开触点 KS 闭合为例，予以介绍。

当需要进给变速时，将进给变速手柄拉出，此时行程开关 ST4 复位，接触器 KM2～KM4 均失电释放。此时接触器 KM1 得电闭合，接通接触器 KM4 线圈电源，主轴电动机 M1 串入电阻 R 反转反接制动。主轴电动机 M1 反转速度迅速下降，当速度降至 100r/min 时，速度继电器 KS 在 14 区中常开触点 KS1 断开，主轴电动机 M1 停转。此时转动进给变速操作盘，选择新的速度后，将进给变速手柄压回原位。在压回原位的过程中，若因齿轮不能啮合，卡住手柄不能压下去时，进给变速冲动开关 ST5 被压合，接触器 KM1 得电闭合，接通接触器 KM4 线圈电源，主轴电动机 M1 串入电阻低速正转启动。当转速达到 120r/min 时，速度继电器 KS 在 15 区中的常闭触点 KS2 断开，主轴电动机 M1 又停转。当转速减至 100r/min 时，速度继电器 KS 在 15 区中的常闭触点 KS2 又复位闭合，主轴电动机 M1 又正转启动。如此反复，直到新的进给变速齿轮啮合好为止。此时进给变速手柄压回原位，行程开关 ST5 松开，变速冲动电路被切断，行程开关 ST4 被重新压下，接触器 KM2、KM3 和 KM5 线圈得电，主轴电动机 M1 反转启动，从而完成进给变速控制功能。

（4）联锁保护装置。为了防止在工作台或主轴箱自动快速进给时又将主轴进给手柄扳到自动快速进给的误操作，就采用了与工作台和主轴箱进给手柄有机械连接的行程开关 ST1（在工作台后面）。当上述手柄扳至工作台（或主轴箱）自动快速进给的位置时，ST1 被压断开。同样，在主轴箱上还装有另一个行程开关 ST2，它与主轴进给手柄有机械连接，当这个手柄动作时，ST2 也受压分断。电动机 M1 和 M2 必须在行程开关 ST1 和 ST2 中有一个处于闭合状态时，才可以启动。如果工作台（或主轴箱）在自动进给（此时 ST1 断开）时，再将主轴进给手柄扳至自动进给位置（ST2 也断开），那么电动机 M1 和 M2 便都自动停车，从而达到联锁保护之目的。

（5）照明、信号电路。照明、信号电路由 6 区和 7 区对应电气元件组成。控制变压器 TC 输出的 36V 交流电压为照明电路电源。其中 EL 为机床工作低压照明灯，由单极开关 SA 控制，熔断器 FU3 实现照明电路短路保护功能；HL 为控制线路电源信号指示灯，直接接于 110V 交流电源上，当机床正常工作时，HL 点亮，当机床停止工作时，HL 熄灭。

（6）停止使用时，断开电源开关 QS。

知识拓展

类似镗床——T617 型卧式镗床电气控制线路赏析

T617 型卧式镗床电气原理图如图 4-29 所示。

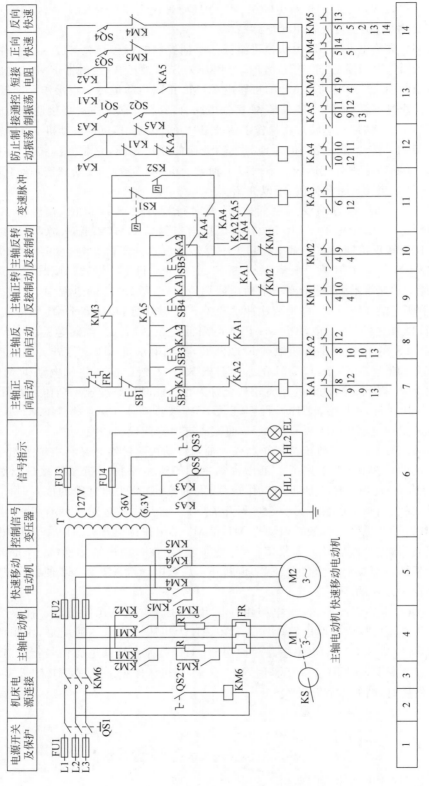

图 4-29　T617 型卧式镗床电气原理图

识图要点

（1）T617 型卧式镗床由主轴电动机 M1、快速移动电动机 M2 驱动相应机械部件实现工件镗削加工。故其主电路由 1 区～5 区组成，控制电路由 6 区～14 区组成。

（2）主轴电动机 M1 采用串接电阻降压启动。主轴电动机 M1 和进给电动机 M2 均可正、反向转动。

（3）机床有两个电源开关。其中电源开关 QS1 安装在配电箱里，可在检修电气设备时断开机床电源；另一个电源开关 QS2 安装在按钮操作台上，控制接触器 KM6 工作电源通断，也可以作为紧急停止开关。

（4）合上电源开关以后，还应当把主轴和进给机构的两个调速手柄放在左面的正常工作位置，与调速手柄联动的行程开关 SQ1 和 SQ2 的常闭触点闭合，中间继电器 KA5 动作后，信号灯 HL1 亮，表示控制电路可以开始工作。否则，整个控制电路不能投入工作。

（5）机床设置有进给过载保护装置。当进给应力超过允许值时，保险离合器就会移动，使进给停止。保险离合器移动时使行程开关 SQ5 的触点闭合，红色信号灯 HL2 亮。这时主轴电动机 M1 仍继续旋转。

T617 型卧式镗床关键电气元件见表 4-33 所示。

表 4-33　T617 型卧式镗床关键电气元件

序号	代　号	名　称	功　能
1	KM1	接触器	主轴电动机 M1 正转反接制动控制
2	KM2	接触器	主轴电动机 M1 反转反接制动控制
3	KM3	接触器	控制主轴电动机 M1 全压运行电源通断
4	KM4	接触器	控制快速移动电动机 M2 正转电源通断
5	KM5	接触器	控制快速移动电动机 M2 反转电源通断
6	KA1	中间继电器	主轴电动机 M1 正向启动控制
7	KA2	中间继电器	主轴电动机 M1 反向启动控制
8	KA3	中间继电器	变速脉冲控制
9	KA4	中间继电器	防止振动控制
10	KA5	中间继电器	主轴电动机 M1 串接电阻降压启动控制
11	SB1	按钮	主轴电动机 M1 停止按钮
12	SB2	按钮	主轴电动机 M1 正转启动按钮
13	SB3	按钮	主轴电动机 M1 反转启动按钮
14	SB4	按钮	主轴电动机 M1 正转反接制动点动按钮
15	SB5	按钮	主轴电动机 M1 反转反接制动点动按钮
16	FR	热继电器	M1 过载保护

技能训练 4-5　T68 型卧式镗床电气控制线路的检修

［工具与仪器］

工具与仪表选用见表 4-34。

表 4-34 工具与仪表选用

工具	电工钳、尖嘴钳、斜口钳、剥线钳、电工刀、螺钉旋具、验电笔
仪表	万用表、钳形电流表、兆欧表

[训练内容与步骤]

（1）在教师指导下对镗床进行操作，熟悉镗床的主要结构和运动形式，了解镗床的各种工作状态和操作方法。

（2）熟悉镗床电器元件的实际位置和走线情况，并通过测量等方法找出实际走线路径。

（3）学生观摩检修。在 T68 型卧式镗床上人为设置自然故障点，由教师示范检修，边分析边检查，直至故障排除。教师示范检修时，应将检修步骤及要求贯穿其中，边操作边讲解。

（4）教师在线路中设置两处人为的自然故障点，由学生按照检查步骤和检修方法进行检修。

注意

（1）检修前要认真阅读电气原理图，熟练掌握各个控制环节的原理及作用，并认真观摩教师的示范教学。

（2）注意观察 T68 型卧式镗床电气元件的安装位置和走线情况。

（3）严禁扩大故障范围或产生新的故障，不得损坏电气元件或设备。

（4）停电要验电。带电检修时，必须有指导教师在现场监护，以确保用电安全。同时要做好训练记录。

[考核内容与要求]

（1）根据故障现象，在电气原理图上分析故障可能产生的原因，简单编写故障检修计划，确定故障发生的范围和故障点，排除故障后需进行试车。

（2）在考核过程中，学生须完成普通机床电气控制线路检修报告，普通机床电气控制线路检修报告见附录 B。

（3）考核过程中，注意"6S 管理"要求。

[评分标准]

评分标准见附录 C。

思考与练习

1. T68 型卧式镗床有几台电动机？它们的作用分别是什么？

2. T68 型卧式镗床是如何实现主轴变速的？简述主轴变速冲动的工作原理。

3. T68 型卧式镗床电气控制线路中具有哪些电气联锁措施？

4. T68 型卧式镗床电气控制线路中 KM4、KM5 联锁触点可以去掉吗？为什么？

课题六　G-CNC6135型数控车床电气控制线路

数控机床是将传统的机床通过数控系统的控制实现机床运动,包括控制刀具和工件之间的相对位置、机床电机的启动和停止、主轴变速、刀具的松开和夹紧,冷却系统的启停等各种动作。具有加工精度高、生产效率高、适用性和通用性较强等特点,其主要类型有数控车床、数控铣床、数控磨床等。本课题选取G-CNC6135型数控车床电气控制线路进行研究。

一、G-CNC6135型数控车床电气控制及运动形式

G-CNC6135型数控车床是控制两坐标的数控机床,它能用来自动进行各种零件的外圆、内孔、端面、锥面及母线为任意二次曲线的柱面车削加工,并可用来进行钻孔、铰孔等。

1. 数控车床电气控制原理

数控车床是由计算机数控装置进行控制的,但整个数控车床电气控制系统除了计算机数控系统外,还需有电源、电源保护、继电器、接触器控制等与其相配合。计算机数控装置方框图如图4-30所示。

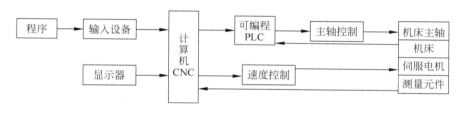

图4-30　数控装置方框图

数控装置各部分的功能与作用如下:

输入设备:通过一定方式输入(人工键盘输入、纸带阅读输入、上位计算机输入)程序、补偿数据、控制参数以及机床反馈的各种信息。

显示器(LCD/CRT):显示程序、参数、刀具位置、机床状态以及各种报警。

计算机:数控装置的核心,主要运用其强大的运算功能进行数据处理和逻辑判断。

2. 数控车床电气控制及运动形式

(1)数控车床的主运动:夹持工件卡盘的转动,可正反转和变速,由电动机M1拖动,也称为主轴的运动。

(2)数控车床的进给运动:刀架沿 X 轴直线行进或 Z 轴直线行进,刀架沿 X 轴和 Z 轴合成曲线行进,可进退。X 轴和 Z 轴各由一台伺服电动机驱动。

(3)数控车床的辅助运动:刀架转动,可正反转,由电动机M5拖动,刀架控制器控制;冷却泵由电动机M2拖动;液压泵由电动机M3拖动;数控车床的照明,由照明灯照明。数控车床的运动都是由计算机数控系统按照程序控制运行的。

(4)具备完善的急停和限位保护等措施。

(5)各种信号指示和显示反映在屏幕(LCD/CRT)或操作面板上,其中包括故障报警显示。

二、G-CNC6135型数控车床电气原理图识读

G-CNC6135型数控车床电气原理图如图4-31、图4-32、图4-33所示。

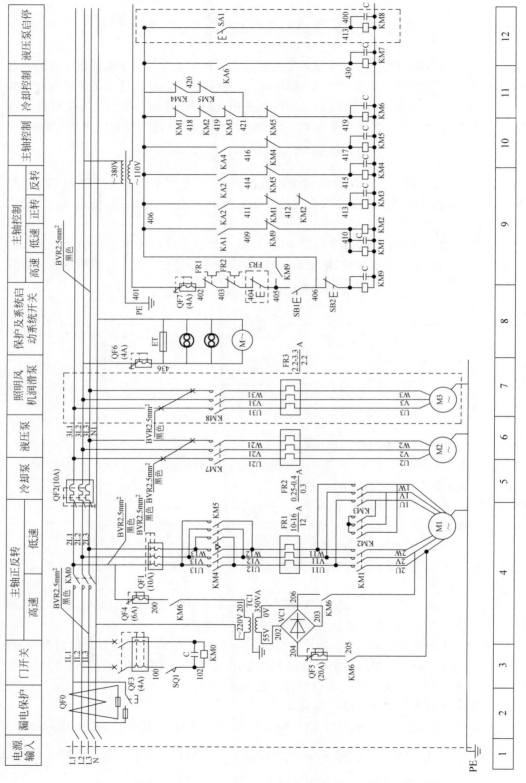

图 4-31 G-CNC6135 型数控车床电气原理图一

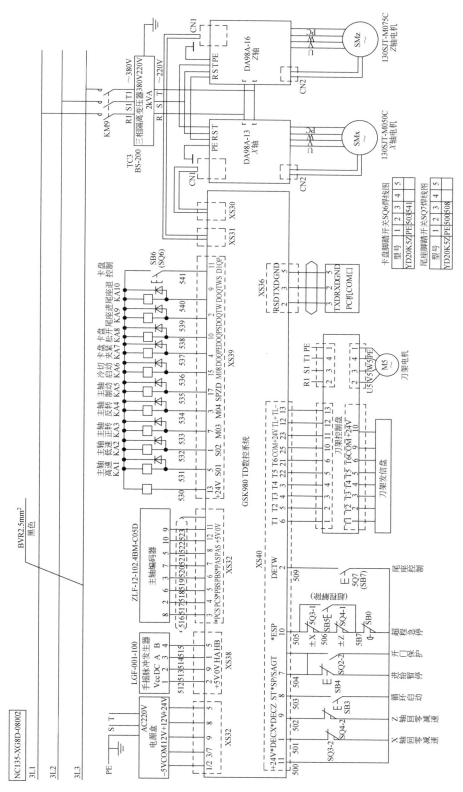

图 4-32　G-CNC6135 型数控车床电气原理图二

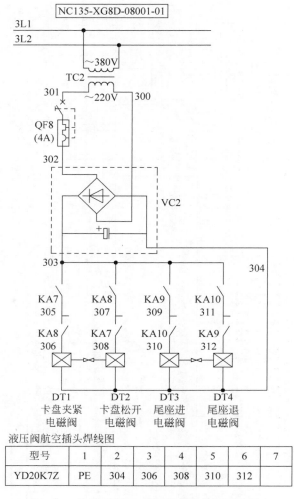

液压阀航空插头焊线图

型号	1	2	3	4	5	6	7
YD20K7Z	PE	304	306	308	310	312	

图 4-33　G-CNC6135 型数控车床电气原理图三

1. 主电路识读

1）主电路图区划分

G-CNC6135 型数控车床由主轴电动机 M1、冷却泵电动机 M2、液压泵电动机 M3 驱动相应机械部件实现工件车削加工。根据机床电气控制系统主电路定义可知，其主电路由图 4-31 中 1～7 区组成。其中 1 区、2 区、3 区、5 区为电源开关、保护及门开关部分，4 区为主轴电动机 M1 主电路，6 区为冷却泵电动机 M2 主电路、7 区为液压泵电动机 M3 主电路。

2）主电路识图

（1）主轴电动机 M1 主电路。由图 4-31 中 4 区主电路可知，主轴电动机 M1 主电路属于正反转、两速、能耗制动单元主电路结构。实际应用时，KM1、KM2 主触点控制主轴电动机 M1 高速运转电源通断；KM3 主触点控制主轴电动机 M1 低速运转电源通断；KM4、KM5 主触点分别控制主轴电动机 M1 正、反转电源通断；KM6 主触点控制主轴电动机 M1 能耗制动电源通断。此外，空气自动开关 QF1 实现主轴电动机 M1 短路及欠电压等保护功能，热继电器 FR1 实现 M1 过载保护功能。

（2）冷却泵电动机 M2、液压泵电动机 M3 主电路。由图 4-31 中 6 区、7 区主电路可知，M2、M3 主电路均属于单向运转单元主电路结构。实际应用时，KM7、KM8 主触点分别控制 M2、M3 工作电源通断；热继电器 FR2、FR3 分别实现 M2、M3 过载保护功能。

2. 控制电路识读

1）主轴电动机 M1 控制电路。

（1）主轴电动机 M1 控制电路图区划分。由图 4-31 中 4 区主电路可知，主轴电动机 M1 工作状态由接触器 KM1～KM6 主触点进行控制，故可确定图 4-31 中 9 区、10 区接触器 KM1～KM6 线圈回路电气元件构成主轴电动机 M1 控制电路。

（2）主轴电动机 M1 控制电路识图。主轴电动机 M1 控制电路属于正反转、两速、能耗制动单元控制线路结构。其工作原理已在几章中进行介绍，此处不再赘述。

值得注意的是，G-CNC6135 型数控车床控制电路中较少使用按钮等控制开关，其控制由计算机数控系统通过中间继电器 KA1～KA4 实现。

G-CNC6135 型数控车床计算机数控系统见图 4-32、图 4-33。具体工作原理此处不予介绍，感兴趣的读者可参照相关文献资料自行学习。

2）冷却泵电动机 M2、液压泵电动机 M3 控制电路

（1）冷却泵电动机 M2、液压泵电动机 M3 控制电路图区划分。由图 4-31 中 6 区、7 区主电路可知，冷却泵电动机 M2、液压泵电动机 M3 工作状态分别由接触器 KM7、KM8 主触点进行控制，故可确定图 4-31 中 11 区、12 区接触器 KM7、KM8 线圈回路电气元件构成 M2、M3 控制电路。

（2）冷却泵电动机 M2、液压泵电动机 M3 控制电路识图。冷却泵电动机 M2、液压泵电动机 M3 控制电路均属于单向运转控制电路结构。其中 M2 由计算机数控系统通过中间继电器 KA6 进行控制，即当 KA6 常开触点闭合时，接触器 KM7 得电吸合，其主触点闭合，电动机 M2 得电启动运转；当 KA6 常开触点断开时，电动机 M2 则失电停止运转。M3 由转换开关 SA1 进行点动控制，即 SA1 接通时，接触器 KM8 线圈得电吸合，其主触点闭合，电动机 M3 得点启动运转；松开 SA1，则电动机 M3 失电停止运转。

变频调速系统

知识目标

1. 了解变频器的产生与发展前景；
2. 掌握变频器的基本结构及工作原理；
3. 掌握 FR-E700 系列变频器端子功能及接线方法。

能力目标

1. 了解变频器的额定参数、技术指标与产品选型；
2. 掌握 FR-E700 系列变频器的运行与操作方法。

课题一　变频器的产生与发展前景探究

一、变频器的产生与定义

1. 变频器的发展简史

直流电动机拖动系统和交流电动机拖动系统产生于 19 世纪，距今已有 200 多年的历史，并已成为动力机械的主要驱动装置。由于技术上的原因，在很长一段时期内，占整个电力拖动系统 80% 左右的不变速拖动系统中采用的是交流电动机，而在需要进行调速控制的拖动系统中则基本上采用直流电动机。但由于结构上的原因，直流电动机存在以下显著缺点：

（1）需要定期更换电刷和换向器，维护保养困难，寿命较短；

（2）由于直流电动机存在换向火花，难以应用于存在易燃易爆气体的恶劣环境；

（3）结构复杂，难以制造大容量、高转速和高电压的直流电动机。

上述存在问题解决途径之一是利用可调速交流电动机代替直流电动机。因此，很久以来，交流调速系统成为电动机领域主要研究方向之一。但直至 20 世纪 70 年代，交流调速系统的研究开发一直未能得到真正能够令人满意的成果，也因此限制了交流调速系统的推广应用。也正是因为这个原因，在工业生产中大量使用的诸如风机、水泵等需要进行调速控制的电力拖动系统中不得不采用挡板和阀门来调节风速和流量。这种做法不但增加了系统的复杂度，也造成了能源的浪费。

经历了20世纪70年代中期的第2次石油危机之后,人们充分认识到了节能工作的重要性,并进一步重视和加强了对交流调速系统的研究开发工作。随着同时期电力电子技术的发展,作为交流调速系统核心的变频器技术也得到了显著的发展,并逐渐进入了实用阶段。

变频器技术诞生的背景是对交流电动机无级调速的广泛需求。其中电力半导体器件是变频器技术发展的基础,故电力半导体器件的发展史就是变频器技术的发展史。

第一代电力半导体器件以1956年出现的晶闸管为代表。晶闸管是电流控制型开关器件,只能通过门极控制其导通而不能控制其关断,因此也称为半控器件。由晶闸管组成的变频器工作频率较低,应用范围很窄。

第二代电力半导体器件以门极关断晶闸管GTO(Gate Turn-Off Thyristor)和电力晶体管GTR(Giant Transistor)为代表。这两种电力半导体器件是电流控制型自关断开关器件,可以方便地实现逆变和斩波,但其工作频率仍然不高,一般在5kHz以下。尽管该阶段已经出现了脉宽调制PWM(Pulse-Width Modulation)技术,但因斩波频率和最小脉宽都受到限制,难以获得较为理想的正弦脉宽调制波形,会使异步电动机在变频调速时产生刺耳的噪声,因而限制了变频器的推广和应用。

第三代电力半导体器件以电力MOS场效应晶体管MOSFET(Metal-Oxide-Semiconductor Field Effect Transistor)和绝缘栅双极性晶体管IGBT(Insulated Gate Bipolar Transistor)为代表,在20世纪70年代开始应用。这两种电力半导体器件是电压型自关断器件,其开关频率可达到20kHz以上。由于采用脉宽调制技术,由MOSFET或IGBT构成的变频器应用于异步电动机变频调速时,噪声可大大降低。目前,由MOSFET或IGBT构成的变频器已在工业控制等领域得到广泛应用。

第四代电力半导体器件以智能化功率集成电路SPIC(Smart Power Integrated Circuit)和智能功率模块IPM(Intelligent Power Module)为代表。它们实现了开关频率的高速化、低导通电压的高效化和功率器件的集成化,另外还可集成逻辑控制、保护、传感及测量等变频器辅助功能。目前,由PIC或IPM构成的变频器是众多变频器生产厂家的主要研究、生产方向。

相对于工业化国家来说,我国变频器行业起步较晚,直到20世纪90年代初,国内企业才开始认识变频器的作用,并开始尝试使用,国外的变频器产品正式涌进中国市场。步入21世纪后,国产变频器逐步崛起,现已逐渐抢占高端市场。

2. 变频器的定义

变频器的发展初期,不同的开发制造商对变频器有不同的定义。为使这一新型的工业控制装置的生产和发展规范化,工控行业对变频器作了如下精确定义:

"利用电力半导体器件的通断作用将电压和频率固定不变的工频交流电源变换成电压和频率可变的交流电源,供给交流电动机实现软启动、变频调速、提高运转精度、改变功率因数、过流/过压/过载保护等功能的电能变换控制装置。"变频器的英文简称为VVVF(Variable Voltage Variable Frequency)。

3. 变频器的分类

变频器可按照用途、控制方式、主电路结构、变频电源性质、调压方式等方法进行分类,见表5-1。

表 5-1　变频器分类

分类方法	类　型	主 要 特 点
按用途分	通用变频器	分为简易型变频器和高性能多功能变频器两类
	专用变频器	分为高性能专用变频器、高频变频器、高压变频器等类型
按控制方式分	U/f 控制变频器	压频比控制。对变频器输出的电压和频率同时进行控制
	SF 控制变频器	转差频率控制。变频器的输出频率由电动机的实际转速与转差频率之和自动设定，属于闭环控制
	VC 控制变频器	矢量控制。同时控制异步电动机定子电流的幅值和相位，即控制定子电流矢量
按主电路结构分	交-直-交变频器	先由整流器将电网中的交流电整流成直流电，经过滤波，而后由逆变器再将直流逆变成交流供给负载
	交-交变频器	只用一个变换环节就可以把恒压恒频（CVCF）的交流电源变换成变压变频（VVVF）电源，因此又称直接变频装置
按变频电源性质分	电压型变频器	当中间直流环节采用大电容滤波时，称为电压型装置
	电流型变频器	采用高阻抗电感滤波时，称为电流型装置
按调压方式分	PAM 变频器	脉幅调制。通过改变电压源的电压或电流源的电流的幅值进行输出控制，其中逆变器负责调节输出频率
	PWM 变频器	脉宽调制。通过改变输出脉冲的占空比进行输出控制

二、变频器的典型应用与发展前景探究

1. 变频器的典型应用

发展变频器技术最初的目的主要是为了节能，但是随着电力电子技术、微电子技术和控制理论的发展，电力半导体器件和微处理器的性能不断提高，变频器技术也得到了显著发展，应用范围也越来越广。

（1）节能领域的应用。在工控领域，变频调速已被认为是最理想、最有发展前途的调速方式之一。风机、泵类负载采用变频调速后，节电率可以达到 20%～60%，这是由于风机、泵类负载的耗电功率基本与转速的三次方成正比。当用户需要的平均流量较小时，风机、泵类采用变频调速后其转速降低，节能效果非常可观。而传统的风机、泵类采用挡板和阀门进行流量调节，电动机转速基本不变，耗电功率变化不大。由于风机、泵类负载在采用变频调速后，可以节省大量电能，所需的投资在较短的时间内就可以收回，因此变频器在该领域的应用日益广泛。目前应用较成功的有恒压供水系统、各类风机、中央空调和液压泵的变频调速。

（2）自动控制系统领域的应用。由于变频器内置有 32 位或 16 位的微处理器，具有多种算术逻辑运算和智能控制功能，故在自动控制系统中得到广泛应用。如化纤行业中的卷绕、拉伸、计量，玻璃行业中的平板玻璃退火炉、玻璃窑搅拌器、拉边机，电弧炉的自动加料、配料系统以及电梯的智能控制等。

（3）产品工艺和生产设备领域的应用。变频器还可以广泛用于传送、起重、挤压和机床等各种机械设备控制领域，它可以提高工艺水平和产品质量，减少设备的冲击和噪声，延长设备的使用寿命。此外，采用变频调速控制可使机械系统得到简化，操作和控制更加方便，有的甚至可以改变原有的工艺规范，从而提高整个设备的性能。

2. 变频技术的发展前景探究

随着国家节能减排政策的不断加强和用户对降低能耗的需求不断提高，变频技术作为

高新技术、基础技术和节能技术,已经渗透到经济领域的所有技术部门中,变频器市场正在以每年超过 30% 的速度快速增长。

变频技术的发展方向是高电压、大容量、低成本化以及组件模块化、微型化、智能化,多种适宜变频调速的新型电动机正在开发研制之中。IT 技术的迅猛发展,以及控制理论的不断创新,这些技术都将影响变频技术发展的趋势。

思考与练习

1. 简述变频器的定义。
2. 变频器的分类方法有哪些?
3. 简述变频器的典型应用。

课题二 变频器的基本结构及控制原理

一、变频器的基本结构

目前,变频器的变换环节大多采用交-直-交变频变压方式。该方式是先把工频交流电通过整流器变换成直流电,然后再把直流电逆变成频率、电压连续可调的交流电。变频器主要由主电路和控制电路组成,其中主电路包括整流电路、直流中间电路和逆变电路 3 部分,其基本结构如图 5-1 所示。

图 5-1 交-直-交变频器的基本结构

1. 变频器的主电路

给异步电动机提供可调频、调压电源的电力变换电路,称为主电路。图 5-2 所示为变频器的主电路,各部分的作用见表 5-2。

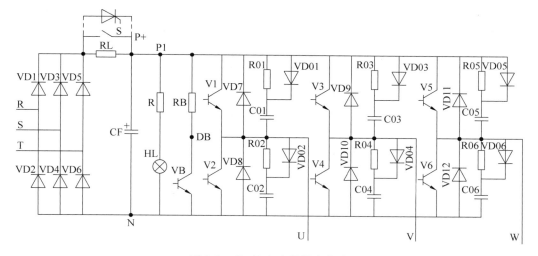

图 5-2 交-直-交变频器主电路

表 5-2 交-直-交变频器主电路元件作用

单元电路	元件	作用
整流电路：将频率固定的三相交流电变换成直流电	VD1～VD6	三相整流桥。将交流电变换成脉动直流电。若电源线电压为 U_L，则整流后的平均电压 $U_D = 1.35U_L$
	CF	滤波电容器。将脉动直流电变换为平滑直流电
	RL、S	充电限流控制线路。接通电源时，将电容器 CF 的充电浪涌电流限制在允许范围内，以保护桥式整流电路。而当 CF 充电到一定程度时，令开关 S 接通，将 RL 短路。在某些变频器中，S 由晶闸管代替
	HL	电源指示灯。HL 除了表示电源是否接通外，另一个功能是变频器切断电源后，指示电容器 CF 上的电荷是否已经释放完毕。在维修变频器时，必须等 HL 完全熄灭后才能接触变频器内部带电部分，以保证安全
逆变电路：将直流电逆变成频率、幅值均可调的交流电	V1～V6	三相桥式逆变器。通过逆变管 V1～V6 按一定规律轮流导通和截止，将直流电逆变成频率、幅值均可调的三相交流电
	VD7～VD12	续流二极管。在换相过程中为电流提供通道
	R01～R06、VD01～VD06、C01～C06	缓冲电路。限制过高的电流和电压，保护逆变管免遭损坏
	RB、VB	制动电路。当电动机减速、变频器输出频率下降过快时，消耗因电动机再生发电而回馈到直流电路中的能量，以避免变频器本身的过电压保护电路动作而切断变频器的正常输出

2. 变频器的控制电路

变频器的控制电路为主电路提供控制信号，其主要任务是完成对逆变器开关元件的开关控制和提供多种保护功能。变频器控制电路框图如图 5-3 所示，主要由主控板、键盘与显示板、电源板与驱动板、外接控制电路等构成，各部分的作用见表 5-3。

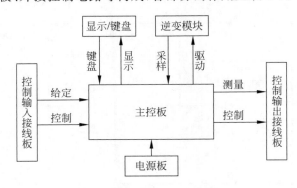

图 5-3 变频器控制电路框图

表 5-3　交-直-交变频器控制电路各部分的作用

部　件	作　用
主控板	主控板是变频器运行的控制中心,其核心器件是微处理器或数字信号处理器(DSP)。其主要功能有: (1) 接收并处理从键盘、外部控制电路输入的各种信号,如修改参数、正反转指令等; (2) 接收并处理内部的各种采样信号,如主电路中电压与电流的采样信号、各逆变管工作状态的采样信号等; (3) 向外电路发出控制信号及显示信号,如正常运行信号、频率到达信号等,一旦发现异常情况,立刻发出保护指令进行保护或停车,并输出故障信号; (4) 完成 SPWM 调制,将接收的各种信号进行判断和综合运算,产生相应的 SPWM 调制信号,并分配给各逆变管的驱动电路; (5) 向显示板和显示屏发出各种显示信号
键盘与显示板	键盘和显示板总是组合在一起。键盘向主控板发出各种信号或指令,主要用于向变频器发出运行控制指令或修改运行数据等 显示板将主控板提供的各种数据进行显示。大部分变频器配置了液晶或数码管显示屏,还有 RUN(运行)、STOP(停止)、FWD(正转)、REV(反转)、FLT(故障)等状态指示灯和单位指示灯,如频率、电流、电压。可以完成以下指示功能: (1) 在运行监视模式下,显示各种运行数据,如频率、电流、电压等; (2) 在参数模式下,显示功能码和数据码; (3) 在故障模式下,显示故障原因代码
电源板与驱动板	变频器的内部电源普遍使用开关稳压电源,电源板主要提供以下直流电源: (1) 主控板电源:具有良好稳定性和抗干扰能力的一组电源; (2) 驱动电源:逆变电路中上桥臂的 3 只逆变管驱动电路的电源是相互隔离的 3 组独立电源,下桥臂 3 只逆变管驱动电源则可共"地"。但驱动电源与主控板电源必须可靠绝缘; (3) 外控电源:为变频器外电路提供的稳定直流电源; 中、小功率变频器的驱动电路往往与电源电路在同一块电路板上,驱动电路接受主控板输出的 SPWM 调制信号,在进行光电隔离、放大后驱动逆变管(开关管)工作
外接控制电路	外接控制线路可实现由电位器、主令电器、继电器及其他自控设备对变频器的运行控制,并输出其运行状态、故障报警、运行数据信号等。一般包括外部给定电路、外接输入控制线路、外接输出电路、报警输出电路等。 大多数中、小容量变频器中,外接控制线路往往与主控电路设计在同一电路板上,以减小其整体的体积,提高电路可靠性,降低生产成本

二、变频器常用电力半导体器件简介

变频器逆变电路使用的电力半导体器件主要有电力晶体管 GTR、电力场效应晶体管 MOSFET、绝缘栅双极晶体管 IGBT、可关断晶闸管 GTO 和智能功率模块 IPM 等。

1. 电力晶体管 GTR

GTR 是一种高击穿电压、大容量的晶体管,具有自关断能力。GTR 模块的外形结构、图形符号及内部电路如图 5-4 所示。

GTR 是一种放大器件,具有 3 种工作状态:放大状态、饱和状态和截止状态。在逆变电路中,GTR 用作开关器件,即 GTR 工作在饱和状态和截止状态。

目前,变频器中普遍使用的是模块型电力晶体管,该类型电力晶体管一个模块的内部结

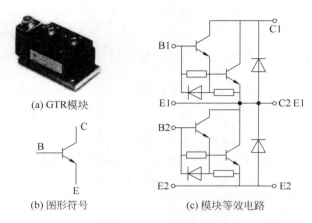

(a) GTR模块

(b) 图形符号

(c) 模块等效电路

图 5-4　GTR 的外形、图形符号和内部电路

构有一单元结构、二单元结构、四单元结构和六单元结构 4 种。

所谓一单元结构是指在一个模块内有一个电力晶体管和一个续流二极管反向并联,如 1DI20OA-120;二单元结构(又称半桥结构)是两个一单元串联在一个模块内,构成一个桥臂;四单元结构(又称全桥结构)是由两个二单元结构并联组成,可以构成单相桥式电路;而六单元结构(又称三相桥结构)是由三个二单元结构并联组成,可以构成三相桥式电路。对于小容量变频器,一般使用六单元模块,如 6DI1OM-120。

2. 绝缘栅双极晶体管 IGBT

IGBT 是 MOSFET(场效应晶体管)和 GTR 相结合的产物,其主体部分与 GTR 相同,也有集电极和发射极,驱动部分与 MOSFET 相同,采用绝缘栅结构。IGBT 外形结构、图形符号如图 5-5 所示。

(a) IGBT模块　　(b) 图形符号

图 5-5　IGBT 的外形、图形符号

IGBT 在外形上有模块型和芯片型两种。在变频器中使用的 IGBT 一般是模块型,有一单元(一个 IGBT 与一个续流二极管并联)、二单元(两个一单元串联构成桥臂)、四单元和六单元等模块,图 5-6 所示是它们的内部电路简图,目前已有 1200V/8A～1200V/2400A 系列产品。

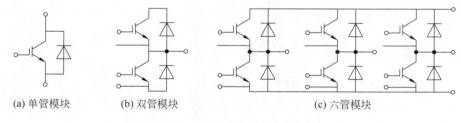

(a) 单管模块　　(b) 双管模块　　(c) 六管模块

图 5-6　IGBT 模块内部电路简图

IGBT 工作时,控制信号为电压信号,输入阻抗很高,栅极电流约为零,故输入驱动功率很小。而其主电路与 GTR 相同,工作电流为集电极电流 Ic。其工作频率可达 20kHz,故变频器以 IGBT 为开关器件时,电动机的电流波形比较平滑,基本无电磁噪声。

3. 可关断晶闸管 GTO

可关断晶闸管 GTO 具有普通晶闸管的全部优点,如耐压高、电流大等。同时它又是全控型器件,即在门极正脉冲电流触发下导通,在负脉冲电流触发下关断。图 5-7 所示为可关断晶闸管的外形结构、图形符号。

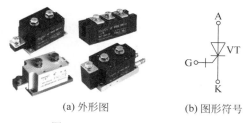

(a) 外形图　　　　(b) 图形符号

图 5-7　GTO 外形、图形符号

GTO 的内部结构与普通晶闸管相似,都是 PNPN 四层三端结构,外部引出阳极 A、阴极 K 和门极 G 三个电极。和普通晶闸管不同的是,GTO 是一种多元胞的功率集成器件,内部包含数十个甚至数百个共阳极的小 GTO 元胞,这些 GTO 元胞的阴极和门极在器件内部并联在一起,使器件的功率可以达到相当大的数值。

作为一种全控型电力电子器件,GTO 主要用于直流变换和逆变等需要元件强迫关断的地方,电压、电流容量较大,与普通晶闸管相近,可达到兆瓦数量级。

4. 智能功率模块 IPM

智能功率模块 IPM 是一种先进的功率开关器件,具有 GTR 高电流密度、低饱和电压和耐高压的优点,以及 MOSFET(场效应晶体管)高输入阻抗、高开关频率和低驱动功率的优点。而且 IPM 内部集成了逻辑、控制、检测和保护电路,使用方便,不仅减小了系统的体积以及开发时间,也大大增强了系统的可靠性,适应了当今功率器件模块化、复合化和功率集成电路(PIC)的发展方向,在电力电子领域得到了越来越广泛的应用。IPM 常见外形结构如图 5-8 所示。

图 5-8　IPM 常见外形结构

三、变频器的工作原理

1. 逆变工作原理

将直流电变换为交流电的过程称为逆变,完成逆变功能的装置称为逆变器。本模块以三相逆变器为例,说明其工作原理。三相逆变器电路结构与输出电压波形如图 5-9 所示,图中阴影部分表示各逆变管的导通时间。

下面以 U、V 之间的电压为例,分析逆变电路的输出线电压。

(1) 在 Δt_1、Δt_2 时间内,V1、V4 同时导通,U 为"+",V 为"−",u_{UV} 为"+",且 $U_m = U_D$。

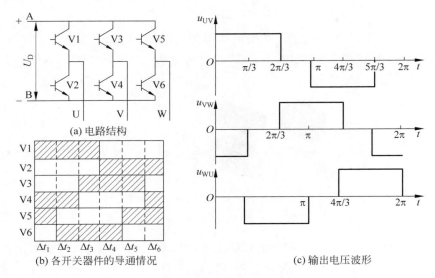

(a) 电路结构

(b) 各开关器件的导通情况

(c) 输出电压波形

图 5-9　三相逆变器电路结构与输出电压波形

（2）在 Δt_3 时间内，V2、V4 均截止，$u_{UV}=0$。

（3）在 Δt_4、Δt_5 时间内，V2、V3 同时导通，U 为"－"，V 为"＋"，u_{UV} 为"－"，且 $U_m=U_D$。

（4）在 Δt_6 时间内，V1、V3 均截止，$u_{UV}=0$。

根据以上分析，可画出 U 与 V 之间的电压波形。同理可画出 V 与 W 之间、W 与 U 之间的电压波形，如图 5-9（c）所示。从图中看出，三相电压的幅值相等，相位互差 120°。

可见，只要按照一定的规律来控制 6 个逆变器开关元件的导通和截止，就可把直流电逆变为三相交流电。而逆变后的交流电频率，则可以在上述导通规律不变的前提下，通过改变控制信号的频率来进行调节。

必须指出的是，这里讨论的仅仅是逆变的基本原理，据此得到的交流电压是不能直接用于控制电动机运行的，实际应用的变频器要复杂得多。

2. U/f 控制

U/f 控制是在改变变频器输出电压频率的同时改变输出电压的幅值，以维持电动机磁通基本恒定，从而在较宽的调速范围内，使电动机的效率、功率因数不下降。

变频器 U/f 控制的实现方式有两种：整流变压逆变变频方式和逆变变压变频方式。

（1）整流变压逆变变频方式。整流变压逆变变频方式是指在整流电路进行变压，在逆变电路进行变频。图 5-10 所示是整流变压逆变变频方式示意图，由于在整流电路进行变压，因此需采用可控整流电路。

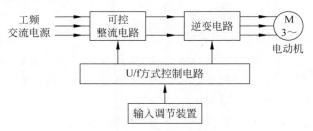

图 5-10　整流变压逆变变频方式示意图

在工作时,先通过输入调节装置设置输出频率,控制系统按设置的频率产生相应的变压控制信号和变频控制信号,变压控制信号控制可控整流电路改变整流输出电压(如设定频率较低时,会控制整流电路提高输出电压),变频控制信号控制逆变电路使之输出设定频率的交流电压。

(2)逆变变压变频方式。逆变变压变频方式是指在逆变电路中进行变压和变频。图 5-11所示是逆变变压变频方式示意图,由于无须在整流电路变压,因此采用不可控整流电路。为了容易实现在逆变电路中同时进行变压和变频,一般采用 SPWM 逆变电路。

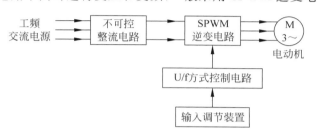

图 5-11　逆变变压变频方式示意图

在工作时,先设置好变频器的输出频率,控制系统会按设置的频率产生相应的变压变频控制信号去控制 SPWM 逆变电路,使之产生等效电压和频率同时改变的 SPWM 信号去驱动电动机。

U/f 控制是为了获得理想的转矩-速度特性,在改变电源频率进行调速的同时,又要保证电动机的磁通不变的思想而提出的,是通用变压器中广泛采用的基本控制方式。通常将这种变频器称为变频变压(VVVF)型变频器。

3. 脉冲宽度调制技术

实现调频调压的方法有多种,目前应用较多的是脉冲宽度调制(PWM)技术。PWM 技术是指在保持整流得到的直流电压大小不变的条件下,在改变输出频率的同时,通过改变输出脉冲的宽度(或用占空比描述),达到改变等效输出电压的一种方法。PWM 的输出电压基本波形如图 5-12 所示。

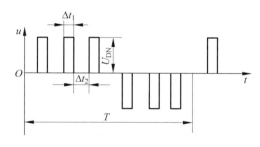

图 5-12　PWM 输出电压基本波形

由图 5-12 可知,在半个周期内,PWM 输出电压平均值的大小由半周中输出脉冲的总宽度决定。在半周中保持脉冲个数不变而改变脉冲宽度,可改变半周内输出电压的平均值,从而达到改变输出电压有效值的目的。

值得注意的是,PWM 输出电压的波形是非正弦波,用于驱动异步电动机运行时性能较差。如果使整个半周内脉冲宽度按正弦规律变化，即使脉冲宽度先逐步增大，然后再逐渐减小，则输出电压也会按正弦规律变化，这就是目前工程技术中应用最多的正弦 PWM 法，简称 SPWM，相关内容请读者参阅相关文献资料自行学习，此处不予介绍。

四、变频器的额定参数、技术指标与产品选型

1. 变频器的额定参数

1) 输入侧的额定值

变频器输入侧的额定值主要是电压和相数。在我国的中小容量变频器中，输入侧的额定参数有以下几种情况：

(1) 380V/50Hz，三相，用于绝大多数电气设备中。

(2) 200～230V/50Hz 或 60Hz，单相，主要用于某些进口电气设备中。

(3) 200～230V/50Hz，单相，主要用于精细加工电气设备和家用电器。

2) 输出侧的额定值

(1) 输出电压额定值 U_N（单位为 V）。变频器输出电压额定值是指输出电压中的最大值。大多数情况下，它就是输出频率等于电动机额定频率时的输出电压值。通常，输出电压的额定值总是和输入电压的额定值相等。

(2) 输出电流额定值 I_N（单位为 A）。输出电流额定值是指允许长时间输出的最大电流，是用户进行变频器选型的主要依据。

(3) 输出容量 S_N（单位为 kW）。S_N 与 U_N 和 I_N 的关系为 $S_N = \sqrt{3} U_N I_N$。

(4) 适用电动机功率 P_N（单位为 kW）。变频器规定的适用电动机功率，适用于长期连续负载运行。对于各种变动负载，则不适用。此外，适用电动机功率 P_N 是针对四极电动机而言，若拖动的电动机是六极或其他，则相应的变频器容量加大。

(5) 过载能力。变频器的过载能力是指其输出电流超过额定电流的允许范围和时间。大多数变频器都规定为 150%、60s 或 180%、0.5s。

2. 变频器的技术指标

1) 频率范围

频率范围是指变频器能够输出的最高频率 f_{max} 和最低频率 f_{min}。各种变频器规定的频率范围不尽相同。通常，最低工作频率为 0.1～1Hz，最高工作频率为 120～650Hz。

2) 频率精度

频率精度是指在变频器频率给定值不变的情况下，当温度、负载变化，电压波动或长时间工作后，变频器的实际输出频率与设定频率之间的最大误差与最高工作频率之比的百分数。

通常，由数字量给定时的频率精度比模拟量给定时的频率精度要高，后者能达到 ±0.05%，前者通常能达到 ±0.01%。

3) 频率分辨率

频率分辨率是指输出频率的最小改变量，即每相邻两挡频率之间的最小差值，一般分为模拟设定分辨率和数字设定分辨率。

对于数字设定式的变频器，频率分辨率决定于微机系统的性能，在整个频率范围（如 0.5～400Hz）内是一个常数（如 ±0.01Hz）。对于模拟设定式的变频器，其频率分辨率还与

频率给定电位器的分辨率有关,一般可以达到最高输出频率的±0.05Hz。

4)速度调节范围控制精度和转矩控制精度

现有变频器的速度调节范围控制精度能达到±0.005%,转矩控制精度能达到±3%。

3. 变频器的产品选型

目前,变频器产品系列众多,各种类型的变频器各有优缺点,也都能满足用户的各种需求,但在组成、功能等方面,尚无统一的标准,无法进行横向比较。下面提出在电动机控制系统设计中对变频器产品选型的一些看法,可以在选择变频器时作为参考。

1)变频器类型的选择

变频器类型的选择,一般根据负载的要求进行。

(1)风机、泵类负载,由于低速下负载转矩较小,通常可以选用普通功能型变频器;

(2)恒转矩类负载,例如搅拌机、传送带、起重机的平移结构等,有如下两种情况:

① 采用普通功能型变频器。为了保证低速时的恒转矩调速,常需要采用加大电动机和变频器容量的方法,以提高低速转矩。

② 采用具有转矩控制功能的高功能型 U/f 控制变频器,实现恒转矩负载的恒速运行。

2)变频器容量的选择

变频器的容量通常用额定输出电流、输出容量、适用电动机功率表示。

对于标准四极电动机拖动的负载,变频器的容量可根据适用电动机的功率选择。

对于其他极数电动机拖动的负载、变动负载、断续负载和短时负载,因其额定电流比标准四极电动机大,不能根据适用电动机的功率选择变频器容量。变频器的容量应按运行过程中可能出现的最大工作电流来选择,即

$$I_N \geqslant I_{Mmax}$$

式中,I_N——变频器的额定电流,A;

I_{Mmax}——电动机的最大工作电流,A。

3)变频器外围设备及其选择

在选定了变频器之后,下一步的工作就是根据需要选择与变频器配合工作的各种外围设备。正确选择变频器外围设备是保证变频器驱动系统正常工作的必要条件。

外围设备通常指配件,分为常规配件和专用配件,如图 5-13 所示。其中,断路器和接触器为常规配件;交流电抗器、滤波器、制动电阻、直流电抗器和输出交流电抗器是专用配件。

(1)常规配件的选择。由于变频调速系统中,电动机的启动电流可控制在较小范围内,因此电源侧的断路器和接触器可按变频器的额定电流来选用。

(2)专用配件的选择。专用配件的选择应以变频器厂家提供的用户手册中的要求为依据,不可盲目选取。

五、变频器的安装

1. 变频器对安装环境的要求

变频器属于电力电子装置,为了确保安全、可靠地工作,变频器的安装环境应满足以下要求:

(1)环境温度。温度是影响变频器寿命及可靠性的重要因素,一般要求为−10～40℃。

(2)环境湿度。相对湿度不超过 90%(无结露现象)。

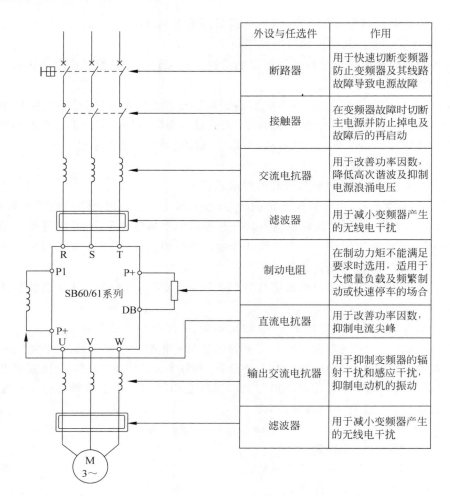

外设与任选件	作用
断路器	用于快速切断变频器防止变频器及其线路故障导致电源故障
接触器	在变频器故障时切断主电源并防止掉电及故障后的再启动
交流电抗器	用于改善功率因数,降低高次谐波及抑制电源浪涌电压
滤波器	用于减小变频器产生的无线电干扰
制动电阻	在制动力矩不能满足要求时选用,适用于大惯量负载及频繁制动或快速停车的场合
直流电抗器	用于改善功率因数,抑制电流尖峰
输出交流电抗器	用于抑制变频器的辐射干扰和感应干扰,抑制电动机的振动
滤波器	用于减小变频器产生的无线电干扰

图 5-13 变频器的外围设备

（3）安装场所。应在海拔高度 1000m 以下使用。海拔高度超过 1000m 时,变频器的散热能力将下降,最大允许输出电流和电压都要降低使用。在室内使用时,应安装在不受阳光直射、无腐蚀性气体及易燃气体、尘埃少的环境。对于有导电性尘埃的场所,要采用封闭式结构。对有可能产生腐蚀性气体的场所,应对控制板进行防腐处理。

（4）其他条件。在振动场所应用变频器时,应采取防振措施,并进行定期检查、维护和加固工作。

如果变频器长期不用,变频器内的电解电容器会发生劣化现象,实际运行时会由于电解电容器的耐压降低和漏电增加而引发故障。因此,最好每隔半年通电一次,通电时间保持 30～60min,使电解电容器自修复,以改善劣化特性。

2. 变频器的发热与散热

变频器内部存在着功率损耗,因而工作过程中会导致变频器发热。正常工作时,每 1kW 变频器容量的损耗功率约为 40～50W。为了不使变频器内部的温升过大,变频器必须将产生的热量充分地散发出去。通常采用的办法是用冷却风扇将热量吹走,即强迫风冷散热。因此,安装变频器时必须保证其散热途径畅通,不能被堵塞。

3. 变频器的安装方法与要求

1）墙挂式安装

由于变频器本身具有较好的外壳，一般情况下允许直接靠墙安装，成为墙挂式安装。为保持良好的通风以改善冷却效果，变频器应垂直安装并与周围阻挡物间留有足够的距离。安装间距如图 5-14 所示。为了防止异物掉进变频器的出风口而堵塞风道，应在其出风口的上方加装防护网罩。

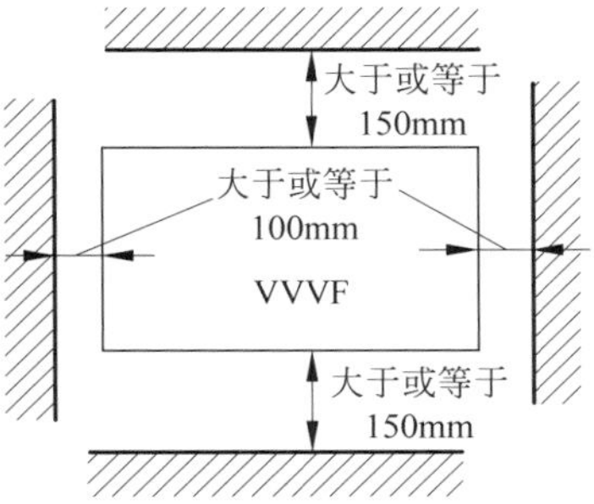

2）柜式安装

当周围环境的尘埃较多，或者和变频器配用的其他电器较多且需要和变频器安装在一起时，一般采用柜式安装。柜式安装同样需注意变频器的冷却。当一个柜内装有两台或两台以上变频器时，应尽量并排安装。若必须采用上下排列方式时，则应在两台变频器间加一隔板，以免下面变频器中散发出来的热风进入上面变频器内，如图 5-15 所示。此外，变频器在控制柜内不能上下颠倒或平放安装；变频控制柜在室内的空间位置，要便于变频器的定期维护。

图 5-14   墙挂式安装

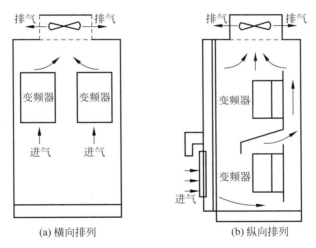

(a) 横向排列   (b) 纵向排列

图 5-15   柜式安装

知识拓展

变频器的抗干扰对策

※外来干扰。变频器采用了高性能微处理器等集成电路，对外来电磁干扰较敏感，会因电磁干扰的影响而产生错误，对正常运转造成恶劣影响。外来干扰多通过以变频器控制电缆为媒介的途径侵入，所以铺设控制电缆时，必须采取充分的抗干扰措施。

※变频器产生的干扰。变频器的输入和输出电流波形都不是标准正弦波，含有很多高次谐波成分。它们将以空中辐射、线路传播等方式把自己的能量传播出去，对周围的电子设备、通信和无线电设备的工作形成干扰。因此在装设变频器时，应考虑采取各种抗干扰措施，削弱干扰信号的强度。例如，对于通过辐射传播的无线电干扰信号，可采用屏蔽、装设抗

干扰滤波器等措施来消弱干扰信号,如图 5-16 所示。

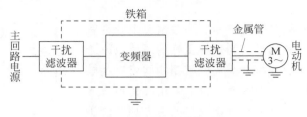

图 5-16 抗无线电干扰对策

思考与练习

1. 简述变频器的基本结构。
2. 目前,变频器中常用的电力半导体器件有哪些？它们各有何特点？
3. 简述变频器的工作原理。
4. 什么是 PWM 技术？
5. 简述变频器的产品选型注意事项。

课题三 初识三菱 FR-E700 系列变频器

一、三菱 FR-E700 系列变频器快速入门

国内变频器市场是以外资品牌的进入而发端,西门子、ABB、三菱等外资品牌一度牢牢地掌握了市场份额。然而随着国内企业节能减排意识的不断增强以及中国政府出台的相关鼓励政策,逐渐孕育出了国产变频器企业成长的良好环境。本土品牌不断涌现,实力逐渐增强,近几年发展更为迅猛。据统计,目前本土变频器企业拥有 20％～25％ 的市场份额,日本品牌则占据 40％ 的市场份额,30％ 为欧美品牌,另有 10％ 被台资和韩资品牌占据。中国变频器市场形成了欧美品牌、日本品牌、内资品牌三足鼎立的格局。

三菱公司的变频器是较早进入中国市场的产品。三菱公司近年来推出的变频器主要有 FR-A700 系列高性能矢量变频器、FR-D700 系列紧凑型多功能变频器和 FR-E700 系列经济型高性能变频器。三菱变频器常用系列产品如图 5-17 所示。

(a) FR-A700　　　　　　(b) FR-D700　　　　　　(c) FR-E700

图 5-17 三菱常用变频器产品

本项目选取 FR-E700 系列 FR-E740 型变频器为例进行介绍。FR-E740 型变频器的型号、铭牌及其外形示意图如图 5-18 所示。

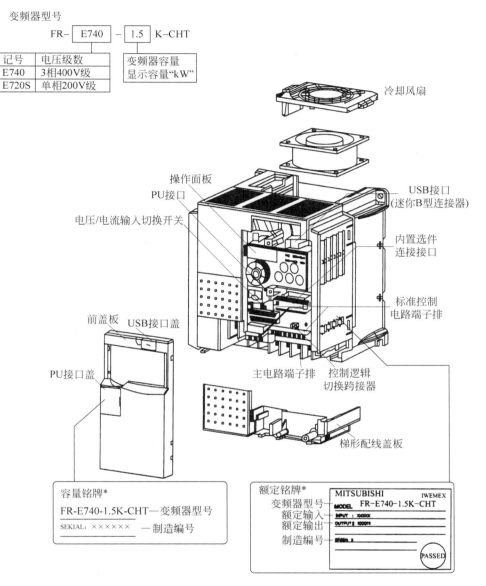

图 5-18　FR-E740 型变频器的型号、铭牌及其外形示意图

1. FR-E740 型变频器接线图

图 5-19 所示为三菱 FR-E740 型变频器的基本接线图。

由图 5-19 可见，FR-E740 型变频器接线图包括主电路接线和控制电路接线两部分。各部分具体接线及注意事项请读者参照《三菱通用变频器 FR-E740 使用手册》自行学习，本书由于篇幅有限，不予介绍。

2. FR-E740 型变频器端子功能说明

1）主电路端子功能说明

三菱 FR-E740 型变频器主电路端子主要包括交流电源输入、变频器输出等端子。端子功能说明见表 5-4。

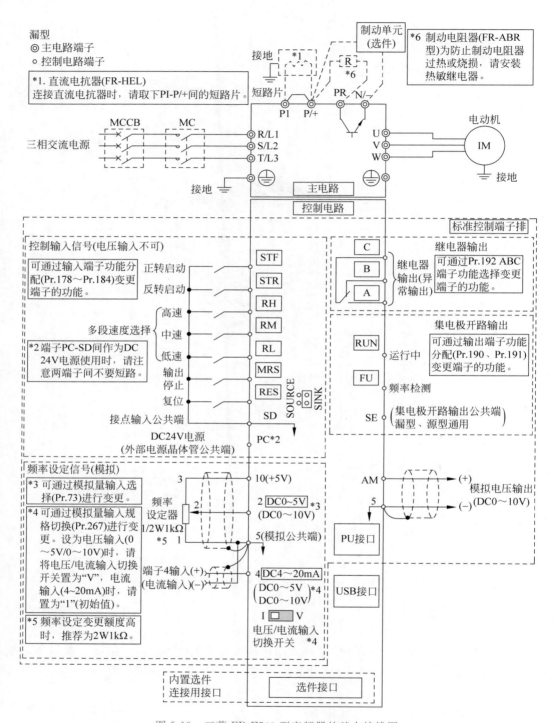

图 5-19　三菱 FR-E740 型变频器的基本接线图

表 5-4　主电路端子功能

端子标记	端子名称	功能说明
R/L1、S/L2、T/L3	交流电源输入	连接工频电源。在使用高功率因数变流器(FR-HC)及共直流母线变流器(FR-CV)时不要连接任何设备
U、V、W	变频器输出	连接三相鼠笼型电动机
P/＋、PR	制动电阻器连接	在端子 P/＋－PR 间连接选件制动电阻器(FR-ABR)
P/＋、N/－	制动单元连接	连接选件制作单元(FR-BU2)、共直流母线变流器(FR-CV)以及高功率因数变流器(FR-HC)
P/＋、P1	直流电抗器连接	拆下端子 P/＋－P1 间的短路片,连接选件直流电抗器
⏚	接地	变频器机架接地用,必须接大地

2) 控制电路端子功能说明

三菱 FR-E740 型变频器控制电路端子包括控制输入、频率设定、继电器输出、集电极开路输出、模拟电压输出和通信六部分。各端子的功能可通过调整相关参数的值进行变更,在出厂初始值的情况下,各控制电路端子的功能说明见表 5-5。

表 5-5　控制电路端子功能

种类	端子标记	端子名称	功能说明	
控制输入	STF	正转启动	STF 信号为 ON 时为正转,为 OFF 时为停止指令	STF、STR 同时 ON 时变成停止指令
	STR	反转启动	STR 信号为 ON 时为反转,为 OFF 时为停止指令	
	RH、RM、RL	多段速度选择	用 RH、RM 和 RL 信号的组合可以选择多段速度	
	MRS	输出停止	MRS 信号为 ON(20ms 以上)时,变频器输出停止。用电磁制动停止电动机时用于断开变频器的输出	
	RES	复位	复位用于解除保护回路动作时的报警输出。使 RES 信号处于 ON 状态 0.1s 或以上,然后断开。初始设定为始终可进行复位。但进行了 Pr.75 的设定后,仅在变频器报警发生时刻进行复位	
	SD	接点输入公共端(漏型,初始设定)	接点输入端子公共端(漏型逻辑)	
		外部晶体管公共端(源型)	源型逻辑时当连接晶体管输出(即集电极开路输出),例如 PLC 时,将晶体管输出用的外部电源公共端接到该端子,可以防止因漏电引起的误动作	
		DC24V 电源公共端	DC24V、0.1A 电源的公共端,与端子 5、端子 SE 绝缘	
	PC	外部晶体管输出端(漏型)(初始设定)	漏型逻辑时当连接晶体管输出(即集电极开路输出),例如 PLC 时,将晶体管输出用的外部电源公共端接到该端子,可以防止因漏电引起的误动作	
		接点输入公共端(源型)	接点输入端子公共端(源型逻辑)	
		DC24V 电源	可作为 DC24V、0.1A 的电源使用	

续表

种类	端子标记	端子名称	功能说明
频率设定	10	频率设定用电源	为外接频率设定电位器提供电源
	2	频率设定（电压）	如果输入 DC0～5V（或 0～10V），在 5V（10V）时为最大输出频率，输入输出成正比。通过 Pr.73 可进行 DC0～5V（初始设定）和 0～10V 输入的切换操作
	4	频率设定（电流）	如果输入 DC4～20mA（或 0～5V，0～10V），在 20mA 时为最大输出频率，输入输出成正比。只有 AU 信号为 ON 时端子 4 的输入信号才会有效（端子 2 的输入将无效）。通过 Pr.267 可进行 4～20mA（初始设定）和 DC0～5V，DC0～10V 输入的切换操作。电源输入（0～5V/0～10V）时，请将电压/电流输入切换开关切换至"V"
	5	频率设定公共端	频率设定信号（端子 2 或 4）及端子 AM 的公共端子。不要接大地
继电器输出	A、B、C	继电器输出（异常输出）	指示变频器因保护功能动作而停止输出的转换触点。异常时，B-C 间不导通（A-C 间导通）；正常时，B-C 间导通（A-C 间不导通）
集电极开路输出	RUN	变频器正在运行	变频器输出频率为启动频率（初始值 0.5Hz）或以上时为低电平，正在停止或正在直流制动时为高电平
	FU	频率检测	输出频率为任意设定检测频率以上时为低电平，未达到设定检测频率时为高电平
	SE	集电极开路输出公共端	端子 RUN、FU 的公共端
模拟输出	AM	模拟电压输出	从多种监视项目中选一种作为输出。输出信号与监视项目的大小成比例
RS-485 通信	—	PU 接口	通过 PU 接口，可进行 RS-485 通信。 • 标准规格：EIA-485（RS-485） • 传输方式：多站点通信 • 通信速率：4800～38 400b/s • 总传输距离：500m
USB 通信	—	USB 接口	与个人电脑通过 USB 连接后，可以实现 FR Configurator 的操作。 • 标准规格：USB1.1 • 通信速率：12Mb/s

二、三菱 FR-E700 系列变频器的运行与操作

使用变频器之前，首先要熟悉它的操作面板和键盘操作单元（或称控制单元），并且按照使用现场的要求合理设置参数。FR-E740 型变频器的参数设置通常利用固定在其上的操作面板（不能拆下）实现，也可以使用连接到变频器 PU 端口的参数单元（FR-PU07）实现。

1. FR-E740 型变频器操作面板

FR-E740 型变频器选用 FR-PA07 型操作面板，如图 5-20 所示。其上半部为面板显示

器,下半部为 M 旋钮和各种按键。

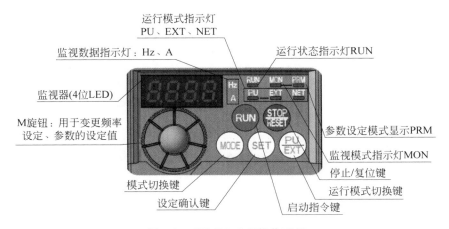

图 5-20　FR-PA07 型操作面板

FR-PA07 型操作面板的 M 旋钮、按键功能和运行状态显示分别见表 5-6、表 5-7。

表 5-6　旋钮、按键功能

旋钮和按键	功 能 说 明
M 旋钮	转动该旋钮用于变更频率设定、参数的设定值。按下该旋钮可显示以下内容:①监视模式时的设定频率;②校正时的当前设定值;③错误历史模式时的顺序
模式切换键 MODE	用于切换各设定模式。与运行模式切换键同时按下也可以用来切换运行模式,长按此键(2s)可以锁定操作
设定确认键 SET	各设定的确认键。运行中按此键则监视器循环显示如下内容: 运行频率 → 输出电流 → 输出电压
运行模式切换键 PU/EXT	用于切换 PU/EXT 运行模式。使用外部运行模式(通过另接的频率设定电位器和启动信号启动)时按此键,使指示运行模式的 EXT 处于亮灯状态
启动指令键 RUN	在 PU 模式下,按此键启动运行;通过 Pr.40 的设定,可以选择旋转方向
停止/复位键 STOP/RESET	在 PU 模式下,按此键停止运转。保护功能(严重故障)生效时,也可以进行报警复位

表 5-7　运行状态显示

显　　示	功 能 说 明
运行模式显示	PU:PU 运行模式(用操作面板启停和调速)时亮灯; EXT:外部运行模式时亮灯; NET:网络运行模式时亮灯
监视器(4 位 LED)	显示频率、参数编号等

显　　示	功　能　说　明
监视数据单元显示 $\boxed{\text{Hz/A}}$	Hz：显示频率时亮灯（显示设定频率监视时闪烁）； A：显示电流时亮灯； （显示上述以外的内容时，"Hz""A"均熄灭）
运行状态指示 $\boxed{\text{RUN}}$	变频器动作中亮灯/闪烁，其中： 亮灯：正转运行中； 缓慢闪烁(1.4s 循环)：反转运行中； 快速闪烁(0.2s 循环)： • 按键或输入启动指令都无法运行时； • 有启动指令，但频率指令在启动频率以下时； • 输入了 MRS 信号时
参数设定模式显示 $\boxed{\text{PRM}}$	参数设定模式时亮灯
监视器指示 $\boxed{\text{MON}}$	监视模式时亮灯

2. FR-E740 型变频器的运行模式和参数设置

1) FR-E740 型变频器的运行模式

由表 5-6、表 5-7 可见，在变频器不同的运行模式下，各种按键、M 旋钮的功能各异。所谓运行模式是指对输入到变频器的启动指令和设定频率的命令来源的指定。一般来说，使用控制线路端子并从外部设置电位器和开关来进行操作的是"外部运行模式"；使用操作面板或参数单元输入启动指令、设定频率的是"PU 运行模式"；通过 PU 接口进行 RS-485 通信或使用通信选件的是"网络运行模式（由于篇幅有限，此处不予介绍）"。在进行变频器操作以前，必须了解其各种运行模式，才能进行各项操作。

FR-E740 型变频器通过参数 Pr.79 的设定值来指定变频器运行模式，设定值范围为 0，1，2，3，4，6，7。FR-E740 型变频器运行模式的功能以及相关 LED 指示灯的状态如表 5-8 所示。

表 5-8　参数 Pr.79 与运行模式的设置

Pr.79 设定值	运行模式及功能	LED 显示 ▬▬：灭灯 ▭：亮灯
0	外部/PU 切换模式 通过运行模式切换键 $\boxed{\text{PU/EXT}}$ 可以切换 PU 与外部运行模式。 接通电源时为外部运行模式	外部运行模式 PU EXT NET PU 运行模式 PU EXT NET
1	固定 PU 运行模式	PU EXT NET
2	固定外部运行模式 可以在外部、网络运行模式间切换运行	外部运行模式 PU EXT NET 网络运行模式 PU EXT NET

续表

Pr.79 设定值	运行模式及功能		LED 显示 ▬：灭灯 ▭：亮灯
3	外部/PU 组合运行模式 1		PU EXT NET
	频率指令	启动指令	
	用操作面板或参数单元（FR-PU07）设定，或外部信号输入［多段速设定，端子 4-5 间（AU信号 ON 时有效）］	外部信号输入（端子 STF、STR）	
4	外部/PU 组合运行模式 2		PU EXT NET
	频率指令	启动指令	
	外部信号输入（端子 2、4、JOG、多段速设定等）	通过操作面板的启动指令键 RUN 或参数单元（FR-PU07）的 FWD 、 REV 键来输入	
6	切换模式 在保持运行状态的同时，可进行 PU 运行、外部运行、网络运行模式的切换		PU 运行模式 PU EXT NET 外部运行模式 PU EXT NET 网络运行模式 PU EXT NET
7	外部运行模式（PU 运行互锁） X12 信号为 ON 时，可切换到 PU 运行模式 X12 信号为 OFF 时，禁止切换到 PU 运行模式		PU 运行模式 PU EXT NET 外部运行模式 PU EXT NET

　　FR-E740 型变频器出厂时，参数 Pr.79 设定值为 0。当停止运行时用户可以根据实际需要修改其设定值。

　　修改 Pr.79 设定值的一种方法是：按 MODE 键使变频器进入参数设定模式；旋动 M 旋钮，选择参数 Pr.79，用 SET 键确定之；再旋动 M 旋钮选择合适的设定值，用 SET 键再次确定；再次按两次 MODE 键后，变频器的运行模式将变更为设定的模式。

　　图 5-21 是修改 Pr.79 设置值的一个实例。该实例将 FR-E740 型变频器从固定外部运行模式变更为组合运行模式 1。

　　2）FR-E740 型变频器的参数设置

　　FR-E740 型变频器有几百个参数，实际使用时，只需根据使用现场的要求设定部分参数，其余按出厂设定值即可（变频器参数的出厂设定值被设置为完成简单的变速运行）。熟悉变频器常用参数的设置，是利用变频器解决实际工控问题的基本条件。

　　本书根据一般工控系统对变频器的要求，介绍其常用参数的设定。关于参数设定更详细的说明请参阅 FR-E740 使用手册。

　　（1）输出频率的限制（Pr.1、Pr.2）。为了限制电动机的速度，应对变频器的输出频率加

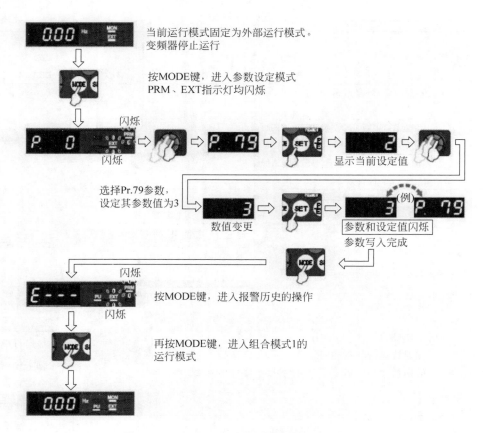

当前运行模式固定为外部运行模式。
变频器停止运行

按MODE键，进入参数设定模式
PRM、EXT指示灯均闪烁

闪烁

闪烁

显示当前设定值

选择Pr.79参数，
设定其参数值为3

数值变更

(例)

参数和设定值闪烁
参数写入完成

闪烁

闪烁

按MODE键，进入报警历史的操作

再按MODE键，进入组合模式1的
运行模式

图 5-21　FR-E740 型变频器运行模式变更实例

以限制。用 Pr.1"上限频率"和 Pr.2"下限频率"，可将输出频率的上、下限钳位。

输出频率相关参数意义及设定范围如表 5-9 所示。

表 5-9　输出频率相关参数意义及设定范围

参 数 编 号	名　　　称	初　始　值	设 定 范 围	功 能 说 明
Pr.1	上限频率	120Hz	0～120Hz	设定输出频率的上限
Pr.2	下限频率	0Hz	0～120Hz	设定输出频率的下限

图 5-22 所示为变更参数 Pr.1 设定值示例，所完成的操作是把参数 Pr.1(上限频率)从出厂设定值 120Hz 变更为 50Hz。假定当前运行模式为外部/PU 切换模式(Pr.79＝0)。

(2) 加/减速时间(Pr.7、Pr.8、Pr.20)。加速时间是指输出频率从 0Hz 上升到基准频率所需的时间。加速时间越长，起动电流越小，起动越平缓。对于频繁起动的设备，加速时间要求短些；对于惯性较大的设备，加速时间要求长些。参数 Pr.7 用于设置电动机加速时间，Pr.7 设定值越大，加速时间越长。

减速时间是指输出频率从基准频率下降到 0Hz 所需的时间。参数 Pr.8 用于设置电动机减速时间，Pr.8 设定值越大，减速时间越长。

参数 Pr.20 用于设置加减速基准频率，在我国一般选用 50Hz。

加/减速时间相关参数意义及设定范围如表 5-10 所示。

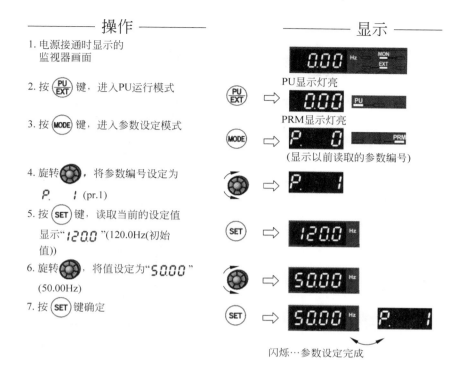

图 5-22　变更参数 Pr.1 设定值示例

表 5-10　加/减速时间相关参数意义及设定范围

参 数 编 号	名　　称	初　始　值	设 定 范 围	功 能 说 明
Pr.7	加速时间	5s	0～3600s/360s*	设定电动机的加速时间
Pr.8	减速时间	5s	0～3600s/360s*	设定电动机的减速时间
Pr.20	加/减速基准频率	50Hz	1～400Hz	设定加/减速基准频率

* 根据 Pr.21 加减法时间单位设定值进行设定。当 Pr.21 设定为初始值 0 时,时间单位为 0.1s,设定范围为 0～3600s;当 Pr.21 设定为 1 时,时间单位为 0.01s,设定范围为 0～360s。

图 5-23 所示为变更参数 Pr.7 设定值示例,所完成的操作是把参数 Pr.7(加速时间)从出厂设定值 5s 变更为 10s,假定当前运行模式为外部/PU 切换模式(Pr.79＝0)。

3. 多段速运行模式的操作

在外部运行模式或组合运行模式 2 下,变频器可以通过外接的开关器件的通断组合改变输入端子状态来实现输出频率的控制。这种控制频率的方式称为多段速控制功能。

FR-E740 型变频器的速度控制端子是 RH、RM 和 RL。通过这些开关的组合可以实现 3 段、7 段的控制。

转速的切换:由于转速的档次是按二进制顺序排列的,故三个输入端可以组合成 3 段至 7 段的(0 状态不计)转速。其中 3 段速由 RH、RM、RL 单个通断实现;7 段速由 RH、RM、RL 通断组合实现。

7 段速的各自运行频率则由参数 Pr.4～Pr.6(设置前 3 段速的频率)、Pr.24～Pr.27(设置第 4 段速至第 7 段速的频率)。对应控制端状态及参数关系如图 5-24 所示。

多段速度设定在 PU 运行和外部运行状态都可以设定。运行期间参数值也能被改变。

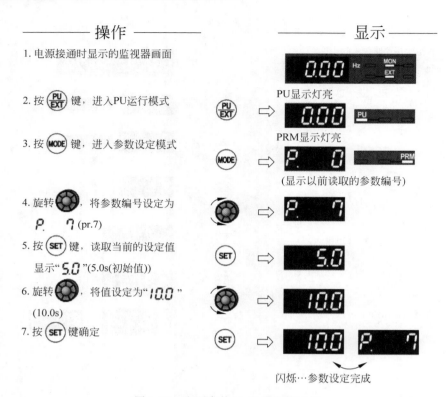

图 5-23　变更参数 Pr.7 设定值示例

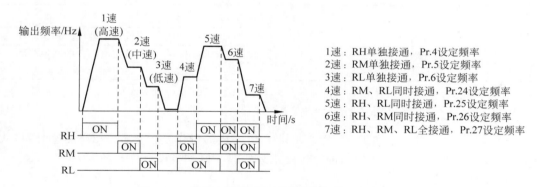

图 5-24　多段速控制对应的控制端状态及参数关系

　　最后指出，如果把参数 Pr.183 设置为 8，将 RMS 端子的功能转换成多速段控制端 REX，就可以用 RH、RM、RL 和 REX 通断组合实现 15 段速。详细的说明请参阅 FR-E740 使用手册。

　　4. 通过模拟量输入（端子 2、4）设定频率

　　工控系统变频器的频率设定，除了用 PLC 输出端子控制多段速度设定外，也有连续设定频率的要求。例如在变频器安装和接线完成进行运行试验时，常常用调速电位器连接到变频器的模拟量输入信号端进行连续调速试验。需要注意的是，如果要用模拟量输入（端子 2、4）设定频率，则 RH、RM、RL 端子应断开，否则多段速度设定优先。

　　（1）模拟量输入信号端子的选择。FR-E740 型变频器提供 2 个模拟量输入信号端子

（端子 2、4）用作连续变化的频率设定。在出厂设定情况下，只能使用端子 2，端子 4 无效。

要使端子 4 有效，需要在各接点输入端子 STF、STR、…RES 之中选择一个，将其功能定位为 AU 信号输入，则当该端子与 SD 端短接时，AU 信号为 ON，端子 4 变为有效，端子 2 变为无效。

例如，选择 RES 端子用作 AU 信号输入，则设置参数 Pr.184＝4，在 RES 端子与 SD 端子之间连接一个开关，当此开关断开时，AU 信号为 OFF，端子 2 有效；反之，当此开关接通时，AU 信号为 ON，端子 4 有效。

（2）模拟量信号的输入规格。如果使用端子 2，模拟量信号可为 0～5V 或 0～10V 的电压信号，用参数 Pr.73 指定，其出厂设定值为 1，指定为 0～5V 的输入规格，并且无可逆运行。参数 Pr.73 的取值范围为 0、1、10、11，具体内容见表 5-11。

如果使用端子 4，模拟量信号可为电压输入（0～5V、0～10V）或电流输入（4～20mA），用参数 Pr.267 和电压/电流输入切换开关设定，并且要输入与设定相符的模拟量信号。参数 Pr.267 的取值范围为 0、1、2，具体内容见表 5-11。

表 5-11　模拟量输入选择（Pr.73、Pr.267）

参数编号	名　称	初始值	设定范围	内　　容	
Pr.73	模拟量输入选择	1	0	端子 2 输入 0～10V	无可逆运行
			1	端子 2 输入 0～5V	
			10	端子 2 输入 0～10V	有可逆运行
			11	端子 2 输入 0～5V	
Pr.267	端子 4 输入选择	0	设定范围	电压/电流输入切换开关	内容
			0	Ⅰ　　Ⅴ	端子 4 输入 4～20mA
			1	Ⅰ　　Ⅴ	端子 4 输入 0～5V
			2	Ⅰ　　Ⅴ	端子 4 输入 0～10V

（3）应用示例。利用模拟量输入（端子 2）设定频率应用示例如图 5-25 所示。

5．参数清除操作

如果用户在参数调试过程中遇到问题，并且希望重新开始调试，可用参数清除操作方法实现。在 PU 运行模式下，设定 Pr.CL 参数清除、ALLC 参数全部清除（均为"1"），可使参数恢复为初始值（但如果设定参数 Pr.77 为"1"，则无法清除）。

参数清除操作需要在参数设定模式下，用 M 旋钮选择参数 Pr.CL 或 ALLC，并把它们的值均置为 1，操作步骤如图 5-26 所示。

三、三菱 FR-E700 系列变频器的基本应用

1．电动机点动控制

利用变频器实现电动机点动控制具有内部点动控制和外部点动控制两种模式。

内部点动控制通过变频器的操作面板进行点动操作，点动频率是通过改变参数来确定的（出厂设定为 5Hz）。

外部点动控制通过变频器外部接线端子来控制电动机的点动运行。当使用外部点动控制时，需将操作模式设置在外部操作模式。

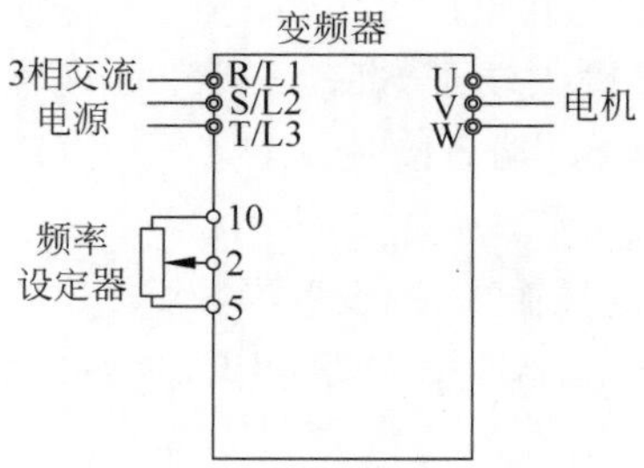

操作	显示
1. 电源接通时显示的监视器画面	
2. 将Pr.79变更为"4" [PU]和[EXT]指示灯亮	
3. 启动 将启动开关(RUN)设置为ON 无频率指令时[RUN]指示灯会快速闪烁	闪烁
4. 加速→恒速 将电位器(频率设定器)缓慢向右拧到底 显示屏上的频率数值随Pr.7加速时间而增大，变为"50.00"(50.00Hz) [RUN]指示灯在正转时亮灯，反转时缓慢闪烁	
5. 减速 将电位器(频率设定器)缓慢向左拧到底 显示屏上的频率数值随Pr.8减速时间而减小，变为"0.00"(0.00Hz)，电机停止运行 [RUN]快速闪烁	闪烁 停止
6. 停止执行 将(STOP/RESET)设置为OFF [RUN]按钮指示灯熄灭	

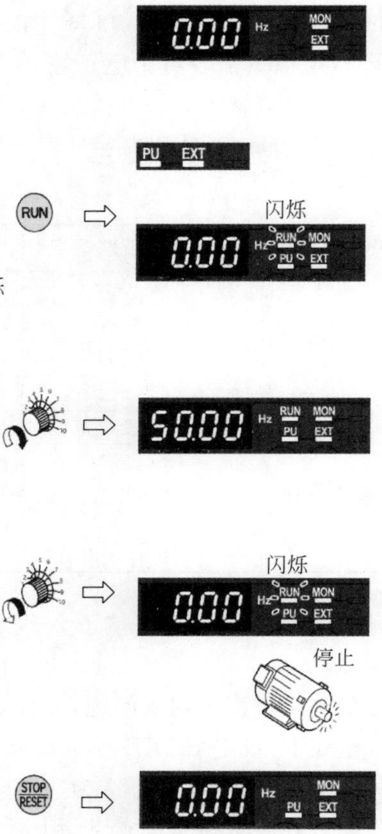

图 5-25　模拟量输入(端子 2)设定频率应用示例

　　按图 5-27 所示接线,并将 Pr.79 设为 2,此时,变频器处于外部点动状态。点动频率由 Pr.15 设定,加/减速时间由 Pr.16 设定。在此前提下,若按 SB1,电动机正向点动;若按 SB2,电动机反向点动。

　　1) 外部点动操作的功能设置

　　(1) 按图 5-27 所示接线;

　　(2) 设定"点动频率"Pr.15 的参数;

　　(3) 设定"加/减速时间"Pr.16 的参数;

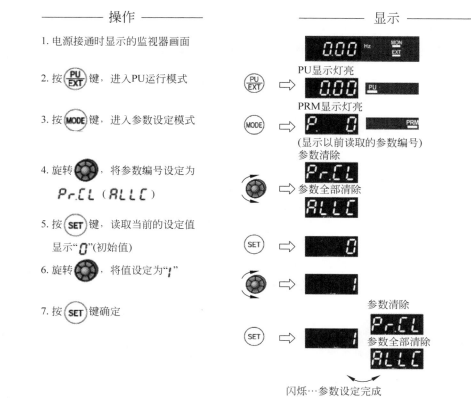

操作	显示

1. 电源接通时显示的监视器画面

2. 按 PU/EXT 键，进入PU运行模式

PU显示灯亮

3. 按 MODE 键，进入参数设定模式

PRM显示灯亮

（显示以前读取的参数编号）
参数清除

4. 旋转，将参数编号设定为

Pr.CL（ALLC）

参数全部清除

5. 按 SET 键，读取当前的设定值

显示"0"（初始值）

6. 旋转，将值设定为"1"

7. 按 SET 键确定

参数清除

参数全部清除

闪烁…参数设定完成

图 5-26　参数全部清除的操作示例

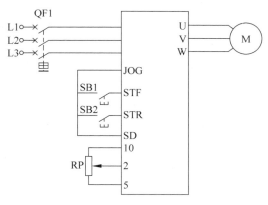

图 5-27　外部点动控制接线图

（4）按"MODE"键至"运行模式"；

（5）按"▲"/"▼"键选择"外部点动操作模式"，确认 EXT 灯亮；

（6）保持起动信号（STF 或 STR）接通，进行点动运行。

2）内部点动操作的功能设置

（1）按"MODE"键至"运行模式"；

（2）按"▲"/"▼"键至"PU"点动操作，确认 PU 灯亮；

（3）按住"REV"或"FWD"键，电动机旋转，松开则电动机停止运行。

2. 电动机连续运转控制

利用变频器实现电动机连续运转的接线图如图 5-28 所示。

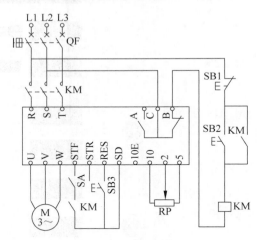

图 5-28　电动机连续运转控制接线图

由图 5-28 可见，主电路采用低压断路器作为主电源的通断控制，其作用是控制变频器总电源的通电和断电，不作为变频器的工作开关。当变频器长时间不用或保养维护时，应将此低压断路器断开。

接触器 KM 为变频器的工作进行通断控制。KM 接通，变频器通电；KM 断开，变频器断电。接触器 KM 的作用：一方面变频器的保护功能动作时可以通过接触器迅速切断电源；另一方面可以方便地实现联锁控制和远程操作。

在端子 STF、SD 之间接入开关 SA 的常开触点，其功能为控制电动机 M 的起动与停止。变频器正常工作时，端子 B-C 闭合、端子 A-C 断开，保证变频器得电；变频器出现故障时，端子 B-C 断开，使变频器失电，而端子 A-C 闭合，输出报警信号。

该电路工作过程如下：

（1）工作时，先按下按钮 SB2，使接触器 KM 得电并自锁，其主触点闭合，变频器的输入端子 R、S、T 获得工频电源，串联在 SA 支路中的 KM 辅助常开触点闭合，变频器进入热备用状态。

（2）合上 SA，电动机起动运行。调节端子 10、2、5 间外接电位器 RP，变频器输出电源频率会发生变化，电动机转速也随之变化。

（3）若变频器运行期间出现故障或异常，变频器的 B、C 端子间内部等效的常闭触点断开，接触器 KM 失电，主触点断开，切断变频器电源，对变频器进行保护。按钮 SB3 用于排除故障后使变频器复位。

（4）变频器正常工作时，将开关 SA 断开，再按按钮 SB1，使 KM 失电，主触点断开，切断变频器电源。

3. 电动机正反转控制

在生产实践中，电动机正、反转控制是很常见的，既可以采用继电器-接触器构成的控制线路（如图 3-13 所示），也可采用变频器单独构成的控制线路，还可采用变频器与 PLC 联机构成的控制线路。本课题以变频器与三菱 FX_{2N} 系列 PLC 联机构成的控制线路为例进行介绍。控制系统硬件接线图如图 5-29 所示。

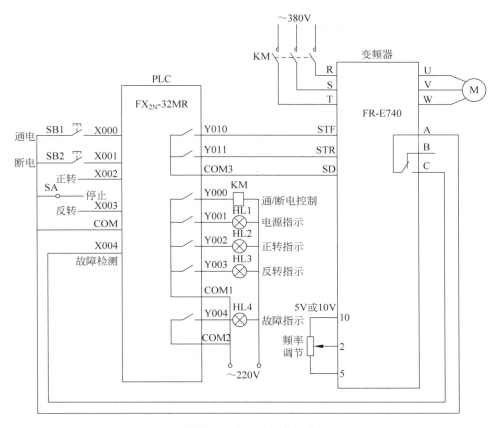

图 5-29　控制系统硬件接线图

在用变频器与 PLC 联机进行电动机正、反转控制时,需要对变频器进行有关参数的设置,具体见表 5-12。

表 5-12　变频器参数设置表

参 数 编 号	参 数 名 称	设 定 值
Pr. 1	上限频率	50Hz
Pr. 2	下限频率	0Hz
Pr. 3	基准频率	50Hz
Pr. 7	加速时间	5s
Pr. 8	减速时间	3s
Pr. 20	加/减速基准频率	50Hz
Pr. 79	运行模式	2

变频器有关参数设定好后,还需给 PLC 编写控制程序。电动机正反转控制程序如图 5-30 所示。

下面对照图 5-29 所示硬件接线图和图 5-30 所示程序来说明 PLC 与变频器联机实现电

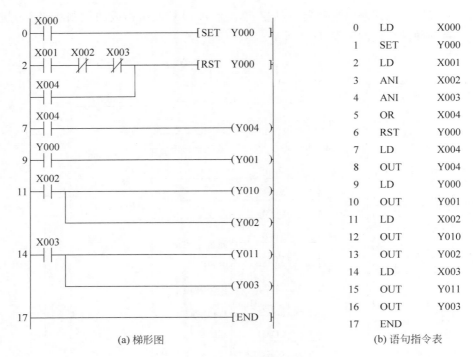

0	LD	X000
1	SET	Y000
2	LD	X001
3	ANI	X002
4	ANI	X003
5	OR	X004
6	RST	Y000
7	LD	X004
8	OUT	Y004
9	LD	Y000
10	OUT	Y001
11	LD	X002
12	OUT	Y010
13	OUT	Y002
14	LD	X003
15	OUT	Y011
16	OUT	Y003
17	END	

(a) 梯形图　　　　　　　　　　(b) 语句指令表

图 5-30　电动机正、反转控制程序

动机正、反转控制的工作原理。

(1) 通电控制。当按下通电按钮 SB1 时,PLC 的输入端子 X000 为 ON,它使输入继电器 X000 常开触点闭合,执行"SET Y000"指令,输出继电器 Y000 被置 1,Y000 的主触点闭合,接触器 KM 线圈得电,KM 主触点闭合,将 380V 三相交流电加至变频器的 R、S、T 端。此外,Y000 的常开触点闭合,HL1 指示灯通电点亮,指示变频器通电。

(2) 正、反转控制。在变频器通电的前提下,将三挡开关 SA 置于"正转"位置时,PLC 的输入端子 X002 为 ON,它使输入继电器 X002 常开触点闭合,输出继电器 Y010、Y002 均置 1。Y010 主触点闭合将变频器的 STF、SD 端子接通,即 STF 端子输入为 ON,变频器输出电源驱动电动机正转;Y002 主触点闭合使 HL2 指示灯通电点亮,用以指示变频器工作于电动机正转状态。

反转控制与正转控制工作原理基本相同,请读者参照正转控制自行分析,此处不再赘述。

(3) 停转控制。在电动机处于正转或反转时,若将 SA 开关置于"停止"位置,输入端子 X002 或 X003 为 OFF,使输入继电器 X002 或 X003 常开触点断开,Y010、Y002 或 Y011、Y003 主触点断开,变频器的 STF 或 STR 端子输入为 OFF,变频器停止输出电源,电动机停转,同时 HL2 或 HL3 指示灯熄灭。

(4) 断电控制。当 SA 置于"停止"位置使电动机停转时,若按下断电按钮 SB2,PLC 的输入端子 X001 为 ON,使输入继电器 X001 常开触点闭合,执行"RST Y000"指令,输出继电器 Y000 复位,其主触点断开,接触器 KM 线圈失电释放,切断变频器的输入电源。此外,Y000 常开触点断开使 Y001 复位,其主触点断开使指示灯 HL1 熄灭。如果 SA 处于"正转"或"反转"位置,输入继电器 X002 或 X003 常闭触点断开,无法执行"RST Y000"指令,即电动机在正转或反转时,操作 SB2 不能断开变频器输入电源。

(5) 故障保护。如果变频器内部保护电路动作,A、C 端子间的内部触点闭合,PLC 的输入端子 X004 为 ON,使输入继电器 X004 常开触点闭合,执行"RST Y000"指令,Y000 主触点断开,接触器 KM 线圈失电,KM 主触点断开,切断变频器的输入电源,从而实现变频器保护功能。此外,X004 常开触点闭合,使输出继电器 Y004 主触点闭合,指示灯 HL4 通电点亮,用以指示变频器工作于故障保护状态。

知识拓展

变频器与 PLC 联机方式简介

在生产实践中,变频器与 PLC 的联机有三种方式:开关量联机、模拟量联机和 RS-485 通信联机。本单元以 FX$_{2N}$-32MR 型 PLC 和 FR-E740 为例进行介绍。

1. 开关量联机

变频器有很多开关量端子,如正转、反转和多段转速控制端子等。在不使用 PLC 时,只要给这些端子外接开关就能对电动机进行正转、反转和多段转速控制。当变频器与 PLC 进行开关量联机后,PLC 不但可通过开关量输出端子控制变频器开关量输入端子的输入状态,还可以通过开关量输入端子检测变频器开关量输出端子的状态。

变频器与 PLC 的开关量联机如图 5-31 所示。当 PLC 内部程序运行使 Y001 端子内部主触点闭合时,相当于变频器的 STF 端子外部开关闭合,STF 端子输入为 ON,变频器驱动电动机正转,调节 10、2、5 端子所接电位器改变端子 2 的输入电压,可以调节电动机的转速。如果变频器内部出现异常,A、C 端子之间的内部触点闭合,相当于 PLC 的 X001 端子外部开关闭合,X001 端子输入为 ON。

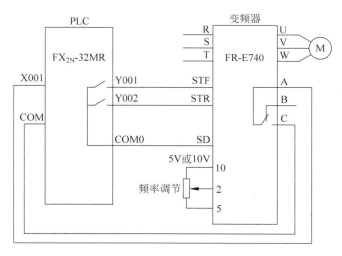

图 5-31 变频器与 PLC 的开关量联机

2. 模拟量联机

变频器有一些电压和电流模拟量输入端子,改变这些端子的电压或电流可以调节电动机的转速。如果将这些端子与 PLC 的模拟量输出端子连接,就可以利用 PLC 控制变频器来调节电动机的转速。变频器与 PLC 的模拟量联机如图 5-32 所示。

图 5-32 中,由于三菱 FX$_{2N}$-32MR 型 PLC 无模拟量输出功能,因此需要连接模拟量输出模块(FX$_{2N}$-4DA),再将模拟量输出模块的输出端子与变频器的模拟量输入端子连接。当 STF 端子外接开关闭合时,STF 端子输入为 ON,变频器驱动电动机正转。PLC 内部程序运行时产生的数据通过连接电缆送到模拟量输出模块,再转换成 0~5V 或 0~10V 的模拟电压送到变频器的 2、5 端子,控制变频器的输出频率,从而实现电动机转速调节功能。

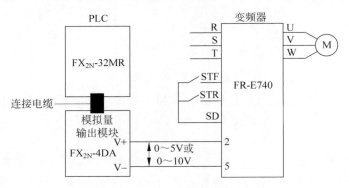

图 5-32　变频器与 PLC 的模拟量联机

3. RS-485 通信联机

变频器与 PLC 进行 RS-485 通信联机后,可以接收 PLC 通过通信电缆发送过来的命令。在生产实践中,可根据控制系统需要将单台变频器或多台变频器与 PLC 进行联机,下面分别予以介绍。

1)单台变频器与 PLC 的 RS-485 通信联机

单台变频器与 PLC 的 RS-485 通信联机如图 5-33 所示。

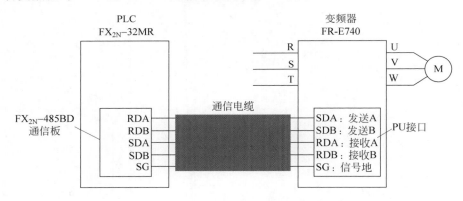

图 5-33　单台变频器与 PLC 的 RS-485 通信联机

由图 5-33 可见,进行联机时,需给 PLC 安装 FX$_{2N}$-485BD 通信板,其外形和安装方法如图 5-34 所示。在联机时,变频器需要卸下操作面板,将 PU 接口空出来用于 RS-485 通信。PU 接口与计算机网卡的 RJ45 接口外形相同,但其引脚功能定义不同,如图 5-35 所示。

2)多台变频器与 PLC 的 RS-485 通信联机

多台变频器与 PLC 的 RS-485 通信联机如图 5-36 所示,它可以实现一台 PLC 控制多台变频器的运行。

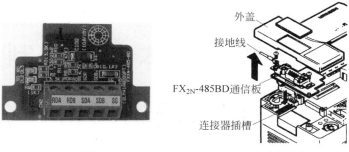

(a) 外形　　　　　　　　(b) 安装方法

图 5-34　FX₂ₙ-485BD 通信板的外形与安装

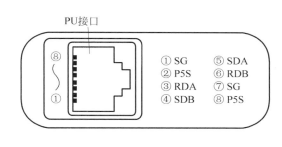

(a) 外形

插针编号	名称	内容
①	SG	接地（与端子5导通）
②	—	参数单元电源
③	RDA	变频器接收+
④	SDB	变频器发送−
⑤	SDA	变频器发送+
⑥	RDB	变频器接收−
⑦	SG	接地（与端子5导通）
⑧	—	参数单元电源

(b) 引脚功能

图 5-35　变频器 PU 接口的外形与各引脚功能定义

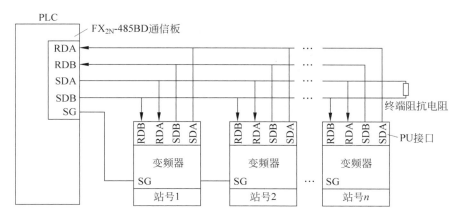

图 5-36　多台变频器与 PLC 的 RS-485 通信联机

思考与练习

1. 简述 FR-E740 型变频器端子功能。

2. 登录"工控人家园"网（http://www.ymmfa.com/），收集、学习如下资料。

(1)《三菱通用变频器 FR-E700 使用手册》。

(2)《三菱通用变频器 FR-E700 使用手册（应用篇）》。

电动机基本电气控制线路

安装与调试项目评分表

评价内容	序号	主要内容	考核要求	评分细则	配分	扣分	得分
职业素养与操作规范（50分）	1	元件检测	正确选择电气元件；对电气元件质量进行检验	① 元件选择不正确，错一个扣1分 ② 未对元件质量进行检验，每个扣0.5分	5		
	2	元件安装	按图纸的要求，正确利用工具，熟练地安装电气元件；元件安装要准确、紧固；按钮盒不固定在板上	① 元件安装不牢固、安装元件时漏装螺钉，每项扣2分 ② 损坏元件，每只扣5分	10		
	3	布线	连线紧固、无毛刺；电源和电动机配线、按钮接线要接到端子排上，进出线槽的导线要有端子标号，引出端要有别径压端子	① 电动机运行正常，但未按线路图接线，扣5分 ② 接点松动、接头漏铜过长、反圈、压绝缘层、线号标记不清楚、遗漏或误标，引出端无别径压端子，每处扣1分 ③ 损伤导线绝缘层或线芯，每根扣1分	20		
	4	"6S"规范	整理、整顿、清扫、清洁、素养、安全	① 没有穿戴防护用品，扣5分 ② 检修前未清点工具、仪表、耗材，扣2分 ③ 未经试电笔测试前，用手触摸电器线路，扣5分 ④ 乱摆放工具，乱丢杂物，完成任务后不清理工位，扣5分 ⑤ 发生严重违规操作或作弊，取消本次成绩	15		

续表

评价 内容	序 号	主要内容	考核要求	评分细则	配 分	扣 分	得 分
作品 （50分）	5	功能	线路一次通电正常工作，且各项功能完好	① 主、控线路配错熔体，每个扣5分 ② 1次试车不成功扣5分；2次试车不成功扣10分；3次试车不成功本项得分为0分 ③ 试车烧电源或其他线路，本项记0分	30		
	6	外观	元件在配电板上布置合理；布线要进线槽，美观	① 元件布置不整齐、不匀称、不合理，每只扣2分 ② 布线不进线槽，不美观，每根扣1分	20		
安全文明生产			违反安全文明生产规程	扣5～40分			
定额时间			90min，每超过5min（不足5min以5min计）	扣5分			
评分人：			核分人：		总分		

普通机床电气控制

线路检修报告

机床名称/型号	
故障现象	
故障分析	（针对故障现象，在电气原理图上分析出可能的故障范围或故障点）
故障检修计划	（针对故障现象，简单描述故障检修方法及步骤，或画出检修流程图）
故障排除	（写出具体的故障排除步骤，或画出检修流程图，写出实际故障点编号，并写出故障排除后的试车效果）

普通机床电气控制线路检修项目评分表

评价内容	序号	主要内容	考核要求	评分细则	配分	扣分	得分
职业素养与操作规范（50分）	1	调查研究	对机床故障现象进行调查研究	① 排除故障前不进行调查研究，扣5分 ② 调查研究不充分，扣2分	5		
	2	故障分析	在电气原理图上分析故障可能的原因，思路正确	① 标错故障范围，每个故障点扣5分 ② 不能标出最小的故障范围，每个故障点扣3分 ③ 实际排除故障中的思路不清晰，每个故障扣2分	10		
	3	故障检修计划	编写简明故障检修计划，思路正确	① 遗漏重要检修步骤，扣3分 ② 检修步骤顺序颠倒，逻辑不清，扣2分	5		
	4	故障查找	正确使用工具和仪表，找出故障点并排除故障	① 造成短路或熔断器熔断，每次扣5分 ② 损坏万用表，扣5分 ③ 排除故障的方法选择不当，每次扣5分 ④ 排除故障时，产生新的故障后不能自行修复，每个扣5分	15		
	5	"6S"规范	整理、整顿、清扫、清洁、素养、安全	① 没有穿戴防护用品，扣5分 ② 检修前未清点工具、仪表、耗材，扣2分 ③ 未关闭电源开关，用手触摸电气线路或带电进行线路连接或改接，立即终止项目检修，项目检修成绩判定为"不合格" ④ 乱摆放工具，乱丢杂物，完成任务后不清理工位，扣5分 ⑤ 损坏实训室设施或设备，项目检修成绩为"不合格"	15		

评价内容	序号	主要内容	考核要求	评分细则	配分	扣分	得分
作品 (50分)	6	故障排除	找到故障现象对应的故障点	① 每少查出一个故障点,扣 10 分 ② 每找错一个故障点,扣 5 分	20		
	7	试车	排除故障后,试车成功,机床各项功能恢复	一次试车不成功扣 5 分；二次试车不成功扣 10 分；三次试车不成功本项得分为 0	20		
	8	技术文件	维修报告表述清晰,语言简明扼要	维修报告应记录机床名称/型号、故障现象、故障分析、故障检修计划、故障排除五部分,每部分记 2 分,记录错误或记录不完整的按比例扣分	10		
安全文明生产			违反安全文明生产规程	扣 5～40 分			
定额时间			90min,每超过 5min(不足 5min 以 5min 计)	扣 5 分			
评分人:			核分人:		总分		

参 考 文 献

1. 张普庆,杨锦忠,李德俊.电动机及控制线路.北京:化学工业出版社,2007.
2. 芮静康.实用机床电路图集.北京:中国水利水电出版社,2000.
3. 崔兆华.数控加工电气控制与检修.北京:劳动出版社,2010.
4. 李敬梅.电力拖动控制线路与技能训练.4 版.北京:劳动出版社,2012.
5. 王建明.电机与机床电气控制.北京:北京理工大学出版社,2008.
6. 刘建雄,容黎明.电力拖动与控制.北京:人民邮电出版社,2012.
7. 高安邦,智淑亚,徐建俊.新编机床电气与 PLC 控制技术.北京:机械工业出版社,2008.
8. 郁汉琪.电气控制与可编程序控制器应用技术.2 版.南京:东南大学出版社,2009.
9. 李响初.怎样看机床电气图.北京:中国电力出版社,2014.

图书资源支持

感谢您一直以来对清华版图书的支持和爱护。为了配合本书的使用，本书提供配套的资源，有需求的读者请扫描下方的"书圈"微信公众号二维码，在图书专区下载，也可以拨打电话或发送电子邮件咨询。

如果您在使用本书的过程中遇到了什么问题，或者有相关图书出版计划，也请您发邮件告诉我们，以便我们更好地为您服务。

我们的联系方式：

地　　址：北京海淀区双清路学研大厦 A 座 707

邮　　编：100084

电　　话：010－62770175－4604

资源下载：http://www.tup.com.cn

电子邮件：weijj@tup.tsinghua.edu.cn

QQ：883604(请写明您的单位和姓名)

用微信扫一扫右边的二维码，即可关注清华大学出版社公众号"书圈"。

资源下载、样书申请

书圈